矿井瓦斯防治

主　编　陈　雄　何荣军
副主编　骆大勇　贺洪才　吴　刚
主　审　黄建功

重庆大学出版社

内 容 提 要

本书是以工作过程为导向的煤炭高等职业教育矿井通风与安全专业教材之一。

本书全面系统地阐述了矿井通风与安全专业的基本理论和方法,概括了矿井通风与安全专业技术的最新理论和先进技术。反映矿井通风与安全专业新理论、新技术和新方法,理论与生产实际密切结合,突出案例分析和实践教学,为本书的编写特点。全书内容包括矿井瓦斯测定、瓦斯爆炸及其与防治措施、瓦斯抽采、煤与瓦斯突出防治4个学习情境和附件。

本书是煤炭高等职业技术院校、高等专科院校矿井通风与安全专业及其他相关专业的通用教材,也可作为中等专业学校、成人教育学院、技工学校和煤炭企业经营管理人员的培训教材,同时可供煤炭企业工程技术人员学习参考。

图书在版编目(CIP)数据

矿井瓦斯防治/陈雄,何荣军主编.—重庆:重庆大学
出版社,2010.3(2016.1重印)
(煤矿开采技术专业系列教材)
ISBN 978-7-5624-5321-5

Ⅰ.①矿… Ⅱ.①陈…②何… Ⅲ.①煤矿—瓦斯爆炸—防治
—高等学校:技术学校—教材 Ⅳ.①TD712

中国版本图书馆 CIP 数据核字(2010)第 039144 号

矿井瓦斯防治

主 编 陈 雄 何荣军
副主编 骆大勇 贺洪才 吴 刚
主 审 黄建功

责任编辑:彭 宁 李定群 版式设计:彭 宁
责任校对:邹 忌 责任印制:赵 晟

*

重庆大学出版社出版发行
出版人:易树平
社址:重庆市沙坪坝区大学城西路 21 号
邮编:401331
电话:(023)88617190 88617185(中小学)
传真:(023)88617186 88617166
网址:http://www.cqup.com.cn
邮箱:fxk@cqup.com.cn(营销中心)
全国新华书店经销
重庆升光电力印务有限公司印刷

*

开本:787mm×1092mm 1/16 印张:16 字数:399 千
2014 年 4 月第 2 版 2016 年 1 月第 5 次印刷
印数:7 001—8 000
ISBN 978-7-5624-5321-5 定价:32.00 元

编写委员会

序

　　本套系列教材是重庆工程职业技术学院国家示范高职院校专业建设的系列成果之一。根据《教育部　财政部关于实施国家示范性高等职业院校建设计划　加快高等职业教育改革与发展的意见》(教高[2006]14号)和《教育部关于全面提高高等职业教育教学质量的若干意见》(教高[2006]16号)文件精神,重庆工程职业技术学院以专业建设大力推进"校企合作、工学结合"的人才培养模式改革,在重构以能力为本位的课程体系的基础上,配套建设了重点建设专业和专业群的系列教材。

　　本套系列教材主要包括重庆工程职业技术学院五个重点建设专业及专业群的核心课程教材,涵盖了煤矿开采技术、工程测量技术、机电一体化技术、建筑工程技术和计算机网络技术专业及专业群的最新改革成果。系列教材的主要特色是:与行业企业密切合作,制定了突出专业职业能力培养的课程标准,课程教材反映了行业新规范、新方法和新工艺;教材的编写打破了传统的学科体系教材编写模式,以工作过程为导向系统设计课程的内容,融"教、学、做"为一体,体现了高职教育"工学结合"的特色,对高职院校专业课程改革进行了有益尝试。

　　我们希望这套系列教材的出版,能够推动高职院校的课程改革,为高职专业建设工作作出我们的贡献。

重庆工程职业技术学院示范建设教材编写委员会

2009 年 10 月

前　言

本书是以工作过程为导向的煤炭高等职业教育矿井通风与安全专业规划教材之一。

为了深化煤炭高等职业教育矿井通风与安全专业教学改革，满足培养矿井通风与安全专业高等技术应用性人才的迫切需要，我们编写了以工作过程为导向的本教材。

本书编写大纲经 2009 年 4 月重庆工程职业技术学院安全工程专业指导委员会会议审定，会后，承担教材编写任务的教师和现场专家，做了大量的调研、搜集整理资料和编撰工作。初稿完成后，组织现场专家和作者在重庆南山开审稿会，对教材初稿进行认真审查，提出修改意见。

本书具有四大特点：一是理论知识同生产实际的紧密结合，简化理论的论述，突出专业理论在生产实践中的应用；二是反映当前矿井通风与安全新技术、新方法、新设备、新工艺；三是采用以工作过程为导向的教学模式，将理论与实践相结合，使学生在做中学，在学中做，凸显职业技术教育特色；四是紧跟时代步伐，采用最新国家标准和规程规范。

全书内容包括矿井瓦斯测定、瓦斯爆炸及其与防治措施、瓦斯抽采、煤与瓦斯突出防治 4 个学习情境和附件。计划学时数为 90 学时。

本书由陈雄、何荣军任主编，骆大勇、贺洪才、吴刚任副主编。喻晓峰参编。具体编写分工为：情境 1 由骆大勇、喻晓峰编写；情境 2 由何荣军、吴刚编写；绪论、情境 3、情境 4 及附件由陈雄编写。全书由陈雄统稿，贺洪才初审，黄建功审定。

本书在编写过程中得到山西阳泉煤业集团公司、西山煤电公司，安徽淮南矿业集团公司，四川华蓥山广能集团公司、达竹煤电集团公司、攀枝花煤业集团公司、芙蓉矿业公司，重庆能源投资集团公司及松藻煤电公司、天府矿业公司、永荣矿业公司、中梁山煤电气公司，重庆煤炭行业协会等单位的大力支持。

1

由于编写人员水平和编写时间限制,书中的缺点和错误在所难免,恳请读者和专家批评、指正。

编　者

2009 年 9 月

目录

绪　论

一、煤炭在国民经济中的重要地位

煤炭是我国的主要能源和重要的化工原料,广泛用于工业动力、火力发电和民用燃料。新中国成立60年来,煤炭在我国一次能源消费结构中的比重一直占70%以上。全国煤炭产量1949年仅有0.32亿t;1996年实现13.97亿t;2009年达到29.60亿t,实现历史性飞跃。

根据我国能源赋存缺油、少气、富煤的特点和国民经济发展趋势,预计到2050年煤炭在一次能源消费结构中的比重将不低于50%,我国以煤为主的一次能源结构不会发生根本性变化。煤炭工业的发展,将直接制约到国民经济发展和人民群众生活水平的提高。加快煤炭工业现代化建设步伐,全面推进煤炭工业科技进步,实现安全生产,不断满足国民经济建设和人民生活需要,是21世纪煤炭工业发展的紧迫任务。

二、我国煤矿安全生产取得的成绩

随着科技水平的提高和企业管理的规范,我国煤矿安全生产状况从总体上讲,出现了不断好转的局面。在开展机械化生产、原煤产量不断提升的情况下,1949年至2009年全国煤矿百万吨死亡率总体趋于稳步下降态势。1999年煤矿的百万吨死亡率为6.08,2000年为6.01,2001年为5.07,2003年为4.17;2005年为2.81;2007年为1.485;2009年为0.892。取得安全状况好转的主要经验是各级政府的高度重视,为瓦斯治理攻坚战提供了强有力的组织保证;思想认识的逐步深化,为瓦斯治理工作奠定了比较坚实的思想基础;政策措施的到位,投入力度的加大,为瓦斯治理和安全生产提供了必要的物质条件;科技进步的加快,为防范治理瓦斯灾害提供了先进技术和有效手段;安全管理的不断加强和改进,使煤矿瓦斯治理和安全生产有了切实保障;监督检查力度加大,使煤矿瓦斯治理工作得到有力推动。

三、我国煤矿灾害事故现状

我国煤炭生产95%以上为地下作业,由于煤炭赋存的地质条件复杂多变,长期受到瓦斯、煤尘、水灾、火灾及顶板等自然灾害的威胁,加上抗灾能力薄弱,煤矿重特大事故时有发生,特别是瓦斯事故尤为严重。瓦斯事故的发生,不仅使国家财产和矿工生命安全遭到重大损失,而且还影响煤炭工业和国民经济的可持续健康发展。

1. "一通三防"工作不落实

一些煤矿"一通三防"工作不落实,瓦斯隐患仍然相当严重,重特大瓦斯事故尚未得到有效遏制。一些煤矿"一通三防"欠账尚未全部补还,通风系统不可靠,通风安全没保障。

2. 监测监控和现场基础管理工作薄弱

一些煤矿监测监控系统运转不正常;一些小煤矿虽然安装了瓦斯监测监控系统,但形同虚设。一些煤矿"一通三防"规章制度不健全,特别是一些小型煤矿,井下层层转包、以包代管,工人未经培训就下井,现场管理混乱,"三违"现象随时随处可见。

3. 瓦斯抽采仍有较大差距

国有重点煤矿的348处高瓦斯和突出矿井,目前大多数没能达到《煤矿瓦斯抽采基本指标》规定的标准。多数地方的高瓦斯和突出小煤矿尚未开展瓦斯抽采工作。国家扶持煤矿瓦斯抽采利用的相关政策,在一些地方尚未全部落实。

4. 随着煤矿生产发展和开采工艺进步,出现了新的瓦斯安全技术问题

矿井开采向深部发展,一些矿井的开采深度已超过1 000 m。随着深度的增加,煤层瓦斯含量和矿井瓦斯涌出都将随之增大,煤与瓦斯突出危险性增大,从而加大了治理的难度;高产高效矿井的集中生产和综采放顶煤开采新工艺的推广应用,加大了矿井通风与防火综合治理的难度,增大了瓦斯灾害事故发生的几率。

5. 我国煤矿安全技术与装备的研究与国外先进水平还有一定的差距

虽然我国煤矿的瓦斯灾害防治技术(如煤与瓦斯突出预测及措施等)处于世界先进水平,但防灾抗灾的安全仪表和装备与国外相比差距较大,致使监测瓦斯数据的准确性和可靠性不足。由于煤矿井下湿度过大及爆炸气体环境等原因,煤矿的自动化技术应用水平与其他行业相比要落后10~20年。

6. 技术基础理论研究严重滞后于煤矿安全的现实需要

为了防止煤矿瓦斯灾害事故的发生,煤矿安全科学技术研究主要集中在瓦斯灾害的防治措施方面,对瓦斯灾害事故的发生和发展机理研究不够,防治措施单一,综合配套能力差。

7. 矿井瓦斯科学管理模式亟待发展

传统的矿井瓦斯管理主要是由管理人员凭主观意识和经验进行工作。这种管理模式,由于受管理人员的知识、经验和责任心的限制,很难适应矿井瓦斯灾害事故的复杂多变条件,这也是瓦斯灾害事故多发的原因之一。实现现代化管理,用科学方法管理矿井瓦斯,应建立矿井瓦斯灾害事故数据库、知识库和专家系统,对矿井瓦斯灾害进行科学预测,以便掌握矿井瓦斯动态,正确识别和评价瓦斯事故灾情,及时提出抗灾对策。

8. 煤矿安全监察的技术支撑体系仍需逐步完善

煤矿安全监察是一项技术性很强的工作,煤矿安全监察工作应该具备技术支撑体系,包括完备的煤矿安全标准体系,为监察提供技术依据;先进的监察技术和仪器装备,力求对瓦斯灾害事故的分析科学准确;配套的产品质量监督检验装备。

9. 煤矿安全科技投入严重不足

随着国家机构的改革,国家各类科技计划特别是科技攻关计划在煤矿安全科技方面的投入大幅度减少,行业性科技攻关和原煤炭基金的取消极大地影响了煤矿安全科技的发展。

四、全国瓦斯治理工作思路

深入贯彻党的十七大精神,以科学发展观为指导,以有效遏制重特大瓦斯事故、大幅度降

低瓦斯事故总量为目标,继续发挥全国煤矿瓦斯防治部协调领导小组的作用,紧紧依靠各地党委政府,依靠相关部门,依靠煤矿企业,坚持"安全第一、预防为主、综合治理"方针,紧紧抓住通风系统、瓦斯抽采、监测监控、现场管理4个关键环节,坚持标本兼治、重在治本,着力建立"通风可靠、抽采达标、监控有效、管理到位"的煤矿瓦斯综合治理工作体系,进一步加强领导、落实责任,严格管理、强化监察,把瓦斯治理攻坚战推向新的阶段。

"通风可靠、抽采达标、监控有效、管理到位"是煤矿瓦斯治理实践经验的概括总结,是我们对瓦斯治理规律认识的深化,是治理防范瓦斯灾害的基本要求,在下一步工作中应当自觉遵循、认真贯彻落实。

1. 矿井和采掘工作面必须建立可靠稳定的通风系统

通风是治理瓦斯的基础,矿井和采掘工作面必须建立可靠稳定的通风系统。矿井瓦斯客观存在于采掘生产过程中。矿井通风系统可靠稳定,采掘工作面有足够的新鲜风流,瓦斯不聚积、不超限,就不会发生瓦斯事故。因此,必须把矿井和采掘工作面通风,作为重要的基础性工作来抓。

"通风可靠"的基本要求是系统合理、设施完好、风量充足、风流稳定。"系统合理"是要求矿井和工作面必须具备独立完善的通风系统,采区实行分区通风,高瓦斯矿井、煤与瓦斯突出矿井、自然发火严重矿井的采区等要设专用回风巷,特别是严禁无风作业、微风作业和串联通风作业。"设施完好"是风机、风门、风桥、风筒及密闭等井上、下通风设施保持完好无损,通风巷道保证有足够的断面并保证不失修。"风量充足"是矿井总风量、采掘工作面和各种供风场所的配风量,必须满足安全生产的要求;风速、有害气体浓度等必须符合《煤矿安全规程》要求;严禁超通风能力组织生产。"风流稳定"是要按规定及时测风、调风,保证采掘工作面及其他供风地点风量、风速持续均衡,局部通风要符合《煤矿安全规程》的要求,采用双风机、双电源,能自动切换,保持连续均衡供风。

2. 瓦斯抽采是防范瓦斯事故的治本之策

瓦斯抽采是防范瓦斯事故的治本之策,必须努力实现抽采达标。瓦斯治理必须坚持标本兼治、重在治本。通过瓦斯抽采,降低煤层中的瓦斯含量,从根本上防范瓦斯灾害。因此,要加大瓦斯抽采力度,提高抽采率和利用率。

"抽采达标"的基本要求是多措并举、应抽尽抽、抽采平衡、效果达标。"多措并举"要求地面抽采与地下抽采相结合。因地制宜、因矿制宜,把矿井(采区)投产前的预抽采、采动层抽采、边开采边抽采、老空区抽采等措施结合起来,全面加强瓦斯抽采。"应抽尽抽"要求凡是应当抽采的煤层,都必须进行抽采,把煤层中的瓦斯最大限度地抽采出来,降低煤层的瓦斯含量。"抽采平衡"是要求矿井瓦斯抽采能力与采掘布局相协调、相平衡,使采掘生产活动始终在抽采达标的区域内进行。"效果达标"是通过抽采,使吨煤瓦斯含量、煤层的瓦斯压力、矿井和工作面瓦斯抽采率、采煤工作面开采前的瓦斯含量,达到《煤矿瓦斯抽采基本指标》规定的标准。

3. 监测监控是防范瓦斯事故的有效手段

监测监控是防范瓦斯事故的有效手段,必须做到监控有效。监测监控就是利用先进的技术手段,及时掌握井下瓦斯含量和瓦斯浓度,在瓦斯超限等异常情况发生时,及时采取措施、化解风险,杜绝事故。

"监控有效"的基本要求是装备齐全、数据准确、断电可靠、处置迅速。"装备齐全"是要求监测监控系统的中心站、分站、传感器等设备齐全,安装设置要符合规定要求,系统运作不间断、不漏报。"数据准确"是要求瓦斯传感器必须按期调校,其报警值、断电值、复电值要准确,监控中心能适时反映监控场所瓦斯的真实状态。"断电可靠"是要求当瓦斯超限时,能够及时切断工作场所的电源,迫使停止采掘等生产活动。"处置迅速"是要求制定瓦斯事故应急预案,当瓦斯超限和各类异常现象出现时,能够迅速做出反应,采取正确的应对措施,使事故得到有效控制。

4. 管理是瓦斯治理各项措施得到落实的根本保障

管理是瓦斯治理各项措施得到落实的根本保障,必须做到管理到位。管理是企业永恒的主题。管理不到位,再完善的系统、再先进的装备也难以发挥应有作用。

"管理到位"的基本要求是责任明确、制度完善、执行有力、监督严格。"责任明确"是要把瓦斯治理和安全生产的责任细化,分解落实到煤矿各个层级、各个环节和各个岗位,上至董事长、总经理和总工程师,下至作业现场的每个职工,都要明确自己的具体职责。"制度完善"是要建立、健全瓦斯防治规章制度,把对各个环节、各个岗位的工作要求,全部纳入规范化、制度化轨道,做到有章可循,并根据井下条件的变化和随时出现的新情况、新问题,不断修改、充实、完善规章制度,不断改进和加强瓦斯治理的各项措施,使管理工作常抓常新,科学有效。"执行有力"是要加大贯彻执行力度,在抓落实上狠下功夫。坚持从严要求、一丝不苟,严格执行规章制度,严厉惩处违章指挥、违章作业、违反劳动纪律的行为。落实岗位责任,实现群防群治。"监督严格"是要建立强有力的监督机制,加强监督检查。煤矿各级干部必须切实履行安全生产职责。各级煤炭管理部门要加强行业管理和指导,安全监管、监察机构要加大监管监察力度,确保国家安全生产法律法规、上级安全生产指示指令在各类煤矿得到切实认真的贯彻落实。

五、矿井瓦斯防治课程的主要内容

矿井瓦斯防治是学习和掌握矿井通风与安全专业的综合性技术课程。其基本内容是根据矿井通风与安全技术管理一线高技能人才职业岗位(群)的知识、能力和素质的要求,理论结合实际地阐述矿井瓦斯检测、瓦斯爆炸预防、瓦斯抽采技术、瓦斯喷出及煤与瓦斯突出防治等专业知识和操作技能。

矿井瓦斯检测是矿井瓦斯管理技术的基础工作,是从事矿井一通三防管理工作必备的专业技能,包括矿井瓦斯的生成与赋存、瓦斯的流动、煤层瓦斯压力及其测定、煤层瓦斯含量测定、矿井瓦斯涌出与测定、矿井瓦斯等级鉴定。煤层瓦斯压力和瓦斯含量是矿井瓦斯治理的重要参数之一。熟练掌握煤层瓦斯压力、瓦斯含量测定技术和瓦斯涌出量的测定技术,为矿井瓦斯治理和杜绝瓦斯事故提供了科学依据。

瓦斯爆炸事故是煤矿经济损失最重、人员伤亡最多、造成社会影响最大的事故,也是矿井瓦斯防治的重点内容。瓦斯爆炸预防包括瓦斯爆炸机理、预防瓦斯爆炸的措施、限制或消除瓦斯爆炸危险措施、瓦斯的日常管理与监测。掌握矿井瓦斯爆炸机理、瓦斯爆炸形成的必备条件和预防瓦斯爆炸的技术措施,对于矿井安全生产,保障矿工的生命安全具有十分重要的意义。

瓦斯抽采技术是矿井防治瓦斯灾害事故的治本之策,它不仅可以降低瓦斯涌出量,消除煤与瓦斯突出危险,而且可以实现变害为利,变废为宝,同时有利于环境保护。瓦斯抽采技术包括瓦斯抽采、开采煤层的瓦斯抽采、邻近层的瓦斯抽采、采空区抽采及围岩瓦斯抽采、瓦斯抽采设备、瓦斯的综合利用。熟练掌握瓦斯抽采技术,为矿井瓦斯治理和杜绝瓦斯事故提供科学手段。

瓦斯喷出及煤与瓦斯突出防治是矿井瓦斯防治的关键性技术,是煤与瓦斯突出矿井实现安全生产的技术保障。随着我国煤矿开采深度的加大,瓦斯压力和地应力作用增加,煤与瓦斯突出的危险性增加,突出危险区域正在扩大,部分原无突出危险的煤矿开始出现动力现象,部分未划分为突出矿井的煤矿不得不按突出煤矿管理。熟悉和掌握瓦斯喷出及煤与瓦斯突出防治技术,是从事煤矿安全生产技术管理的基础和前提。瓦斯喷出及煤与瓦斯突出防治包括瓦斯喷出及预防措施、煤与瓦斯突出及其规律、煤与瓦斯突出机理、防治煤与瓦斯突出的技术措施、区域防突措施、局部防突措施、煤与瓦斯突出危险性预测、防治煤与瓦斯突出的安全防护措施。

校企合作、产学结合是高等职业教育的基本特点,是培养矿井通风与安全技术管理一线紧缺高技能人才的重要保障。矿井瓦斯防治课程教学应以职业岗位能力培养为中心,采取工学结合模式进行教学,理论与实践融为一体,使学生在学中做和做中学。

随着我国煤炭工业的迅猛发展,矿井瓦斯防治技术正在不断进步,相信经过广大煤矿职工的努力,一定能够实现安全、高效发展现代化煤炭工业的目标,进一步改变煤矿生产技术面貌,使我国矿井瓦斯防治技术加速达到国际先进水平,为全面建设社会主义现代化强国和构建和谐社会提供充足的能源保障。

情境 **1**
矿井瓦斯检测

学习目标

☞熟悉瓦斯基本性质及在煤体内的赋存状态；

☞熟悉瓦斯风化带及其深度的确定依据；

☞熟悉瓦斯赋存的影响因素；

☞熟悉瓦斯流动的基本规律；

☞熟悉煤层瓦斯压力分布规律；

☞熟悉矿井瓦斯涌出形式及涌出来源分析；

☞掌握煤层瓦斯压力的测定方法；

☞掌握煤层瓦斯含量测定方法；

☞掌握矿井瓦斯等级鉴定方法和鉴定报告的编制方法。

任务1.1 矿井瓦斯的生成与赋存

一、瓦斯基本性质

矿井瓦斯是煤矿生产建设过程中,从煤、岩内涌出的以甲烷为主各种有害气体的总称。本书所描述的有关瓦斯的物理、化学性质等特性,均是针对甲烷而言。

矿井瓦斯的组成成分及其比例关系因其成因不同而有差别。一般情况下,含有甲烷(可达80%~90%)和其他烃类,如乙烷、丙烷,以及CO_2(如吉林营城煤矿)和稀有气体。个别煤层内含有H_2、CO(如山东新汶矿务局)、H_2S(如河南鹤壁矿务局四矿)、氮气。

瓦斯化学名称为甲烷,分子式为CH_4,是无色、无味、无毒的气体。分子的直径为3.758×10^{-10} m,可以在微小的煤体孔隙和裂隙里流动。其扩散速度是空气的1.34倍,从煤岩中涌出的瓦斯会很快扩散到巷道空间。在标准状态下的密度为0.716 kg/m^3,比空气轻,与空气相比

的相对密度为 0.554。如果巷道上部有瓦斯涌出源,风速低时,容易在顶板附近形成瓦斯积聚层。瓦斯微溶于水,在 20 ℃和 0.101 3 MPa 时,100 L 水可以溶解 3.31 L 瓦斯,0 ℃时可以溶解 5.56 L 瓦斯。

瓦斯虽然无毒,但其浓度如果超过 57%,能使空气中氧浓度降低至 10% 以下。瓦斯矿井通风不良或不通风的煤巷,往往积存大量瓦斯。如果未经检查就贸然进入,因缺 O_2 而很快地昏迷、窒息,直至死亡,此类事故在煤矿时有发生。

瓦斯在适当的浓度能燃烧和爆炸。自 1603 年我国山西高平一煤矿发生瓦斯爆炸事故和 1675 年英国茅斯汀矿发生大型瓦斯爆炸事故以后,世界各产煤国家都发生过各种损失程度的瓦斯爆炸事故。

在煤矿的采掘生产过程中,当条件合适时,会发生瓦斯喷出或煤与瓦斯突出,产生严重的破坏作用,甚至造成巨大的财产损失和人员伤亡。

煤层及其顶底板围岩中所含的瓦斯也称煤层气,是重要的矿产资源之一,可做燃料和化工原料。每立方米瓦斯的燃烧热为 3.7×10^7 J,相当于 1 ~ 1.5 kg 烟煤。据初步估测,我国煤层气资源总量达 3.0×10^{13} ~ 3.5×10^{13} m^3。

据估算,我国煤矿每年在开采过程中排放到大气层中的瓦斯量达 125 ~ 194 亿 m^3,约占世界甲烷总排放量的 1/3。近年来,为减少排放瓦斯对大气环境的污染、改善能源结构,充分利用矿井瓦斯这一洁净能源,在全国各个矿区进行了瓦斯抽放和开发利用工作,建成了长距离输送管道和大容量储气罐,取得了一定的成绩。现在与有关国际组织和国外专业煤层气开发公司合作,在河南和山西等省进行大规模商业开发的地质勘探和市场论证工作。

二、煤层瓦斯的生成

煤层瓦斯是腐植型有机物在成煤的过程中生成的。煤是一种腐植型有机质高度富集的可燃有机岩,是植物遗体经过复杂的生物、地球化学、物理化学作用转化而成。从植物死亡、堆积到转变成煤要经过一系列演变过程,这个过程称为成煤作用。在整个成煤过程中都伴随有烃类、二氧化碳、氢和稀有气体的产生。结合成煤过程,它大致可划分为两个成气时期。

1. 生物化学作用成气时期

生物化学是成煤作用的第一阶段,即泥炭化或腐植化阶段。这个时期是从成煤原始有机物堆积在沼泽相和三角洲相环境中开始的,在温度不超过 65 ℃条件下,成煤原始物质经厌氧微生物的分解生成瓦斯。这个过程,一般可以用纤维素的化学反应方程式来表达:

$$4 C_6H_{10}O_5 \longrightarrow 7CH_4\uparrow +8CO\uparrow +C_9H_6O +3H_2O$$
（纤维素）　　　　　　　　　　（类烟煤）

或　　　　　　　$$4C_6H_{10}O_5 \longrightarrow CH_4\uparrow +2CO_2\uparrow +C_9H_6O +5H_2O$$

这个阶段生成的泥炭层埋藏较浅,覆盖层的胶结固化程度不够,生成的瓦斯很容易渗透和扩散到大气中去,因此,生化作用生成的瓦斯一般不会保留到现在的煤层内。

2. 煤化变质作用成气时期

煤化变质是成煤作用的第二阶段,即泥炭、腐泥在以压力和温度为主的作用下变化为煤的过程。在这个阶段中,随着泥炭层的下沉,上覆盖层越积越厚,压力和温度也随之增高,生物化学作用逐渐减弱直至结束,进入煤化变质作用成气时期。由于埋藏较深且覆盖层已固化,在压力和温度影响下,泥炭进一步变为褐煤,褐煤再变为烟煤和无烟煤。

煤的有机质基本结构单元是带侧键官能团并含有杂原子的缩合芳香核体系。在煤化作用过程中,芳香核缩合和侧键与官能团脱落分解,同时会伴有大量烃类气体的产生,其中主要的是甲烷。整个煤化作用阶段形成甲烷的示意反应式可由下列方程式表达:

$$4C_{16}H_{18}O_5 \longrightarrow C_{57}H_{56}O_{10} + 4CO_2 + 3CH_4 + 2H_2O$$
（泥炭）　　　　　（褐煤）

$$C_{57}H_{56}O_{10} \longrightarrow C_{54}H_{42}O_5 + CO_2 + 2CH_4 + 3H_2O$$
（褐煤）　　　　　（沥青煤）

$$C_{15}H_{14}O \longrightarrow C_{13}H_4 + 2CH_4 + H_2O$$
（烟煤）　　　　（无烟煤）

从褐煤到无烟煤,煤的变质程度越高,生成的瓦斯量也越多。表1-1为我国一些单位对部分煤进行热模拟实验所得到的不同煤种各阶段的产气量。

表1-1　我国部分煤热模拟实验甲烷发生率/（m³·t⁻¹）

试验单位	变质阶段	未变质煤	低变质煤		中变质煤			高变质煤	
		褐煤	长焰煤	气煤	肥煤	焦煤	瘦煤	贫煤	无烟煤
煤科总院地勘分院	阶段产气量		3~25	10~54	27~102	55~170	108~246	134~333	268~393
	累计产气量	38~68	41~93	48~122	65~170	93~238	146~314	172~401	306~461
石油开发研究所	阶段产气量		4~31	7~58	26~108	48~176	86~230	114~321	168~390
	累计产气量	38~68	42~99	45~126	64~176	86~244	124~298	152~389	206~458
石油地质研究所	阶段产气量								
	累计产气量	0.55	1.06	4.25	24.32	55.9	94.77	127.72	221.13
兰州地质研究所	阶段产气量		2.49	22.92	53.04	113.57		183.34	325.23
	累计产气量	1.61	4.10	24.53	54.65	115.18		184.95	326.84

数据表明,尽管各实验单位得出的结果有明显差异,却都反映出成煤过程生成瓦斯量是很大的,最高可达300~400 m³/t。但从煤矿开采实践过程来看,煤层中的瓦斯含量一般不超过20~30 m³/t,由此看来,在漫长的地质年代中,由于地层的隆起、侵蚀和断裂以及瓦斯在地层内的迁移,一部分或大部分瓦斯已经扩散到大气中,只有少部分瓦斯渗透到煤层围岩内或运移至储气构造中而形成煤层气田。

三、瓦斯在煤体内的赋存状态

1.煤体内的孔隙特征

（1）煤体内的孔隙分类

煤体之所以能保存一定数量的瓦斯,这与煤体内具有大量的孔隙有密切关系。根据煤的组成及其结构性质,煤中的孔隙可以分为以下3种:

①宏观孔隙:指可用肉眼分辨的层理、节理、劈理及次生裂隙等形成的孔隙。一般在0.1

mm 以上。

②显微孔隙:指用光学显微镜和扫描电镜能分辨的孔隙。

③分子孔隙:指煤的分子结构所构成的超微孔隙。一般在 0.1 μm 以下。

根据孔隙对瓦斯吸附、渗透和煤层强度性质的影响,一般按直径把孔隙分为以下 5 种:

①微孔:直径小于 0.01 μm,它构成煤的吸附空间。

②小孔:直径为 0.01 ~ 0.1 μm,它构成瓦斯凝结和扩散的空间。

③中孔:直径为 0.1 ~ 1 μm,它构成瓦斯层流渗流的空间。

④大孔:直径为 1 ~ 100 μm,它构成强烈层流渗透的空间,是结构高度破坏煤的破碎面。

⑤可见孔和裂隙:直径大于 100 μm,它构成层流及紊流混合渗流空间,是坚固和中等强度煤的破碎面。

(2)煤的孔隙率

煤的孔隙率是指煤中孔隙总体积与煤的总体积之比,通常用百分数表示为

$$K(\%) = \frac{V_p - V_t}{V_p} \times 100 \tag{1-1}$$

式中 K——煤的孔隙率,%;

V_p——煤的总体积,包括其中的孔隙体积,mL;

V_t——煤的实在体积,不包括其中孔隙体积,mL。

煤的孔隙率可以通过实测煤的真密度和视密度来确定,不同单位煤的孔隙率与煤的真密度、视密度存在如下关系:

$$K = \frac{1}{\rho_p} - \frac{1}{\rho_t} \tag{1-2}$$

$$K_1 = \frac{\rho_t - \rho_p}{\rho_t} \tag{1-3}$$

式中 K, K_1——单位质量和单位体积煤的孔隙率,m^3/t,m^3/m^3;

ρ_p——煤的视密度,包括孔隙在内煤的密度,t/m^3;

ρ_t——煤的真密度,扣除孔隙后煤的密度,t/m^3。

煤的视密度 ρ_p 和煤的真密度 ρ_t 可在实验室内测得。真密度与视密度的差值越大,煤的孔隙率也越大。

国内外对煤孔隙率的测定结果表明,煤的孔隙率与煤的变质程度有一定关系。表 1-2 是俄罗斯顿巴斯矿区不同变质程度煤的孔隙率;表 1-3 是我国部分矿井煤的孔隙率。图 1-1 是煤炭科学研究总院抚顺研究院对不同变质程度煤孔隙率的测定结果。

表 1-2 不同种类煤的孔隙率

煤的种类	孔隙率/(m³·t⁻¹)		煤的种类	孔隙率/(m³·t⁻¹)	
	变化范围	平均值		变化范围	平均值
长焰煤	0.073 ~ 0.091	0.084	瘦煤	0.028 ~ 0.065	0.045
气煤	0.028 ~ 0.080	0.053	贫煤	0.034 ~ 0.084	0.055
肥煤	0.026 ~ 0.078	0.051	半无烟煤	0.041 ~ 0.094	0.065
焦煤	0.021 ~ 0.068	0.045	无烟煤	0.055 ~ 0.136	0.088

表 1-3   我国一些矿井煤的孔隙率表

矿 井	煤的挥发分/%	孔隙率/%
抚顺老虎台	45.76	14.05
鹤岗大陆	31.86	10.6
开滦马家沟 12 号煤	26.8	6.59
本溪田师傅 3 号煤	13.71	6.7
阳泉三矿 3 号煤	6.66	14.1
焦作王封大煤	5.82	18.5

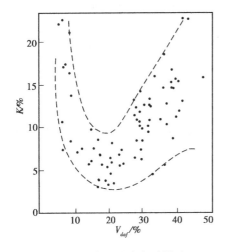

图 1-1   煤的孔隙率随煤可
燃基挥发分含量的变化

从图表可知,不同煤种孔隙率有很大不同,即使是同一类煤,孔隙率的变化范围也很大,但总的趋势是中等变质程度的煤孔隙率最小,变质程度变小和变大时,孔隙率都会增大。

2. 瓦斯在煤体内的赋存状态

瓦斯在煤体中以游离和吸附状两种状态存在。

（1）游离状态

游离状态也称自由状态,存在于煤的孔隙和裂隙中,如图 1-2 所示。这种状态的瓦斯以自由气体存在,呈现出的压力服从自由气体定律。游离瓦斯量的大小主要取决于煤的孔隙率,在相同的瓦斯压力下,煤的孔隙率越大,则所含游离瓦斯量也越大。在储存空间一定时,其游离瓦斯量的大小与瓦斯压力成正比,与瓦斯温度成反比。

（2）吸附状态

吸附状态的瓦斯包括吸附在煤的微孔表面上的吸着瓦斯和煤的微粒结构内部的吸收瓦斯。吸着状态是在孔隙表面的固体分子引力作用下,瓦斯分子被紧密地吸附于孔隙表面上,形成很薄的吸附层;而吸收状态是瓦斯分子充填到极其微小的微孔孔隙内,占据着煤分子结构的空位和煤分子之间的空间,如同气体溶解于液体中的状态。吸附瓦斯量的大小,取决于煤的孔隙结构特点、瓦斯压力、煤的温度和湿度等。基本规律是:煤中的微孔越多、瓦斯压力越大,吸附瓦斯量越大;随着煤的温度增加,煤的吸附能力下降;煤的水分占据微孔的部分表面积,故煤的湿度越大,吸附瓦斯量越小。

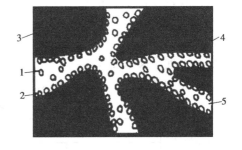

图 1-2   瓦斯在煤内的存在状态
1—游离瓦斯;2—吸着瓦斯;3—吸收
瓦斯;4—煤体;5—孔隙

煤体中的瓦斯含量是一定的,处于游离状态和吸附状态的瓦斯量是可以相互转化的,这取决于外界的温度和压力等条件变化。当压力升高或温度降低时,部分瓦斯将由游离状态转化为吸附状态,这种现象称为吸附;相反,如果压力降低或温度升高时,又会有部分瓦斯由吸附状态转化为游离状态,这种现象称为解吸。吸附和解吸是两个互逆过程,这两个过程在原始应力下处于一种动态平衡,当原始应力发生变化时,这种动态平衡将被破坏。

根据国内外科学研究,现今开采深度内,煤层中的瓦斯主要是以吸附状态存在,游离状态的瓦斯只占总量的10%。但在断层、大的裂隙、孔洞和砂岩内,瓦斯则主要以游离状态赋存。随着煤层被开采,煤层顶底板附近的煤岩产生裂隙,导致透气性增加,瓦斯压力随之下降,煤体中的吸附瓦斯解吸而成为游离瓦斯,在瓦斯压力失去平衡的情况下,大量游离瓦斯就会通过各种通道涌入采掘空间,因此,随着采掘工作的进展,瓦斯涌出的范围会不断扩大,瓦斯将保持较长时间持续涌出。

四、煤层瓦斯赋存的垂直分带

当煤层有露头或在冲积层下有含煤地层时,在煤层内存在两个不同方向的气体运移,表现为煤层中经煤化作用生成的瓦斯经煤层、上覆岩层和断层等由深部向地表运移;地面的空气、表土中的生物化学作用生成的气体向煤层深部渗透和扩散。这两种反向运移的结果,形成了煤层中各种气体成分由浅到深有规律地变化,呈现出沿赋存深度方向上的带状分布。煤层瓦斯的带状分布是煤层瓦斯含量及瓦斯涌出量预测的基础,也是做好瓦斯管理的重要依据。

1. 瓦斯风化带及其深度的确定依据

在漫长的地质历史中,煤层中的瓦斯经煤层、围岩和断层由地下深处向地表流动;而地表的空气、生物化学和化学作用生成的气体,则由地表向深部运动。由此形成了煤层中各种瓦斯成分由浅到深有规律的变化,这就是煤层瓦斯沿深度的带状分布。

煤层瓦斯自上而下可划分为二氧化碳-氮气带、氮气带、氮气-甲烷带和甲烷带4个带。前3个带统称为瓦斯风化带。各瓦斯带的划分标准如表1-4所示。

表 1-4　煤层瓦斯垂直分带瓦斯组分及含量表

瓦斯带名称	CO_2		N_2		CH_4	
	%	m^3/t	%	m^3/t	%	m^3/t
氮气-二氧化碳	20~80	0.19~2.24	20~80	0.15~1.42	0~10	0~0.16
氮气	0~20	0~0.27	80~100	0.22~1.86	0~20	0~0.22
氮气-甲烷	0~20	0~0.39	20~80	0.25~1.78	20~80	0.06~5.27
甲烷	0~10	0~0.37	0~20	0~1.93	80~100	0.61~10.5

图1-3是煤层瓦斯组分在各瓦斯带中的变化图。由图可知,甲烷带中的甲烷含量都在80%以上,而其他各带甲烷含量逐渐减少或消失,因此,把前面的氮气-二氧化碳带、氮气带、氮气-甲烷带统称为瓦斯风化带。

由于各个煤田的形成条件和煤层瓦斯生成环境不同,各煤田的瓦斯组分可能有很大差别,此外,受成煤环境和各种地质条件的影响,有的矿井中甚至缺失了其中的一个或两个带,如沈阳红阳三矿田就缺失了氮气带和氮气-甲烷带,而仅存在二氧化碳-甲烷带和甲烷带。有的矿井甚至出现了二氧化碳-甲烷带。

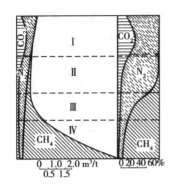

图 1-3 煤层瓦斯组分
在各瓦斯带中的变化
Ⅰ—氮气-二氧化碳带;Ⅱ—氮气带;
Ⅲ—氮气-甲烷带;Ⅳ—甲烷带

瓦斯风化带的下部边界深度可根据下列指标中的任何一项来确定:

(1)在瓦斯风化带开采煤层时,煤层的相对瓦斯涌出量达到 2 m^3/t。

(2)煤层内的瓦斯组分中甲烷组分含量达到 80%(体积比)。

(3)煤层内的瓦斯压力为 0.1～0.15 MPa。

(4)煤的瓦斯含量烟煤达到 2～3 m^3/t 和无烟煤达到 5～7 m^3/t。

瓦斯风化带的深度取决于井田地质和煤层赋存条件,如围岩性质、煤层有无露头、断层发育情况、煤层倾角、地下水活动情况等。围岩透气性越好、煤层倾角越大、开放性断层越发育、地下水活动越剧烈,则瓦斯风化带深度就越大。

不同矿区瓦斯风化带的深度有较大差异,即使是同一井田有时也相差很大,如河北开滦矿区的唐山矿和赵各庄矿,两矿的瓦斯风化带深度下限就相差 80 m。表 1-5 是我国部分高瓦斯矿井煤层瓦斯风化带深度的实测结果。

表 1-5 我国部分高瓦斯矿井煤层瓦斯风化带深度

矿区(矿井)	煤层	瓦斯风化带深度/m	矿区(矿井)	煤层	瓦斯风化带深度/m
抚顺(龙凤)	本层	250	南桐(南桐)	4	30～50
抚顺(老虎台)	本层	300	天府(磨心坡)	9	50
北票(台吉)	4	115	六枝(地宗)	7	70
北票(三宝)	9B	110	六枝(四角田)	7	60
焦作(焦西)	大煤	180～200	六枝(木岗)	7	100
焦作(李封)	大煤	80	淮北(卢岭)	8	240～260
焦作(演马庄)	大煤	100	淮北(朱仙庄)	8	320
白沙(红卫)	6	15	淮南(谢家集)	C_{13}	45
涟邵(洪山殿)	4	30～50	淮南(谢家集)	B_{11b}	35
南桐(东林)	4	30～50	淮南(李郢孜)	C_{13}	428
南桐(鱼田堡)	4	30～70	淮南(李郢孜)	B_{11b}	420

需要特别说明,尽管位于瓦斯风化带内的矿井多为低瓦斯矿井或低瓦斯区域,瓦斯对生产安全不构成主要威胁,但有的矿井或区域二氧化碳或氮气含量很高,如果通风不良或管理不善,也有可能造成人员窒息事故。例如,1980 年江苏某矿在瓦斯风化带内掘进带式输送机巷道时,曾先后两次发生人员窒息事故,经分析是煤层中高含量氮气涌入巷道内造成的。

2. 甲烷带

瓦斯风化带以下是甲烷带,是大多数矿井进行采掘活动的主要区域。在甲烷带内,煤层的瓦斯压力、瓦斯含量随着埋藏深度的增加呈有规律的增长。增长的梯度随不同煤化程度、不同地质构造和赋存条件有所不同。相对瓦斯涌出量也随着开采深度的增加而有规律地增加,不少矿井还出现了瓦斯喷出、煤与瓦斯突出等特殊涌出现象。因此,要搞好瓦斯防治工作,就必须重视甲烷带内的瓦斯赋存与运动规律,采取针对性措施,才能有效地防止瓦斯的各种危害。

五、瓦斯赋存的影响因素

瓦斯是地质作用的产物,瓦斯的形成和保存、运移与富集同地质条件有密切关系,瓦斯的赋存和分布受地质条件的影响和制约。影响瓦斯赋存的主要地质因素有:

1. 煤的变质程度

在煤化作用过程中,不断地产生瓦斯,煤化程度越高,生成的瓦斯量越多。因此,在其他因素相同的条件下,煤的变质程度越高,煤层瓦斯含量越大。

煤的变质程度不仅影响瓦斯的生成量,还在很大程度上决定着煤对瓦斯的吸附能力。在成煤初期,褐煤的结构疏松,孔隙率大,瓦斯分子能渗入煤体内部,因此褐煤具有很大的吸附能力。但该阶段瓦斯生成量较少,且不易保存,煤中实际所含的瓦斯量一般不大。在煤的变质过程中,由于地压的作用,煤的孔隙率减小,煤质渐趋致密。长焰煤的孔隙和内表面积都比较少,因此,吸附瓦斯的能力大大降低,最大吸附瓦斯量在 $20 \sim 30$ m³/t。随着煤的进一步变质,在高温、高压作用下,煤体内部因干馏作用而生成许多微孔隙,使表面积到无烟煤时达到最大。据实验室测定,1 g 无烟煤的微孔表面积可达 200 m²。因此,无烟煤吸附瓦斯的能力最强可达 $50 \sim 60$ m³/t。但是当由无烟煤向超无烟煤过渡时,微孔又收缩、减少,煤的吸附瓦斯能力急剧减小,到石墨时吸附瓦斯能力消失,如图 1-4 所示。

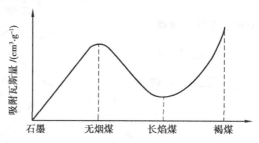

图 1-4 不同变质程度煤对瓦斯的吸附能力

原苏联学者列文斯基对煤层中甲烷含量与变质程度的关系进行的研究结果表明,从长焰煤开始,煤层的平均甲烷含量随变质程度升高而增加,至无烟煤 11/A 阶段达到最大值;但在超无烟煤中,甲烷含量突然降到最低值,几乎不含瓦斯,如图 1-5 所示。

研究表明,不同变质程度的煤在区域分布上常呈带状分布,形成不同的变质带。这种变质分带在一定程度上控制着瓦斯的赋存和区域性分布。内蒙古自治区是我国煤炭储量最丰富的省区之一,该自治区内矿井瓦斯分布呈现明显的规律性,瓦斯分区与煤的变质分带有密切关系,如图 1-6 所示。

2. 围岩条件

围岩是指煤层直接顶、基本顶和直接底板等在内的一定厚度范围的层段。围岩对瓦斯赋存的影响,决定于它的隔气、透气性能。当煤层顶板岩性为致密完整的岩石,如页岩、油母页岩时,煤层中的瓦斯容易被保存下来;顶板为多孔隙或脆性裂隙发育的岩石,如砾岩、砂岩时,瓦斯容易逸散。例如,北京矿务局不论是下侏罗纪或是石炭二叠纪的煤层,尽管煤的牌号为无烟

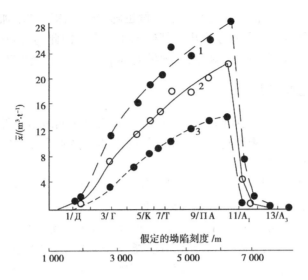

图 1-5　煤层平均甲烷含量与其变质程度定量关系曲线

$1—\overline{Q}+\sigma;2—\overline{Q};3—\overline{Q}-\sigma$

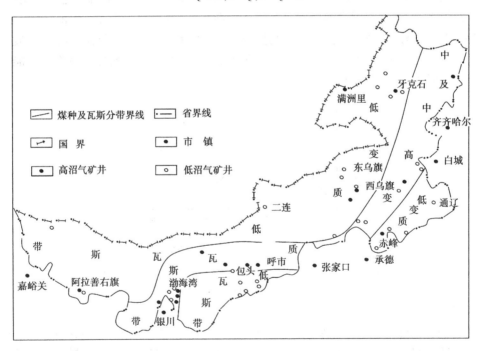

图 1-6　内蒙古自治区煤变质及瓦斯分带图

煤,由于煤层顶板为 12~16 m 的厚层中粒砂岩,透气性好,因此煤层瓦斯含量小,矿井瓦斯涌出量低。

　　与围岩的隔气、透气性能有关的指标是孔隙性、渗透性和孔隙结构。泥质岩石有利于瓦斯的保存,若含砂质、粉砂质等杂质时,会大大降低它的遮挡能力。粉砂杂质含量不同,影响到泥质岩中优势孔隙的大小。例如,泥岩中粉砂组分含量为 20% 时,占优势的是 0.025~0.05 μm 的孔隙;粉砂组分含量为 50% 时,优势孔隙则为 0.08~0.16 μm。孔隙直径的这种变化,也在岩石的遮挡性质上反映出来。随着孔隙直径的增大,渗透性将增高,岩石遮挡能力则显著减弱。砂岩一般有利于瓦斯逸散,但有些地区砂岩的孔隙度和渗透率均低时,也是很好的遮挡面。

围岩的透气性不仅与岩性特征有关,还与一定范围内的岩性组合及变形特点有关。按岩石的力学性质,可将围岩分为砂岩、石灰岩等强岩层,以及细碎屑岩和煤等弱岩层两类。强岩层不易塑性变形,而易于破裂;弱岩层则常呈塑性变形。

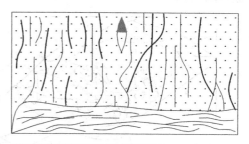

在不同类型的岩层中,裂隙发育情况也有差异。强岩层产生大致垂直于层面的破劈理;弱岩层则产生密集的、与层面斜交或大致平行的流劈理;在相邻的强、弱岩层中裂隙出现折射现象,如图 1-7 所示。

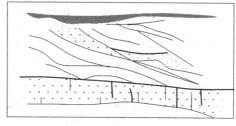

为反映同煤田不同井田或同一井田不同块段岩性组合的差异,可以对研究范围内各钻孔、石门资料进行统计分析。选择煤层顶、底板一定厚度范围的层段,统计每个钻孔及石门中该层段内各

图 1-7 不同岩性的岩层中节理的特点

分层的岩性和厚度,计算砂岩、泥岩与统计总厚度的比值。根据统计资料,绘制相应的等值线或圈定不同瓦斯保存条件的块段。

3. 地质构造

地质构造对瓦斯赋存的影响,一方面是造成了瓦斯分布的不均衡,另一方面是形成了有利于瓦斯赋存或有利于瓦斯排放的条件。不同类型的构造形迹,地质构造的不同部位、不同的力学性质和封闭情况,形成了不同的瓦斯赋存条件。

(1)褶皱构造

褶皱的类型、封闭情况和复杂程度,对瓦斯赋存均有影响。

当煤层顶板岩石透气性差,未遭构造破坏时,背斜有利于瓦斯的储存,是良好的储气构造,背斜轴部的瓦斯会相对聚集,瓦斯含量增大。在向斜盆地构造的矿区,顶板封闭条件良好时,瓦斯沿垂直地层方向运移是比较困难的,大部分瓦斯仅能沿两翼流向地表。紧密褶皱地区往往瓦斯含量较高。因为这些地区受强烈构造作用,应力集中;同时,发生褶皱的岩层往往塑性较强,易褶不易断,封闭性较好,因而有利于瓦斯的聚集和保存。

(2)断裂构造

地质构造中的断层破坏了煤层的连续完整性,使煤层瓦斯运移条件发生变化。有的断层有利于瓦斯排放,也有的断层对瓦斯排放起阻挡作用,成为逸散的屏障。前者称开放型断层,后者称封闭型断层。断层的开放与封闭性决定于下列条件:

①断层的性质和力学性质。一般张性正断层属开放型,而压性或压扭性逆断层封闭条件较好。

②断层与地表或与冲积层的连通情况。规模大且与地表相通或与冲积层相连的断层一般为开放型。

③断层将煤层断开后,煤层与断层另一盘接触的岩层性质。若透气性好则利于瓦斯排放。

④断层带的特征。断层带的充填情况、紧闭程度、裂隙发育情况等都会影响到断层的开放或封闭性。

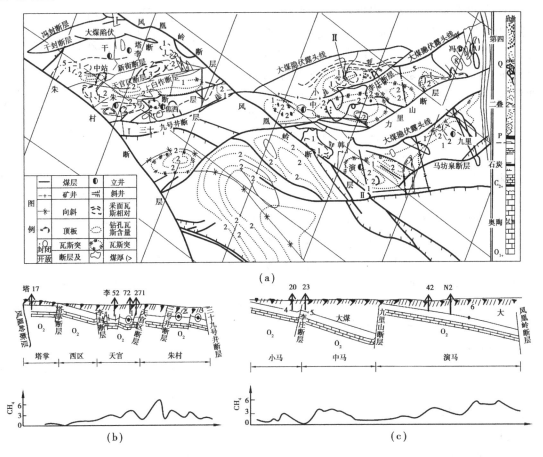

图1-8　焦作矿区大煤瓦斯地质图

此外,断层的空间方位对瓦斯的保存、逸散也有影响。一般走向断层阻隔了瓦斯沿煤层倾斜方向的逸散,而倾向和斜交断层则把煤层切割成互不联系的块体。

不同类型的断层,形成了不同的构造边界条件,对瓦斯赋存产生不同的影响。例如,河南焦作矿区东西向的主体构造凤凰岭断层和朱村断层,落差均在百米以上,使煤层与裂隙溶洞发育的奥陶系灰岩接触,皆属开放型断层,因而断裂带附近瓦斯含量很小。而矿区内的一些中型断层,与煤层接触的断层另一盘岩性多为粉砂岩或泥质岩,属封闭型断层,它们是瓦斯分带的构造边界,如图1-8所示。湖南涟邵洪山殿矿区是一个严重的煤与瓦斯突出矿区,矿区内各生产矿井均发生过煤与瓦斯突出。但该区内的洪山矿鲤鱼矿井不仅瓦斯小,而且很少发生突出,这与该井田范围内发育一系列通达地表的中型断层有关,如图1-9所示。

(3)构造组合与瓦斯赋存的关系

控制瓦斯分布的构造形迹的组合形式,主要有3种类型:

①逆断层边界封闭型。这一类型中,压性、压扭性逆断层常作为矿井或区域的对边边界,断层面一般相背倾斜,使整个矿井处于封闭的条件之下。例如,内蒙古大青山煤田,南北两侧

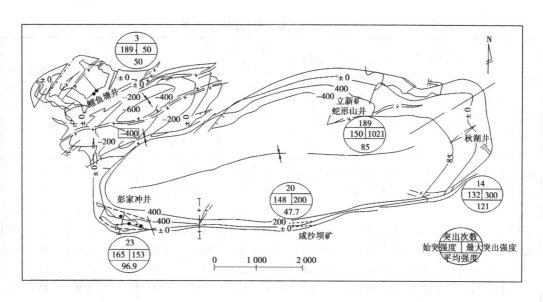

图 1-9　洪山殿矿区瓦斯地质图

均为逆断层,断层面倾向相背,煤田位于逆断层的下盘,在构造组合上形成较好的封闭条件。该煤田各矿煤层的瓦斯含量,普遍高于区内开采同时代含煤岩系的乌海和桌子山煤田。

②构造盖层封闭。盖层条件原指沉积盖层而言,从构造角度,也可指构造成因的盖层。如某一较大的逆断层,将大面积透气性差的岩层推覆到煤层或煤层附近之上,改变了原来的盖层条件,同样对瓦斯起到了封闭作用。

③断层块段封闭型。该类型由两组不同方向的压扭性断层在平面上组成三角形或多边形块体,块段边界为封闭型断层所圈闭。

4. 煤层的埋藏深度

在瓦斯风化带以下,煤层瓦斯含量、瓦斯压力和瓦斯涌出量都与深度的增加有一定的比例关系。

一般情况下,煤层中的瓦斯压力随着埋藏深度的增加而增大。随着瓦斯压力的增加,煤与岩石中游离瓦斯量所占的比例增大,同时煤中的吸附瓦斯逐渐趋于饱和。因此,从理论上分析,在一定深度范围内,煤层瓦斯含量随埋藏深度的增大而增加。但是如果埋藏深度继续增大,瓦斯含量增加的速度将要减慢。表 1-6 是原苏联学者格·德·黎金作的一个计算实例,从表中可知煤层中瓦斯含量随深度增大而增加的情况,以及随深度增大游离瓦斯量所占比例的变化。

个别矿井随着埋藏深度的增大,瓦斯涌出量反而相对减小。例如,江苏徐州矿务局大黄山矿属于低瓦斯矿井,地处较浅的有限煤盆地,煤层倾角大,在新老不整合面上有厚层低透气性盖层,瓦斯主要沿煤层向上运移。由于煤盆地范围小,深部缺乏足够的瓦斯补给,因而当从盆地四周由浅部向深部开采时,瓦斯涌出量随着开采深度增加而减小,如图 1-10 所示。

表 1-6　煤层瓦斯含量与深度的关系

深度/m	温度/℃	压力/MPa			煤的孔隙在压力作用下降低系数	煤的孔隙体积 /(m³·t⁻¹)	煤的瓦斯含量 /(m³·t⁻¹)			岩石甲烷含量 /(m³·t⁻¹)			煤孔隙中游离瓦斯量占/%	比值 q_1/q_2
		地层静压力 P_1	瓦斯压力 P_2	$p=p_1-p_2$			吸附	游离	总计 q_1	孔隙中	分散有机质中	总计 q_2		
100	11	2.4	0.1	2.3	0.91	0.118	—	—	—	—	—	—	—	—
200	14	4.8	0.2	4.6	0.84	0.109	5.7	0.2	5.9	0.1	0.1	0.2	3	30
300	17	7.1	0.7	6.4	0.82	0.107	12.9	0.7	13.6	0.4	0.1	0.5	5	27
400	20	9.4	1.3	8.1	0.80	0.104	17.0	1.3	18.3	0.9	0.2	1.1	7	17
500	23	11.7	2.1	9.6	0.78	0.101	19.0	2.0	21.4	1.4	0.2	1.6	9	13
600	26	14.1	3.0	11.1	0.77	0.100	20.4	2.8	23.2	2.0	0.2	2.2	12	11
700	29	16.4	4.0	12.4	0.76	0.099	21.0	3.7	24.7	2.6	0.3	2.9	15	9
800	31	18.7	5.0	13.7	0.75	0.098	21.4	4.7	26.1	3.4	0.3	3.6	18	7
900	34	21.1	6.1	15.0	0.74	0.096	21.6	5.7	27.3	4.1	0.3	4.4	21	6
1 000	37	23.4	7.1	16.3	0.73	0.095	21.7	6.5	28.2	4.8	0.3	5.1	23	6
1 100	40	25.7	8.2	17.5	0.72	0.094	21.6	7.4	29.0	5.5	0.3	5.8	25	5
1 200	43	28.1	9.4	18.7	0.71	0.092	21.5	8.3	29.8	6.3	0.3	6.0	28	5

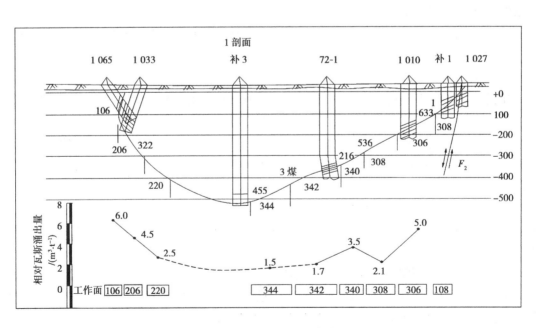

图 1-10　大黄山矿瓦斯地质剖面图

5. 煤田的暴露程度

暴露式煤田,煤系地层出露于地表,煤层瓦斯往往沿煤层露头排放,瓦斯含量大为减少。隐伏式煤田,如果盖层厚度较大,透气性又差,煤层瓦斯常积聚储存;反之,若覆盖层透气性好,容易使煤层中的瓦斯缓慢逸散,煤层瓦斯含量一般不大。

在评价一个煤田的暴露情况时,不仅要注意煤田当前的暴露程度,还要考虑到成煤后整个地质时期内煤系地层的暴露情况及瓦斯风化过程的延续时间。

例如,辽宁沈阳矿务局红阳煤田三井开采石炭二叠系煤层,煤层露头上部有巨厚的侏罗纪及第三、第四纪沉积地层覆盖,13 号煤层隐伏露头的埋藏深度达 700 ~ 1 100 m。尽管埋藏深度大,接近露头部分的煤层瓦斯含量很小,存在一定宽度的瓦斯风化带。自 778 孔向西至隐伏露头,煤层瓦斯含量均在 2 m³/t 以下,而向东至 856 孔,煤层瓦斯含量增大至 15 m³/t。造成这种情况的原因是,在晚侏罗纪地层覆盖之前,从晚古生代到中生代晚侏罗纪之间的漫长地质时期内,区内地壳上升,含煤地层出露地表,遭受强烈的瓦斯风化作用。晚期地层的覆盖,只是保存了早期存在的瓦斯分布状态,如图 1-11 所示。

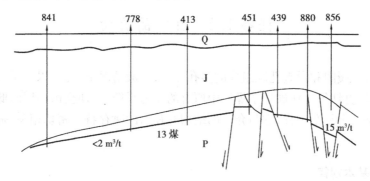

图 1-11　红阳三井地质剖面图

6. 水文地质条件

地下水与瓦斯共存于煤层及围岩之中,其共性是均为流体,运移和赋存都与煤、岩层的孔隙、裂隙通道有关。由于地下水的运移,一方面驱动着裂隙和孔隙中瓦斯的运移,另一方面又带动溶解于水中的瓦斯一起流动。尽管瓦斯在水中的溶解度仅为 1% ~ 4%,但在地下水交换活跃的地区,水能从煤层中带走大量的瓦斯,使煤层瓦斯含量明显减少。同时,水吸附在裂隙和孔隙的表面,还减弱了煤对瓦斯的吸附能力。因此,地下水的活动有利于瓦斯的逸散。地下水和瓦斯占有的空间是互补的,这种相逆的关系,常表现为水大地带瓦斯小,反之亦然。

遍布湖南湘中及湘东南地区的龙潭煤系,由于在形成过程中沉积环境的差异,明显地分为"南型"和"北型",其分界线在北纬 27°40′附近。龙潭煤系的南北分异在水文地质条件上也表现出明显的差异。煤系下伏地层为茅口灰岩,属岩溶裂隙发育的强含水层。当煤层与茅口灰岩之间的隔气层较薄或缺失时,矿井涌水量大,造成易于瓦斯排放的条件。"北型"的茅口灰岩与上部煤层间距 0 ~ 10 m,形成一些水大瓦斯小的矿井,如恩口、煤炭坝等矿均为低瓦斯矿井,矿井涌水大于 1 000 m³/h;"南型"的茅口灰岩与煤层的间距增大为 300 ~ 400 m,属于"南型"的斗笠山矿区观山井、洪山殿矿区各生产矿井均为高瓦斯和突出矿井,水文地质条件简单,矿井涌水量小于 100 m³/h。

7. 岩浆活动

岩浆活动对瓦斯赋存的影响比较复杂。岩浆侵入含煤岩系或煤层,在岩浆热变质和接触变质的影响下,煤的变质程度升高,增大了瓦斯的生成量和对瓦斯的吸附能力。在没有隔气盖层、封闭条件不好的情况下,岩浆的高温作用可以强化煤层瓦斯排放,使煤层瓦斯含量减小。岩浆岩体有时使煤层局部被覆盖或封闭,成为隔气盖层。但在有些情况下,由于岩浆活动裂隙增加,造成风化作用加强,可逐渐形成裂隙通道,而有利于瓦斯的排放。岩浆活动对瓦斯赋存既有生成、保存瓦斯的作用,在某些条件下又有使瓦斯逸散的可能性。因此,在研究岩浆活动对煤层瓦斯的影响时,要结合地质背景作具体分析。

总的来看,岩浆侵入煤层有利于瓦斯生成和保存的现象比较普遍。但在某些矿区和矿井,由于岩浆侵入煤层,也有造成瓦斯逸散或瓦斯含量降低的情形。例如,福建永安矿区属暴露式煤田,岩浆岩呈岩墙、岩脉侵入煤层,对煤层有烘烤、蚀变现象。岩脉直通地表,巷道揭露时有淋水现象,说明裂隙道通良好,有利于瓦斯逸散。该矿区煤层瓦斯含量普遍很小,均属低瓦斯矿井。

任务 1.2　瓦斯的流动

煤层是由宏观裂隙和微观孔隙组成的多孔介质,一般情况下,瓦斯以承压状态赋存在煤层中,当开采、掘进、打钻等工作破坏了煤层中原有的压力平衡后,便会由高压向低压流动。煤层中瓦斯的流动是一个复杂过程,它与介质的结构和瓦斯的赋存特性密切相关,是气体在多孔介质中的流动。

一、流动的基本规律

气体在多孔介质中的流动主要包括扩散运动和渗流运动两个方面。在尺寸较大的裂隙系统中,瓦斯运动属于渗流运动,而在孔隙结构的微孔中,则是扩散运动。

1. 扩散运动

分子自由运动使得物质由高浓度区域向低浓度区域运移的过程称为扩散运动。扩散运动的速度与该物质的浓度梯度成正比。瓦斯的扩散运动符合菲克定律。

$$J = -D\frac{\partial C}{\partial l} \tag{1-4}$$

式中　J——瓦斯扩散速度,$m^3/(m^2 \cdot s)$;

　　　D——瓦斯扩散系数,m^2/s;

　　　$\partial C/\partial l$——瓦斯沿 l 方向上的浓度梯度,m^{-1}。

2. 渗流运动

瓦斯在较大的孔隙和裂隙中的渗流流动过程比较复杂,在 Re < 1 ~ 10 的低雷诺数区,表现为线性层流渗流,其运动规律符合达西定律;当 Re 在 10 ~ 100 范围内时,流动为非线性渗流;当 Re > 100 时,为紊流流动,流动阻力和流速的平方成正比。为了简化煤层瓦斯流动状态,通常用线性层流渗流来描述瓦斯在煤层中的运移规律,即达西定律:

$$V = -\frac{K}{\mu} \cdot \frac{\partial P}{\partial l} \tag{1-5}$$

式中　V——瓦斯的流速,m/s;

　　　K——煤层的渗透率,m^2;

　　　μ——瓦斯的绝对黏度,$Pa \cdot s$;

　　　$\partial P/\partial l$——瓦斯的压力梯度,Pa/m。

由式(1-5)可知,决定煤层瓦斯流速的因素除了瓦斯压力梯度外,还有一个重要因素就是煤层的渗透率。它反映了煤层中孔隙和裂隙的状况,对煤体受到的应力非常敏感。这是因为在外力的作用下,煤体中的孔隙和裂隙发生闭合,会减小煤层的渗透性。煤体吸附瓦斯后,强度降低,塑性增加,加剧了对应力的敏感程度。在矿井采掘过程中,工作空间周围煤体或岩体中的应力场会发生变化,形成卸压带和应力集中带,这些带中瓦斯的渗透性都会发生较大的变化,对瓦斯的运移具有重大影响。

二、流动的形态

在煤层中开掘巷道后,瓦斯便向巷道中流动,形成一定的流动范围和压力分布,这一范围通常称为流动场。在瓦斯流动场内,瓦斯处于流动状态,具有流向、流速、压力梯度等运动参数。对于煤层中的瓦斯流动场,按巷道在煤层中的空间位置不同可以分为单向流动、径向流动和球向流动3种。

1. 单向流动

单向流动如图1-12所示,在三维空间内只有一个方向有流速,其余两个方向的流速为零。沿煤层开掘的平巷中,当煤层厚度小于巷道高度时,巷道两侧的瓦斯会沿着垂直于巷道轴的方向流动,形成彼此平行,方向相同的网,这就是单向流场。

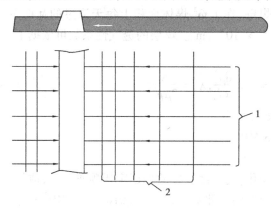

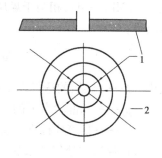

图1-12　瓦斯单向流场

图1-13　瓦斯径向流场
1—流线;2—等压线

2. 径向流动

径向流动是平面流动,如图1-13所示,瓦斯等压线为一组同心圆,瓦斯沿圆的径向向圆心流动。穿过煤层的钻孔或石门、井筒等,瓦斯流动就是径向流动。

3. 球向流动

在煤矿井下,属于球向流动的情况较少。球向流动瓦斯等压线为一组同心球,瓦斯沿球的径向流动。石门揭开特厚煤层、特厚煤层中的掘进工作面、煤层中的钻孔孔底及煤块的瓦斯放散等,都可以近似为球向流动。

上述3种流动场是典型的基本形式,实际矿井中煤层内瓦斯流动是复杂的,是多种形态的综合,在实际应用时应注意分析具体情况。

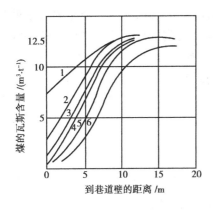

图1-14 煤层内瓦斯流动的稳定性
1—成面后几小时;2—成面后4 d;
3—成面后10 d;4—成面后15 d;
5—成面后55 d;6—成面后150 d(稳定)

三、流动的稳定性及影响参数

煤层中瓦斯流动的参数是随时间变化的。在煤层中开掘巷道或打钻孔对其周围瓦斯场的影响也是有一定范围的。在煤层暴露或钻孔钻入的初期,煤层中的瓦斯流场变化强烈,属于非稳定流场;随着时间的推移,瓦斯压力梯度下降,流量、流速都逐渐减小,这一流场趋于稳定。从如图1-14所示的例子可知,掘进工作面煤壁暴露的初期,煤层瓦斯含量下降迅速,瓦斯流速快,但影响范围小;经过15 d时间后,流场趋于稳定;150 d后,基本上稳定不变,巷道开掘对煤层瓦斯的影响范围也大致稳定为煤壁内10 m。

煤层内瓦斯流动的稳定过程就是煤壁瓦斯涌出速率的稳定过程,这一过程受到多种因素的影响,主要有煤层瓦斯压力梯度、煤层透气性、煤壁外大气压力等,其中最关键的一个是煤层的透气性。

衡量煤层透气性的指标是煤层透气性系数,其物理意义是:在1 m^3 煤体的两侧作用压力平方差为1 MPa^2 的瓦斯时,通过1 m长度的煤壁,在1 m^2 煤体面积上每天流过的瓦斯量,单位 $m^3/(MPa^2 \cdot d)$,相当于煤层的渗透率为 2.5×10^{-17} m^2。煤层的透气性系数可依据下式进行测算:

$$v_n = -\frac{K}{2\mu p_n}\frac{dp^2}{dl} = -\lambda\frac{dp^2}{dl}, \lambda = \frac{K}{2\mu p_n} \qquad (1-6)$$

式中 λ——煤层的透气性系数,$m^3/(MPa \cdot d)$;

p_n——标准状态下的大气压力,0.101 3 MPa;

v_n——换算成标准状态下的瓦斯流速,m/d。

我国煤层的透气性系数在很大的范围内变化,透气性较好的如辽宁抚顺龙凤矿,透气性系数达150 $m^3/(MPa^2 \cdot d)$,而透气性较差的如山西阳泉北头咀,只有0.016 $m^3/(MPa^2 \cdot d)$。透气性的好坏对矿井瓦斯抽放的影响较大,透气性好的抽放容易,而透气性差的,则往往必须采取增加煤层透气性的措施,才能到达预期的抽放效果。

煤层的透气性对地应力的作用非常敏感,当煤层压应力降低时,透气性系数会大幅度地增加。在卸压带或裂隙带抽放瓦斯就是利用了这一原理。

四、采动影响下邻近煤层瓦斯的流动

当开采煤层的顶底板地层中有邻近煤层时,受到本煤层开采的影响,顶底板地层都会发生不同程度的位移和应力的重新分布,在地层中造成大量的裂隙,使邻近煤层中的瓦斯通过这些裂隙涌出到开采空间。这一过程表现最明显的地点是采煤工作面及其采空区,如图1-15所示。

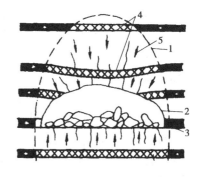

图1-15 邻近煤层的瓦斯流动
1—卸压圈;2—冒落圈;3—开采煤层;
4—邻近煤层;5—瓦斯流向

在采煤工作面第一次初次垮落后,煤层顶板岩层冒落或破裂变形,在采空区附近形成一个卸压圈。靠近冒落区的邻近煤层有的直接向采空区放散瓦斯,而大多数则会通过裂隙向采空区放散瓦斯;还有一些煤层需要经过一段时间,裂隙发展到该煤层后才会向开采煤层的采空区放散瓦斯。通常,顶板岩层变形区域随时间和空间不断扩大,达到一定范围后停止。底板岩层因上部卸压引起膨胀变形,形成裂隙,沟通下部的邻近煤层,使其向开采空间放散瓦斯。开采过程中,由于顶底板地层裂隙的发展往往不是连续的,因此,邻近煤层的瓦斯放散也呈现跳跃式的变化。对于具体矿井,应分析开采煤层的具体情况,进行实际测定才能确定邻近煤层放散到本煤层中的瓦斯状况。

任务 1.3　煤层瓦斯压力及其测定

煤矿建设和生产过程中,煤层和围岩中的瓦斯气体会涌到生产空间,对井下的安全生产构成严重威胁。由于不同的煤层、不同的矿井中的瓦斯赋存状况不同,而瓦斯所造成的危险程度也是不同的。只有在了解瓦斯的基本性质和煤层瓦斯赋存状况的前提下,掌握煤层瓦斯赋存主要参数的测定,才能为瓦斯治理提供可靠的基础依据。

一、煤层瓦斯压力分布规律

1. 煤层瓦斯压力

煤层瓦斯压力是指赋存在煤层孔隙中的游离瓦斯作用于孔隙壁的气体压力。它是决定煤层瓦斯含量一个主要因素,当煤的孔隙率相同时,游离瓦斯量与瓦斯压力成正比;当煤的吸附瓦斯能力相同时,煤层瓦斯压力越高,煤的吸附瓦斯量越大。煤层瓦斯压力也是间接法预测煤层瓦斯含量的必备参数。在瓦斯喷出、煤与瓦斯突出的发生、发展过程中,瓦斯压力也起着重大作用,瓦斯压力是预测突出的主要指标之一。

2. 煤层瓦斯压力分布规律

研究表明,在同一深度下,不同矿区煤层的瓦斯压力值有很大的差别,但同一矿区中煤层瓦斯压力随深度的增加而增大,这一特点反映了煤层瓦斯由地层深处向地表流动的总规律,也揭示了煤层瓦斯压力分布规律。

煤层瓦斯压力的大小取决于煤生成后煤层瓦斯的排放条件。在漫长的地质年代中,煤层瓦斯排放条件是一个极其复杂的问题,它除与覆盖层厚度、透气性能、地质构造条件有关外,还与覆盖层的含水性密切相关。当覆盖层充满水时,煤层瓦斯压力最大,这时瓦斯压力等于同水平的静水压力;当煤层瓦斯压力大于同水平静水压力时,在漫长的地质年代中,瓦斯将冲破水的阻力向地面逸散;当覆盖层未充满水时,煤层瓦斯压力小于同水平的静水压力,煤层瓦斯以一定压力得以保存。图 1-16 是实测的我国部分局、矿煤层瓦斯压力随距地表深度变化图,从中可知,绝大多数煤层的瓦斯压力小于或等于同水平静水压力。

图 1-16 也反映出有少部分煤层的瓦斯压力实测值大于同水平的静水压力,这种异常现象可能与受采动影响产生的局部集中应力有关,也可能有裂隙与深部高压瓦斯相连通,造成实测的煤层瓦斯压力值偏高。

在煤层赋存条件和地质构造条件变化不大时,同一深度各煤层或同一煤层在同一深度的各个地点,煤层瓦斯压力是相近的。随着煤层埋藏深度的增加,煤层瓦斯压力成正比例增加。

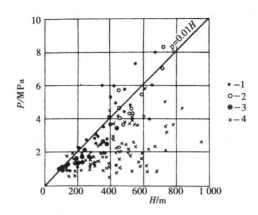

图 1-16 煤层瓦斯压力随距地表深度的变化

1—重庆各局;2—北票局;3—湖南各局;4—其他局

在地质条件不变的情况下,煤层瓦斯压力随深度变化的规律,通常用下式描述:

$$P = P_0 + m(H - H_0) \tag{1-7}$$

式中 P——在深度 H 处的瓦斯压力,MPa;

  P_0——瓦斯风化带 H_0 深度的瓦斯压力,MPa,一般取 0.15 ~ 0.2,预测瓦斯压力时可取
  0.196;

  H_0——瓦斯风化带的深度,m;

  H——煤层距地表的垂直深度,m;

  m——瓦斯压力梯度,MPa/m。由下式计算:

$$m = \frac{P_1 - P_0}{H_1 - H_0} \tag{1-8}$$

式中 P_1——实测瓦斯压力,MPa;

  H_1——测瓦斯压力 P_1 地点的垂深,m。

根据我国各煤矿瓦斯压力随深度变化的实测数据,瓦斯压力梯度 m 一般在 0.007 ~ 0.012 MPa/m,而瓦斯风化带的深度则在几米至几百米之间。表 1-7 是我国部分矿井的煤层瓦斯压力和瓦斯压力梯度实测值。

表 1-7 我国部分矿井的煤层瓦斯压力和瓦斯压力梯度实测值

矿井名称	煤层	垂深/m	瓦斯压力/MPa	瓦斯压力梯度 /(MPa·m^{-1})
南桐一井	4	218	1.52	0.009 5
	4	503	4.22	
北票台吉一井	4	713	6.86	0.011 4
	4	560	5.12	
涟邵蛇形山	4	214	2.14	0.012 0
	4	252	2.60	
淮北芦岭	8	245	0.20	0.011 6
	8	482	2.96	

对于一个生产矿井,应该注意积累和充分利用已有的实测数据,总结出适合本矿的基本规律,为深水平的瓦斯压力预测和开采服务。

通过对全国各矿区煤层不同深度瓦斯压力观测资料分析,我国煤层瓦斯压力最高的是重庆天府和南桐、辽宁北票、安徽淮南等。实测煤层最大瓦斯压力为13.9 MPa,它是在重庆天府矿务局磨心坡矿+10 m水平南八石门K_1煤层测到的。

例1-1　某矿井地面标高100 m,瓦斯风化带深度为250 m,测得 -400 m水平的煤层瓦斯压力为0.784 MPa,试预测 -460 m水平煤层的瓦斯压力。

解　$H_0 = 250$ m,取 $P_0 = 0.196$ MPa,瓦斯梯度为

$$m = \frac{P_1 - P_0}{H_1 - H_0}$$
$$= \frac{0.784 - 0.196}{500 - 250}$$
$$= 0.002\ 35\ \text{MPa/m}$$

预测 -460 m水平煤层的瓦斯压力为

$$P = P_0 + m(H - H_0)$$
$$= 0.196 + 0.002\ 35 \times (560 - 250)$$
$$= 0.925\ \text{MPa}$$

故 -460 m水平的煤层瓦斯压力为0.925 MPa。

二、煤层瓦斯压力的测定方法

《煤矿安全规程》要求,为了预防石门揭穿煤层时发生突出事故,必须在揭穿突出煤层前,通过钻孔测定煤层的瓦斯压力,它是突出危险性预测的主要指标之一,又是选择石门局部防突措施的主要依据。同时,用间接法测定煤层瓦斯含量,也必须了解煤层原始的瓦斯压力。因此,测定煤层瓦斯压力是煤矿瓦斯管理和科研需要经常进行的一项重要工作。

测定煤层瓦斯压力时,通常是从石门或围岩钻场向煤层打孔径为50～75 mm的钻孔,孔中放置测压管,将钻孔封闭后,用压力表直接进行测定。为了测定煤层的原始瓦斯压力,测压地点的煤层应为未受采动影响的原始煤体。石门揭穿突出煤层前测定煤层瓦斯压力时,在工作面距煤层法线距离5 m以外,至少打两个穿透煤层全厚或见煤深度不少于10 m的钻孔。

测压的封孔方法分填料法和封孔器法两类。根据封孔器的结构特点,封孔器分为胶圈、胶囊和胶圈-黏液等几种类型。

1. 填料封孔法

填料封孔法是应用最广泛的一种测压封孔方法。采用该法时,在打完钻孔后,先用水清洗钻孔,再向孔内放置带有压力表接头的测压管,管径为6～8 mm,长度不小于6 m,最后用充填材料封孔。图1-17为填料法封孔结构示意图。

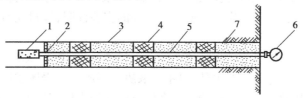

图1-17　填料法封孔结构

1—前端筛管;2—挡料圆盘;3—充填材料;4—木楔;

5—测压管;6—压力表;7—钻孔

为了防止测压管被堵塞,应在测压管前端焊接一段直径稍大于测压管的筛管或直接在测压管前端管壁打筛孔。为了防止充填材料堵塞测压管的筛管,在测压管前端后部套焊一挡料圆盘。测压管为紫铜管或细钢管,充填材料一般用水泥和沙子或黏土。填料可用人工或压风送入钻孔。为使钻孔密封可靠,每充填 1 m,送入一段木楔,用堵棒捣固。人工封孔时,封孔深度一般不超过 5 m;用压气封孔时,借助喷射罐将水泥砂浆由孔底向孔口逐渐充满,其封孔深度可达 10 m 以上。为了提高填料的密封效果,可使用膨胀水泥、合成树脂等。

填料法封孔的优点是不需要特殊装置,密封长度大,密封质量可靠,简便易行;其缺点是人工封孔长度短,费时费力,且封孔后需等水泥基本凝固后,才能上压力表。

2. 封孔器封孔法

(1)胶圈封孔器法

胶圈封孔器法是一种简便的封孔方法,它适用于岩柱完整致密的条件。图 1-18 为胶圈封孔器封孔的结构示意图。

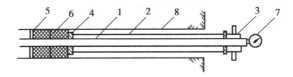

图 1-18　胶圈封孔器封孔结构示意图
1—测压管;2—外套管;3—压紧螺钉;4—活动挡圈;
5—固定挡圈;6—胶圈;7—压力表;8—钻孔

封孔器由内外套管、挡圈和胶圈组成。内套管为测压管。封直径为 50 mm 的钻孔时,胶圈外径为 49 mm,内径为 21 mm,长度为 78 mm。测压管前端焊有环形固定挡圈,当拧紧压紧螺钉时,外套管向前移动压缩胶圈,使胶圈径向膨胀,达到封孔的目的。辽宁北票矿务局台吉矿在 −550 m 水平西 5 石门用胶圈封孔器实测的 10 号煤层瓦斯压力高达 8.1 MPa。

胶圈封孔器法的主要优点是简便易行,封孔器可重复使用;其缺点是封孔深度小,且要求封孔段岩石必须致密、完整。

(2)胶圈-压力黏液封孔器法

这种封孔器与胶圈封孔器的主要区别是在两组封孔胶圈之间,充入带压力的黏液。胶圈-压力黏液封孔器的结构如图 1-19 所示。

该封孔器由胶圈封孔系统和黏液加压系统组成。为了缩短测压时间,该封孔器带有预充气口,预充气压力略小于预计的煤层瓦斯压力。使用该封孔器时,钻孔直径 62 mm,封孔深度 11 ~ 20 m,封孔黏液段长度 3.6 ~ 5.4 m。它适用于坚固性系数不大于 0.5 的煤层。

这种封孔器的主要优点是封孔段长度大,压力黏液可渗入封孔段岩(煤)体裂隙,密封效果好。通过在山西阳泉、河南焦作和鹤壁等矿务局的实验证明,该封孔器能满足煤巷直接测定煤层瓦斯压力的要求。

实践表明,封孔测压技术的效果除了与钻孔未清洗干净,填料未填紧密,水泥凝固产生收缩裂隙,管接头漏气等工艺条件有关外,更主要取决于测压地点岩体或煤体的破裂状态。当岩体本身的完整性遭到破坏时,煤层中的瓦斯会经过破坏的岩柱产生流动,这时所测得的瓦斯压力实际上是瓦斯流经岩柱的流动阻力,因此,为了测到煤层的原始瓦斯压力,则应选择在致密的岩石地点测压,并适当增大封孔段长度。

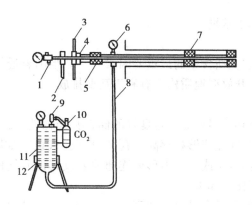

图 1-19　胶圈-压力黏液封孔器法的结构

1—补充气体入口;2—固定把;3—加压手把;4—推力轴承;

5—胶圈;6—黏液压力表;7—胶圈;8—高压胶管;

9—阀门;10—二氧化碳瓶;11—黏液;12—黏液罐

任务 1.4　煤层瓦斯含量测定

一、煤层瓦斯含量

1. 煤层瓦斯含量

煤层瓦斯含量是指单位质量或体积的煤中所含有的瓦斯量,单位是 m^3/t 或 m^3/m^3。

煤层未受采动影响时的瓦斯含量称为原始瓦斯含量;如果煤层受到采动影响,已经排放出部分瓦斯,则剩余在煤层中的瓦斯含量称为残存瓦斯含量。

煤层瓦斯含量是煤的基本瓦斯参数,是计算瓦斯储藏量、预测瓦斯涌出量的重要依据。国内外大量研究和测定结果表明,煤层原始瓦斯含量一般不超过 $20 \sim 30 \ m^3/t$,仅为成煤过程生成瓦斯量的 1/5 ~ 1/10 或更少。

2. 影响煤层瓦斯含量的因素

煤层瓦斯含量的大小除了与瓦斯生成量的多少有关外,主要取决于煤生成后瓦斯的逸散和运移条件,以及煤保存瓦斯的能力。所有这些最终都取决于煤田地质条件和煤层赋存条件。影响煤层瓦斯含量的主要因素有:

(1)煤田地质史

煤田的形成经过了漫长的地质变化。随着地层的上升和沉降,覆盖层加厚或剥蚀,对煤层瓦斯流失排放的过程产生了不同的影响。地层上升时,剥蚀作用增强,使煤层露出地表,煤层瓦斯的运移排放速度加快;地层下降时,煤层的覆盖层加厚,缓解了瓦斯向地表散失。

(2)煤层的埋藏深度

煤层埋藏深度是决定煤层瓦斯含量大小的主要因素。煤层的埋藏深度越深,煤层中的瓦斯向地表运移的距离则越长,散失就越困难;同时深度的增加使煤层在地应力作用下降低了透气性,有利于保存瓦斯;由于煤层瓦斯压力增大,煤的吸附瓦斯量增加,也使煤层瓦斯含量增大。在不受地质构造影响的区域,当深度不大时,煤层的瓦斯含量随深度呈线性增加;当深度很大时,煤层瓦斯含量趋于常量。

(3)地质构造

地质构造是影响煤层瓦斯含量的最重要因素之一。当围岩透气性较差时,封闭型地质构造有利于瓦斯的储存,而开放型地质构造有利于瓦斯排放。

①褶曲构造

闭合的和倾伏的背斜或穹隆,通常是良好的储存瓦斯构造。顶板若为致密岩层而又未遭破坏时,在其轴部煤层内,往往能够积存高压瓦斯,形成"气顶",如图1-20(a)、(b)所示;但背斜轴顶部岩层若是透气性岩层或因张力形成连通地表或其他贮气构造的裂隙时,瓦斯会大量流失,轴部瓦斯含量反而比翼部少。

向斜构造一般轴部的瓦斯含量比翼部高,这是因为轴部岩层受到的挤压力比底板岩层强烈,使顶板岩层和两翼煤层的透气性变小,更有利于轴部瓦斯的积聚和封存。如图1-20(f)所示,如重庆南桐一井、河南鹤壁六矿。但当开采高透气性的煤层时,轴部瓦斯容易通过构造裂隙和煤层转移到向斜的翼部,瓦斯含量反而减少。

受构造影响在煤层局部形成的大型煤包,如图1-20(c)、(d)、(e)所示会出现瓦斯含量增高的现象。这是因为煤包四周在构造挤压应力作用下,煤层变薄,使煤包内形成了有利于瓦斯封闭的条件。同理,由两条封闭性断层与致密岩层构成的封闭的地垒或地堑构造,也能成为瓦斯含量增高区,如图1-20(g)、(h)所示。

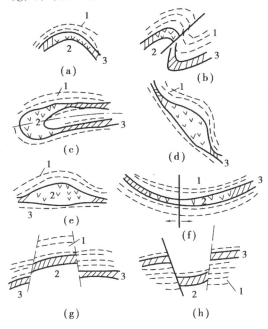

图1-20 几种常见的储存瓦斯构造
1—不透气岩层;2—瓦斯含量增高部位;3—煤层

②断裂构造

断层对煤层瓦斯含量的影响比较复杂,一方面要看断层(带)的封闭性,另一方面要看与煤层接触的对盘岩层的透气性。一般来说,开放性断层(张性、张扭性或导水性断层)有利于瓦斯排放,煤层瓦斯含量降低,如图1-21(a)所示。对于压性、压扭性、不导水等封闭性断层,当煤层对盘的岩层透气性差时,有利于瓦斯的存储,煤层瓦斯含量增大;如果断层的规模大而断距大时,在断层附近也可能出现一定宽度的瓦斯含量降低区,如图1-21(b)所示。

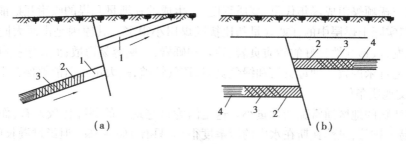

(a)   (b)

图1-21 断层对煤层瓦斯含量的影响

1—瓦斯丧失区;2—瓦斯含量降低区;3—瓦斯含量异常增高区;4—瓦斯含量正常增高区

煤层瓦斯含量与断层的远近有如下规律:靠近断层带附近瓦斯含量降低;稍远离断层,瓦斯含量增高;离断层再远,瓦斯含量恢复正常。实践证明,不仅是瓦斯含量,瓦斯涌出量与断层的远近也有类似规律,图1-22是河南焦作矿区焦西矿39号断层与巷道瓦斯涌出量的关系。

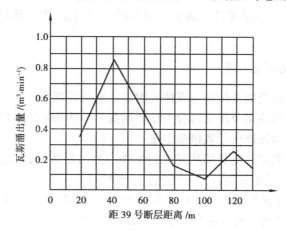

图1-22 焦作焦西矿39号断层与瓦斯涌出量的关系

(4)煤层倾角和露头

煤层埋藏深度相同时,煤层倾角越大,有利于瓦斯沿着一些透气性好的地层或煤层向上运移和排放,瓦斯含量降低;反之,煤层倾角越小,一些透气性差的地层就起到了封闭瓦斯的作用,使煤层瓦斯含量升高。如四川芙蓉矿区北翼煤层倾角较大,达到40°~80°,相对瓦斯涌出量约20 m^3/t;而南翼煤层倾角较小,仅有6°~12°,相对瓦斯涌出量高达150 m^3/t,并有瓦斯突出现象发生。

煤层如果有露头,并且长时间与大气相通,瓦斯很容易沿煤层流动而逸散到大气之中,煤层瓦斯含量就不大。反之,地表无露头的煤层,瓦斯难以逸散,煤层瓦斯含量就大。例如,重庆中梁山煤田煤层无露头,且为覆舟状背斜构造,瓦斯含量大,相对涌出量达到70~90 m^3/t。

(5)煤的变质程度

一般情况下,煤的变质程度越高,生成的瓦斯量则越大,因此,在其他条件相同时,其含有的瓦斯量也就越大。在同一煤田,煤吸附瓦斯的能力随煤的变质程度的提高而增大,因此,在同样的瓦斯压力和温度下,变质程度高的煤往往能够保存更多的瓦斯。但对于高变质无烟煤,煤吸附瓦斯的能力急剧减小,煤层瓦斯含量反而大大降低。

(6)煤层围岩的性质

煤层的围岩致密、完整、透气性差时,瓦斯容易保存;反之,瓦斯则容易逸散。例如,山西大同煤田比辽宁抚顺煤田成煤年代早,变质程度高,生成的瓦斯量和煤的吸附瓦斯能力都比抚顺煤田的高,但实际上煤层中的瓦斯含量却比抚顺煤田小得多。其原因是山西大同煤田的煤层顶板为孔隙发育、透气性良好的砂质页岩、砂岩和砾岩,瓦斯容易逸散;而辽宁抚顺煤田的煤层顶板为厚度近百米的致密油母页岩和绿色页岩,透气性差,故大量瓦斯能够保存下来。

(7)水文地质条件

地下水活跃的地区通常瓦斯含量小。这是因为这些地区的裂隙比较发育,而且处于开放状态,瓦斯易于排放;虽然瓦斯在水中的溶解度很小,只有 1% ~ 4%,但经过漫长的地质年代,地下水也可以带走大量的瓦斯,降低煤层瓦斯含量;此外,地下水对矿物质的溶解和侵蚀会造成地层的天然卸压,使得煤层及围岩的透气性大大增强,从而增大瓦斯的散失量。重庆南桐、河南焦作等很多矿区都存在着水大瓦斯小、水小瓦斯大的现象。

总之,煤层瓦斯含量受多种因素的影响,造成不同煤田瓦斯含量差别很大,即使是同一煤田,甚至是同一煤层的不同区域,瓦斯含量也可能有较大差异。因此,在矿井瓦斯管理中,必须结合本井田的具体实际,找出影响本矿井瓦斯含量的主要因素,作为预测瓦斯含量和瓦斯涌出量的参考和依据。

二、煤层瓦斯含量的测定方法

煤层瓦斯含量包含游离的瓦斯量和煤体吸附的瓦斯量两部分。测定方法分为直接测定法和间接测定法两类。根据应用范围又可分为地质勘探钻孔法和井下测定法两类。

1. 地质勘探时期煤层瓦斯含量直接测定法

煤层瓦斯含量直接测定法是直接从采取的煤样中抽出瓦斯,测定瓦斯的成分和含量。目前,地质勘探钻孔法主要采用解吸法测定,包括 3 个阶段:

(1)确定从钻取煤样到把煤样装入密封罐这段时间内的瓦斯损失量。

(2)利用瓦斯解吸仪测定密封罐中煤样的解吸瓦斯量。

(3)用粉碎法确定煤样的残存瓦斯量。

以上 3 个瓦斯量相加便得到该煤样的总瓦斯含量。其具体测定步骤为:

①采样

当地质勘探钻孔见煤层时,用普通岩芯管采取煤芯。当煤芯提出地表之后,选取煤样约 300 ~ 400 g,立即装入密封罐,密封罐结构如图 1-23 所示。在采样过程中,标定提升煤芯和煤样在空气中的暴露时间。

②煤样瓦斯解吸规律的测定

煤样装入密封罐后,在拧紧罐盖过程中,应先将穿刺针头插入垫圈,以便密封时及时排出罐内气体,防止空气被压缩而影响测定结果。密封后,应立即将密封罐与瓦斯解吸仪相连接,测定煤样瓦斯解吸量随时间的变化而变化的规律。传统的煤芯瓦斯解吸仪如图 1-24 所示。

这种瓦斯解吸仪采用排水集气,需要人工读数,误差较大。目前,在地质勘探部门使用的是 AMG-1 型自动化地质勘探瓦斯解吸仪。该仪器采用单片机自动测定与记录提钻时间、煤样封罐前暴露时间、煤样瓦斯解吸量及解吸时间,具有预置参数、数据采集、数据处理及数据显示与打印等程序和功能。煤样瓦斯解吸测定一般进行 2 h,然后再把煤样密封罐封送到试验室进行脱气和气体组分分析。

③煤样损失瓦斯量的推算

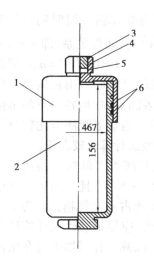
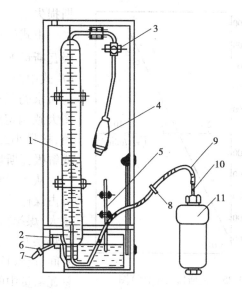

图 1-23　密封罐

1—罐盖;2—罐体;

3—压紧螺钉;4—垫圈;

5—胶垫;6—O 形密封圈

图 1-24　煤芯瓦斯解吸速度测定仪

1—量管;2—水槽;3—螺旋夹;4—吸气球;

5—温度计;6,8—弹簧夹;7—放水管;

9—排气管;10—穿刺针头;11—密封罐

根据试验研究与理论分析,在煤样开始暴露的一段时间内,累计解吸出的瓦斯量与煤样瓦斯解吸时间呈以下关系:

$$V_Z = k\sqrt{t_0 + t} \qquad (1-9)$$

式中　V_Z——煤样自暴露时起至解吸测定结束时的瓦斯解吸总体积,mL;

t_0——煤样在解吸测定前的暴露时间,min,用下式计算:

$$t_0 = \frac{1}{2}t_1 + t_2$$

t_1——提钻时间,min,根据经验,煤样在钻孔内暴露解吸时间取 $\frac{1}{2}t_1$;

t_2——解吸测定前在地面空气中的暴露时间,min;

t——煤样解吸测定时间,min;

k——比例常数,mL/$min^{1/2}$。

显然,利用瓦斯解吸仪在 t 时间内所测出的瓦斯解吸量 V_2 仅是煤样总解吸量 V_Z 的一部分。解吸测定之前,煤样在暴露时间 t_0 内已经损失的瓦斯量为

$$V_1 = k\sqrt{t_0} \qquad (1-10)$$

由此,则试验解吸的瓦斯量 V_2 为

$$V_2 = V_Z - V_1 = k\sqrt{t_0 + t} - V_1 \qquad (1-11)$$

式(1-11)为直线表达式,解吸之前损失的瓦斯量 V_1 可用以下两种方法求出:

a. 图解法:以实测解吸出的瓦斯量 V_2 为纵坐标,以 $\sqrt{t_0 + t}$ 为横坐标,把全部测点标绘在坐标纸上,将开始解吸的一段时间内呈直线关系的各点连接成线,并延长与纵坐标相交,则延长的直线在纵坐标轴上的截距即为所求的解吸之前损失瓦斯量,如图 1-25 所示。

b. 解吸法:这种方法是以上述图解法做出的瓦斯损失量图为基础,用最小二乘法求出瓦

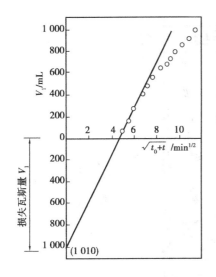

图 1-25　瓦斯损失量计算图

斯损失量。

由式(1-11)可知,煤样开始暴露一段时间内的解吸瓦斯量 V_2 与 $T(T=\sqrt{t_0+t})$ 呈线性关系,即 $V=a+bT$,式中的 a,b 为待定常数。当 $T=0$ 时,$V=a$,a 值即为所求的瓦斯损失量。计算 a 值前,先由瓦斯损失量图大致判定呈线性关系的各测点,根据各测点的坐标值,按最小二乘法求出 a 值。当解吸观测点比较分散或解吸瓦斯量较大时,用解吸法计算比较方便。

从实际测定结果看,煤样解吸之前损失的瓦斯量可占煤样总瓦斯含量的 $10\%\sim50\%$,且煤的瓦斯含量越大,煤越粉碎,损失瓦斯量所占的比例越大。为了提高煤层瓦斯含量的测定精度,应尽量减少煤样的暴露时间,选取较大粒度的煤样,以减少瓦斯损失量在煤样总瓦斯量中的比重。

实践表明,上述的推算方法存在着钻孔取样深度越大,煤层瓦斯含量预测值越低的缺陷。其原因是所采取的取芯损失瓦斯量的推算方法有局限性,故一般适用于钻孔深度不大于 500 m 的条件下。

④煤样残存瓦斯含量的试验室测定

经过瓦斯解吸仪解吸测定后,煤样在密封状态下应尽快送试验室进行加热,真空脱气。脱气分为两次:第一次脱气后需将煤样粉碎,再进行第二次脱气,根据两次脱出气体量和瓦斯组分,求出煤样粉碎前后脱出的瓦斯量即残存瓦斯量。

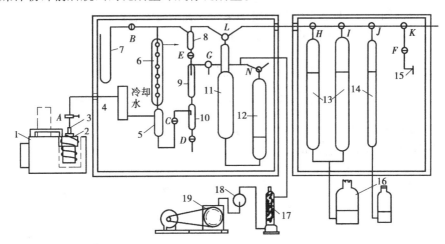

图 1-26　真空脱气装置

1—超级恒温器;2—密封罐;3—穿刺针头;4—滤尘管;5—集水瓶;6—冷却管;
7—水银真空计;8—隔水瓶;9—吸水管;10—排水瓶;11—吸气瓶;12—真空瓶;
13—大量管;14—小量管;15—取气支管;16—水准瓶;17—干燥管;18—分隔球;19—真空泵;
A—螺旋夹;B,C,D,E,F—单向活塞;G,H,I,J,K—三通活塞;L,N—120°三通活塞

真空脱气仪原理示意图如图 1-26 所示。它是由煤样恒温槽、脱气系统和气体计量系统组成。其测定步骤如下:

将装有待测煤样的密封罐装入恒温槽 1 中,进行真空脱气,脱气时恒温 95 ℃,直到每半小时泄出瓦斯量小于 10 mL、煤芯所含的水分大部分蒸发出来为止。这一阶段脱气所需的时间约 5 h,之后测量脱出气体体积,并用气相色谱仪分析气体成分。

煤样第一次脱气后,打开煤样密封罐,取出煤样,放入密封球磨罐粉碎 4~5 h,要求粉碎后煤样的粒度在 0.25 mm 以下,然后进行第二次脱气,脱气方法同粉碎前。第二次脱气大约需要 5 h,一直进行到无气体泄出、真空计的水银柱趋于稳定为止。用同样的方法计量抽出的气体体积,并进行气体分析。

脱气后,将煤样称重并进行工业分析。

根据两次脱气的气体分析中的氧含量,扣除混入的空气成分,即可求出无空气基的煤的气体成分。根据两次脱气的体积和瓦斯组分、煤样质量和工业分析结果,即可计算出单位质量煤(或可燃物)中的瓦斯量,即煤的残存瓦斯含量。

⑤煤层瓦斯含量计算

煤层瓦斯含量是通过上述各阶段实测煤样放出瓦斯量、损失瓦斯量和煤样质量计算的,其计算公式为

$$X_0 = \frac{V_1 + V_2 + V_3 + V_4}{G} \tag{1-12}$$

式中　X_0——煤层原始瓦斯含量,mL/g;

　　　V_1——推算出的损失瓦斯量,mL;

　　　V_2——煤样解吸测定中累计解吸出的瓦斯量,mL;

　　　V_3——煤样粉碎前脱出的瓦斯量,mL;

　　　V_4——煤样粉碎后脱出的瓦斯量,mL;

　　　G——煤样质量,g。

上述各阶段放出的瓦斯量皆为换算成标准状态下的瓦斯体积。

地质勘探解吸法直接测定煤层瓦斯含量的成功率可达 98%,精度也较高,而且操作简单,成本低,优于其他方法。

2. 生产时期井下煤层瓦斯含量的直接测定法

(1)井下煤层瓦斯含量测定方法——钻屑解吸法(A)

煤炭科学研究总院抚顺研究院在 1980—1981 年期间,研究提出了钻屑解吸法测定煤层瓦斯含量的方法。该方法的原理与地勘钻孔所用解吸法相同。与在地质勘探钻孔中应用相比,该法在井下煤层钻孔应用的明显优点:一是煤样暴露时间短,一般为 3~5 min,且易准确进行测定;二是煤样在钻孔中的解吸条件与在空气中大致相同,无泥浆和泥浆压力的影响。

试验表明,煤样解吸瓦斯随时间变化的规律较好地符合下式:

$$q = q_1 t^{-k} \tag{1-13}$$

式中　q——在解吸时间为 t 时煤样的解吸瓦斯速度,mL/(g·min);

　　　q_1——$t=1$ min 时煤样瓦斯解吸速度,mL/(g·min);

　　　k——解吸速度随时间的衰减系数。

在解吸时间为 t 时累计的解吸瓦斯量为

$$Q = \int_0^t q_1 t^{-k} \mathrm{d}t = \frac{q_1}{1-k} t^{1-k} \tag{1-14}$$

在测定时从石门钻孔见煤时开始计时,直至开始进行煤样瓦斯解吸测定这段时间即为煤

样解吸测定前的暴露时间 t_0，显然，瓦斯损失量为

$$Q_2 = \frac{q_1}{1-k} t_0^{1-k} \tag{1-15}$$

式中　Q_2——煤样瓦斯损失量，mL/g；

　　　t_0——解吸测定前煤样暴露时间，min。

由式(1-15)可知，当 $k \geqslant 1$ 时，无解；因此，利用幂函数规律求算瓦斯损失量仅适用于 $k<1$ 的场合，为此在采煤样时应尽量选取较大的粒度。

应用该法测定煤层瓦斯含量时，同样需要测定钻屑的现场解吸量 Q_1 和试验室测出的试样粉碎前后瓦斯脱出量 Q_3 和 Q_4，将 $Q_1 + Q_2 + Q_3 + Q_4$ 值除以钻屑试样的重量 G，即可得到煤层的瓦斯含量，有关 Q_1、Q_3 和 Q_4 的测定方法同前。

(2)井下煤层瓦斯含量测定方法——钻屑解吸法(B)

在钻屑解吸法(A)中，用于推算取样损失量的公式 $Q_2 = \frac{q_1}{1-k} t_0^{1-k}$ 不能用于 $k \geqslant 1$ 的煤层。

为了弥补这一不足，中国矿业大学的俞启香教授提出了一种新的钻屑解吸法，简称钻屑解吸法(B)。与钻屑解吸法(A)相比，钻屑解吸法(B)只是对取样时的钻屑损失瓦斯量计算做了改进，改进后的方法适应于所有煤层，无论突出煤还是非突出煤，也无论煤样粒度。

钻屑解吸法(B)采用的取样损失量推算公式为

$$Q_2 = -\frac{r_0}{k} \left[e^{-kt_1} - 1 \right] \tag{1-16}$$

式中　r_0——钻屑开始解吸瓦斯时的解吸瓦斯速度；

　　　k——常数；

　　　t_1——煤样从脱离煤体至开始解吸测定所用时间。

至于 Q_1、Q_3 和 Q_4 的测定，与钻屑解吸法(A)完全相同。

(3)井下煤层瓦斯含量测定方法——钻屑解吸法(C)

WP-1 型井下煤层瓦斯含量快速测定仪就是根据煤样瓦斯解吸速度随时间变化的幂函数关系，利用瓦斯解吸速度特征指标计算煤层瓦斯含量的原理设计的。它由煤样罐、检测器和数据处理机 3 部分组成。煤样罐由有机玻璃制成，内装粒度 1 ~ 3 mm，重 20 g 的煤样，为了快速装样并保证不漏气，采用高真空橡胶塞为盖。检测器是通过测定煤样的瓦斯解吸量和解吸速度来完成的，它采用热导式气体流量传感器作为测量器件，传感器电路由加热控制桥路和感应平衡桥路两部分组成，通过瓦斯气体流入对某一电阻值的变化，使感应平衡桥路失去平衡而产生偏压电压，经过放大调整和 A/D 转换，变成一个与瓦斯气流速成线性关系的数字信息，送入单片机进行定时数据采集，并把采集的瓦斯流量值、计时值分别进行存储和显示。当整个瓦斯解吸过程结束后，将内存存储的瓦斯流量测定数据组和计时组通过计算处理后，显示或打印出最终测定参数。

无论是钻屑解吸法(A)或钻屑解吸法(B)，无一例外地要推算煤样在取样过程中的损失量 Q_2、煤样解吸测定终了后的残存瓦斯量 $Q_3 + Q_4$。这些测定都需要在专门的实验室完成，因此测定周期长。为了实现井下煤层瓦斯含量快速测定，煤炭科学研究总院抚顺研究院在 1993—1995 年期间提出了一种新的钻屑解吸法——钻屑解吸法(C)，并以此为基础研制了 WP-1 型井下煤层瓦斯含量快速测定仪。WP-1 型瓦斯含量快速测定仪的测定依据为

$$X = a + bV_1 \tag{1-17}$$

式中　X——煤层瓦斯含量,mL/g;

　　　V_1——单位重量煤样在脱离煤体 1 min 时的瓦斯解吸速度,mL/(g·min);

　　　a,b——反映 V_1 与 X 间的特征常数,不同煤层有不同值,需要在实验室模拟测定得到。

WP-1 型瓦斯含量快速测定仪利用井下煤层钻孔采集煤屑,自动测定煤样的瓦斯解吸速度 V_1 值和瓦斯含量 X 值,由于不需要测定取样损失瓦斯量和试样的残存瓦斯量,测定周期大大缩短,整个测定周期仅需 15 ~ 30 min,真正实现了井下煤层瓦斯含量就地快速测定。

(4)煤层可解吸瓦斯含量测定

该法的原理是根据煤的瓦斯解吸规律来补偿采样过程中损失的瓦斯量。该法首先在法国得到成功应用,现已在西欧一些国家应用。根据这种方法测定的不是煤层原始瓦斯含量,而是煤的可解吸瓦斯含量。煤的可解吸瓦斯含量等于煤的原始含量与 0.1 MPa 瓦斯压力下煤的残存瓦斯含量之差,它的实际意义大致代表煤在开采过程中在井下可能泄出的瓦斯量。采用可解吸瓦斯含量的概念后,就没有必要再把煤样在真空下进行脱气了。

应用该法进行测定的步骤为:

①采样

用手持式压风钻机垂直于新鲜暴露煤壁面打直径约 42 mm、深 12 ~ 15 m 的钻孔,每隔 2 m 取两个煤样,打钻时使用中空螺旋钻杆。如图 1-27 所示为带有压风引射器的取煤样装置。

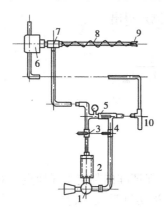
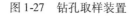
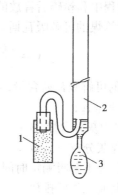

图 1-27　钻孔取样装置　　　　　　图 1-28　瓦斯解吸量测定装置

不采样时,阀门 3 和 4 关闭,阀门 5 打开。钻进时,压风经接头 7 和钻杆 8 的中心孔吹向孔底,将钻屑排出孔外。采煤样时,关闭阀门 5,打开阀门 3 和 4,压风经阀门 4 和引射器 1 吹出,在孔底造成负压,钻孔底部钻屑在负压作用下,瞬间经钻杆中心孔、接头 7、阀门 3 进入煤样筒,煤样筒装有筛网,煤屑经筛选将粒度为 1 ~ 2 mm 的煤样收集起来。取煤样 10 g,装入样品管中,同时记录从采样到装入样品管的时间 t_1,一般为 1 ~ 2 min。

②瓦斯解吸量测定

样品管预先与瓦斯解吸仪连接,测定经过相同时间 t_1 的瓦斯解吸量 q。

解吸仪最简单的形式是如图 1-28 所示的皂膜流量计。测定时用秒表计时测定经 t_1 时间皂膜移动的距离,得出瓦斯解吸量 q。

③送样过程中的瓦斯解吸量

将煤样从样品管中取出装入容积为 0.5 L 或 1 L 的塑料瓶,同时测定并记下测定地点空气中的瓦斯浓度 C_0;样品送到试验室后开瓶前再一次测定瓶中的瓦斯浓度 C。

④煤样粉碎过程和粉碎后解吸的瓦斯量

打开煤样瓶称煤样重量,并迅速放入密封粉碎罐中磨 20~30 min,同时收集粉碎过程中泄出的瓦斯,直至无气泡泄出为止,记录泄出瓦斯体积 Q_3。

⑤可解吸瓦斯量的计算

煤的可解吸瓦斯量由以下 3 部分组成:

a. 从煤体钻取煤样到煤样装入塑料瓶这段时间煤样所泄出的瓦斯量 Q_1。它包括煤样暴露时间为 t_1 时的损失瓦斯量和时间从 t_1 到 $2t_1$ 实测的解吸量 q。

根据累计瓦斯解吸量与解吸时间成正比的规律,可得

$$Q_1 = k \sqrt{t_1 + t_1} = k \sqrt{2t_1} \tag{1-18}$$

$$q = k \sqrt{2t_1} - k \sqrt{t_1} \tag{1-19}$$

则有
$$Q_1 = 3.4q$$

b. 煤样在塑料瓶中在运送期间泄出的瓦斯量 Q_2 按下式计算:

$$Q_2 = \left(\frac{C - C_0}{100}\right)\left(1 + \frac{C}{100}\right)V \tag{1-20}$$

式中　V——塑料瓶体积,mL;

　　　C_0——采样地点井下空气中瓦斯浓度,%;

　　　C——煤样粉碎前装煤样的塑料瓶中的瓦斯浓度,%。

c. 煤样粉碎过程中和粉碎后释放的瓦斯量 Q_3 直接测定得出。

最后按下式计算煤的可解吸瓦斯含量:

$$X = \left(\frac{Q_1 + Q_2 + Q_3}{m}\right)\frac{1}{1 - 1.1A_{ad}} \tag{1-21}$$

式中　X——纯煤的可解吸瓦斯含量,mL/g;

　　　m——煤样重量,g;

　　　A_{ad}——原煤中灰分含量,%;

　　　1.1——原煤灰分校正系数。

该法简单易行,井下解吸测定时间短,且采样方法能保证准确判定采样地点。对不同深度进行采样测定,能判断工作面排放带的影响范围。沿孔深实测最大而稳定的瓦斯含量即为煤层原始可解吸瓦斯含量。

3. 煤层瓦斯含量间接测定方法

(1)根据煤层瓦斯压力和煤的吸附等温线确定煤的瓦斯含量

根据已知煤层瓦斯压力和试验室测出的煤对瓦斯吸附等温线,可用下式确定煤中可燃质(纯煤)的瓦斯含量:

$$X = \frac{abp}{1 + bp}\frac{1}{1 + 0.31M_{ad}}e^{n(t_s - t)} + \frac{10Kp}{k} \tag{1-22}$$

式中　X——纯煤(煤中可燃质)的瓦斯含量,m^3/t;

　　　p——煤层瓦斯压力,MPa;

　　　a——吸附常数,试验温度下煤的极限吸附量,m^3/t;

　　　b——吸附常数,MPa^{-1};

　　　t_s——试验室作吸附试验的温度,℃;

　　　t——井下煤体温度,℃;

　　　M_{ad}——煤中水分含量,%;

n——系数,按下式确定:

$$n = \frac{0.02}{0.993 + 0.07p}$$ (1-23)

K——煤的孔隙容积,m^3/t;

k——甲烷的压缩系数,见表1-8。

表 1-8 甲烷的压缩系数 k 值

压力 /MPa	温度/℃					
	0	10	20	30	40	50
0.1	1.00	1.04	1.08	1.12	1.16	1.20
1.0	0.97	1.02	1.06	1.10	1.14	1.18
2.0	0.95	1.00	1.04	1.08	1.12	1.16
3.0	0.92	0.97	1.02	1.06	1.10	1.14
4.0	0.90	0.95	1.00	1.04	1.08	1.12
5.0	0.87	0.93	0.98	1.02	1.06	1.11
6.0	0.85	0.90	0.95	1.00	1.05	1.10
7.0	0.83	0.88	0.93	0.98	1.04	1.09

如需确定原煤瓦斯含量,则可按下式进行换算:

$$X_0 = X \frac{100 - A_{ad} - M_{ad}}{100}$$ (1-24)

式中 X_0——原煤瓦斯含量,m^3/t;

A_{ad}——原煤中灰分含量,%;

M_{ad}——原煤中水分含量,%。

(2)含量系数法

为了减小试验室条件和天然煤层条件的差异所带来的误差,中国矿业大学周世宁院士研究提出了井下煤层瓦斯含量测定的含量系数法,他在分析研究煤层瓦斯含量的基础上,发现煤中瓦斯含量和瓦斯压力之间的关系可以近似用下式表示:

$$X = \alpha \sqrt{p}$$ (1-25)

式中 α——煤的瓦斯含量系数,$m^3/(m^3 \cdot MPa^{\frac{1}{2}})$;

P——瓦斯压力,MPa。

M_{ad}——原煤中水分含量,%。

煤层瓦斯含量系数在井下可直接测定得出。

在掘进巷道的新鲜暴露煤壁面,用煤电钻打眼采取煤样,煤样粒度为 0.1~0.2 mm,质量为 60~75 g,装入密封罐。用井下钻孔自然涌出的瓦斯作为瓦斯源,用特制的高压打气筒,将钻孔涌出的瓦斯打入密封罐内。为了排除气筒和罐内残存的空气,应先用瓦斯清洗气筒和煤样罐数次,然后向煤样正式注入瓦斯。特制打气筒打气最高压力达 2.5 MPa 时,可满足测定含量系数的要求。煤样罐充气达 2.0 MPa 以上时,关闭罐的阀门,然后送入试验室在简易测定装置上,测定调至不同平衡瓦斯压力下煤样所解吸出的瓦斯量。最后求出平均的煤的瓦斯含量系数 α 值。

(3)根据煤的残存瓦斯含量推算煤层瓦斯含量

根据煤的残存瓦斯含量推算煤层原始瓦斯含量是一种简单易行的方法。在波兰,该法得到较广泛应用。使用该法时,在正常作业的掘进工作面,在煤壁暴露 30 min 后,从煤层顶部和底部各取一个煤样,装入密封罐,送入试验室测定煤的残存瓦斯含量。如工作面煤壁暴露时间已超过 30 min,则采样时应把工作面煤壁清除 0.2 ~ 0.3 m 深,再采煤样。

当实测煤的残存瓦斯含量在 3 m³/t 可燃物以下时,按下式计算煤的原始瓦斯含量:

$$X_0 = 1.33X_c \tag{1-26}$$

式中　X_0——纯煤原始瓦斯含量,m³/t;

　　　X_c——实测煤的残存瓦斯含量,m³/t。

由式(1-26)可知,这时的瓦斯损失量取为定值 25%。

当煤的残存瓦斯含量大于 3 m³/t 可燃物时,用下式计算煤的瓦斯含量:

$$X_0 = 2.05X_c - 2.17 \tag{1-27}$$

在所采两煤样中,以实测较大的残存量为计算依据。

4. 直接测定法与间接测定法的比较

直接测定法比较简单,它的优点是瓦斯量直接测定,避免了间接测定法测定许多参数时的测量误差;其缺点是煤样在采取过程中难免有部分瓦斯散失,需要建立补偿瓦斯损失量的方法。

间接测定法比较复杂,它的优点是煤样不需要密封,采样方法简单,且如果已知煤层各不同区域的瓦斯压力后,可根据吸附等温线推算各不同区域的煤层瓦斯含量;其缺点是需要实测煤层瓦斯压力,各种测量误差会叠加到最终结果中去。

任务 1.5　矿井瓦斯涌出与测定

矿井瓦斯灾害具有突发性、危害性的特点,一旦事故发生,不仅会成巨大的经济和财产损失,更为严重的造成矿毁人亡,带来极为不良的社会后果。因此,在煤矿建设和生产过程中,只有了解煤层瓦斯涌出规律,掌握矿井瓦斯涌出源和预测瓦斯涌出技术,才能从根本有效地控制和治理矿井瓦斯事故的发生。

一、矿井瓦斯涌出

1. 矿井瓦斯涌出形式

矿井建设和生产过程中煤岩体遭受到破坏,储存在煤岩体内的部分瓦斯将会离开煤岩体释放到井巷和采掘工作空间,这种释放现象称为矿井瓦斯涌出。

由于采掘生产的影响,破坏煤岩层中瓦斯赋存的正常平衡状态,使游离状态的瓦斯不断涌向低压的采掘空间。与此同时,吸附状态的瓦斯不断解吸,以不同的形式涌现出来,其涌出形式有普通涌出与特殊涌出。

(1)普通涌出

普通涌出是指瓦斯通过煤体或岩石的微细裂隙,从暴露面上均匀、缓慢、连续不断地向采掘工作面空间释放。

普通涌出是煤矿井下瓦斯的主要涌出形式,其涌出特点是时间长、范围大、涌出量多,涌出速度缓慢而均匀。

（2）特殊涌出

煤层或岩层内含有的大量高压瓦斯,在很短的时间内自采掘工作面的局部地区,突然涌出大量的瓦斯或伴随瓦斯突然涌出有大量的煤和岩石被抛出。其涌出形式包括瓦斯喷出和煤与瓦斯突出。

①瓦斯喷出

瓦斯喷出是指大量瓦斯在压力状态下,从肉眼可见的煤、岩裂隙及孔洞中集中涌出。瓦斯喷出一般都伴有吱吱声、哨声、水的沸腾声等声响效应。瓦斯喷出必须有大量积聚游离瓦斯的瓦斯源,按照不同生成类型,瓦斯喷出源分为地质瓦斯生成源和采掘卸压生成瓦斯源两种。地质瓦斯生成源是指喷出的瓦斯来源于成煤地质过程中,大量瓦斯积聚在地质裂隙和空洞内,当采掘工程揭露这些地层时,瓦斯就会从裂隙及空洞中突然涌出,形成瓦斯喷出;采掘卸压生成瓦斯源是指喷出的瓦斯来源于因采掘卸压的影响,使开采层邻近的煤层卸压而形成大量的解吸瓦斯,当游离瓦斯积聚达到一定能量时,冲破层间岩石而向回采巷道喷出。

②煤与瓦斯突出

煤与瓦斯突出是指在地应力和瓦斯的共同作用下,破碎的煤、岩和瓦斯由煤体或岩体内突然向采掘空间抛出的异常的动力现象。煤矿地下采掘过程中,在几秒到几分钟时间内,从煤、岩层内以极快的速度向采掘空间内喷出煤和瓦斯气体,它是煤矿地下开采过程中的一种动力现象。煤与瓦斯突出是煤与瓦斯突出、煤的突然倾出、煤的突然压出、岩石与瓦斯突出的总称。

2. 矿井瓦斯涌出的来源

矿井瓦斯来源于掘进区瓦斯、采煤区瓦斯和采空区瓦斯 3 个部分。

（1）掘进区瓦斯

掘进区瓦斯是基建矿井中瓦斯的主要来源。在生产矿井中,掘进区瓦斯占全矿井瓦斯涌出量的比例,主要取决于准备巷道的多少、围岩瓦斯含量的大小和掘进是否在瓦斯聚集带。当矿井采用准备巷道多的采煤方法、煤层瓦斯含量高、瓦斯释放较快时,掘进区瓦斯所占比例就大。例如,某矿采用水平分层采煤方法时,掘进平巷的瓦斯涌出量占各分层涌出量总和的 59.2% ~ 66.2%,在瓦斯聚集带掘进巷道时,掘进瓦斯曾占矿井瓦斯总涌出量的 67.5%。

（2）采煤区瓦斯

采煤区瓦斯是正常生产矿井瓦斯的主要来源之一。它一部分来自开采层本身,另一部分来自围岩和邻近煤层。在多数情况下,开采单一煤层时其本身的瓦斯涌出是主要的,但开采煤层群时,邻近煤层涌出的瓦斯往往也占有很大的比例。例如,某矿对 9 个采煤工作面的统计,来自开采煤层本身的瓦斯占 48%,而由围岩及邻近煤层中释放出的瓦斯占 52%。

（3）采空区瓦斯

采空区瓦斯涌出来源主要有受采动影响的卸压邻近层以及开采层本身遗煤(含煤柱)所涌出的瓦斯。随着采空区岩石的冒落,有时从顶、底板围岩和邻近煤层中放出大量瓦斯,遗留在采空区的煤柱、煤皮、浮煤也放出瓦斯。采空区瓦斯涌出的多少,主要取决于煤层赋存条件、顶板管理方法、采空区面积的大小和管理状况。如果是煤层群开采,煤层顶、底板和邻近煤层含有大量瓦斯时,则采空区瓦斯涌出就多,用水砂充填法管理顶板时比用全部垮落法瓦斯涌出少,其他条件相同时,随着采空区面积的增大,这部分的瓦斯涌出所占比例也就增大。采空区的管理状况是影响采空区瓦斯是否大量涌出的直接因素。因此,提高密闭质量,及时封闭采空区和合理调整通风系统,能大大降低采空区瓦斯的涌出。

3. 矿井瓦斯的涌出源

矿井瓦斯按涌出源可分为煤(岩)壁涌出的瓦斯、邻近煤层通过裂隙涌出的瓦斯及采落煤炭放散的瓦斯。各个矿井,由于其煤层特性参数及其邻近地层的特性不同,这3方面所占的比重及矿井瓦斯涌出量也差别很大。认识矿井瓦斯涌出的规律,针对具体矿井分析确定各涌出源的大小比例,对矿井瓦斯防治具有十分重要的意义。

(1)煤(岩)壁瓦斯涌出

煤(岩)壁涌出的瓦斯是煤层中瓦斯流动的延续,煤(岩)壁瓦斯涌出速率(单位面积、单位时间内瓦斯的涌出量)同煤层中瓦斯流速一样,与采煤的工序和煤壁暴露的时间密切相关,是一个变化的量。一个掘进或采煤工作面煤壁瓦斯涌出量是其涌出速率对开采面积和一定时间的累计,通常使用的时间间隔为1 min。由此可见,工作面涌出的瓦斯量不仅与瓦斯涌出速率有关,而且随工作面的断面积和开采强度的增加而增大。

①采煤工作面煤壁瓦斯涌出

采煤工作面采煤时,新鲜煤壁不断暴露,在矿山压力作用下,工作面前方煤体处于卸压带,煤层的透气性系数增大,从而使煤层中的瓦斯大量地向工作空间涌出。煤壁瓦斯涌出的速率随时间衰减很快,可以用下列经验公式表示:

$$q_B = q_0(1 + t)^{-a} \tag{1-28}$$

式中　　q_B——经过$1+t$时间后煤壁瓦斯涌出速率,$L/(min \cdot m^2)$;

　　　　q_0——$t=0$时刻煤壁瓦斯涌出速率,$L/(min \cdot m^2)$;

　　　　t——煤壁暴露的时间,min;

　　　　a——衰减系数。

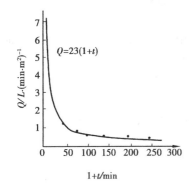

图1-29　煤壁瓦斯涌出速率实例

式(1-28)中,q_0和a的数值对不同的矿井取值不同,其大小取决于煤层的瓦斯含量、瓦斯压力、透气性系数及工作面的开采强度,对具体的矿井应该通过统计测定来确定。图1-29是山西阳泉局对其开采的3号、12号和8号煤层实测的结果。

由图1-29可知,煤壁瓦斯涌出速率在煤壁暴露2 h后已基本趋于稳定,下降的速度是很快的。煤壁瓦斯涌出速率的快速变化使得开采过程中工作面瓦斯涌出量不平衡,对矿井瓦斯灾害的防治也提出了更高的要求。局部区域、短时间的瓦斯超限虽然对矿井的瓦斯涌出量影响很小,但是,如果该区域、该时刻存在点火源,就会发生瓦斯爆炸,造成巨大的人身伤亡和巨大破坏。

工作面不同的采煤工艺,瓦斯涌出量的变化也不同。图1-30为湖南白少红卫煤矿某煤层分别采用爆破破煤和刨煤机破煤时的瓦斯涌出情况和风流中的瓦斯浓度变化。由图1-30可知,爆破法开采瓦斯涌出量变化剧烈,在放顶和爆破工序时出现峰值30~32 m³/min,延续的时间分别达3 h和1 h,其值为采煤工序的3.6~3.8倍,为整修工序的15~16倍,对安全生产的威胁很大。刨煤机工作时瓦斯浓度直线升高,整修工作时又逐渐下降,第二循环与第一循环类似。与爆破法相比,刨煤机工作面瓦斯涌出量的变化要小得多。工作面回采期间涌出的瓦斯与平均瓦斯涌出相比,一般情况下,水枪破煤为2~4倍;爆破破煤为1.4~2倍;采煤机破煤为1.3~1.6倍;风镐破煤为1.1~1.3倍,增加的倍数还与瓦斯来源有关。

②掘进工作面瓦斯涌出

掘进巷道的瓦斯涌出包括巷道煤壁、工作面煤壁和采落煤炭瓦斯涌出3部分。通常认为

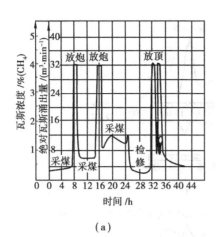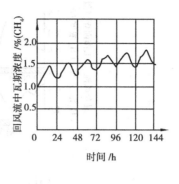

图 1-30　采煤工作面瓦斯不均衡涌出变化图

掘进工作面断面小、破煤量小,瓦斯涌出量也相对较小,因此,瓦斯事故的危险性较小。这种认识是错误的,因为绝大多数的掘进工作面使用局部通风机供风,同全负压供风的采煤工作相比稳定性较差,且风量偏小。虽然其迎头暴露的煤壁面积较小,但是巷道煤壁一般也都是揭露不久的煤壁,瓦斯涌出量仍很可观。再加上局部通风管理难度大、工作面迎头风流不稳定等,因此,形成局部瓦斯积聚的可能性较大。

煤层巷道掘进后,沿巷道每隔一定距离设置测点,定期测定各测点的风量和瓦斯浓度,计算出各段巷道的瓦斯涌出量。然后根据各段巷道的暴露面积、暴露时间,可以计算其单位面积、单位时间煤壁瓦斯涌出的速率。绘制某测点瓦斯涌出速率对时间的变化图,可得到瓦斯涌出速率的衰减曲线。掘进工作面瓦斯涌出速率的计算,式中的煤壁瓦斯初始涌出速率 q_0 一般较采煤工作面的小,这是因为其工作面前方的卸压带范围小,裂隙发育不如采煤工作面充分。

掘进工作面的瓦斯涌出量会因不同的工序、采用不同的掘进方法和掘进速度而变化。采用全断面一次爆破法时,爆破后出现瓦斯涌出高峰,对于高瓦斯的矿井,在几分钟甚至十几分钟内回风流中的瓦斯浓度往往超过规定。采用先掏槽然后爆破的掘进方法时,必须使用符合要求的毫秒延期雷管;若采用两次爆破,在掏槽完成后应先清除浮煤,检查瓦斯符合规定后才能进行第二次爆破。机械化掘进工作面的绝对瓦斯涌出量比炮掘工作面大,但是其波动较小。图 1-31 显示了一个机械化掘进工作面瓦斯浓度的变化情况。其中,图 1-31(a)是连续割煤的瓦斯涌出情况,图 1-31(b)是间歇割煤瓦斯涌出情况。图 1-31(a)中掘进机从 12:00 到 13:00 连续工作 1 h,瓦斯浓度高达 1.8%,从 14:00 到 14:40 快速割煤,瓦斯峰值浓度达到 4%。

机械化掘进速度快,单位时间内瓦斯涌出量大,且工作面设备多,空间小。掘进机工作时速度快,瓦斯涌出量大,截齿不停地在高浓度的瓦斯区割煤,且巷道内又有电气设备和工作人员,增加了工作面的不安全因素,因此,如果措施不当,很容易引起瓦斯事故。炮掘工作面虽然爆破时期瓦斯涌出出现峰值,但此时工作面停电,人员全部撤退到新鲜风流中,爆破后检查人员检查瓦斯,排除后才能进入工作,因此,反而比较安全。

(2)采空区瓦斯涌出

采煤工作面的瓦斯涌出除本煤层煤壁涌出、采落煤炭放散的瓦斯外,由采空区涌出到开采空间的瓦斯也是一个重要来源。采空区本身所含有的瓦斯量很小,只有遗留的浮煤放散的少量瓦斯,如果是厚煤层分层开采,则采空区因其暴露的面积大且顶煤或底煤破碎释放瓦斯,而

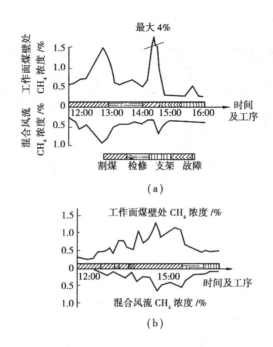

图 1-31 机械掘进工作面不同工序瓦斯涌出情况

(a)连续割煤 (b)间歇割煤

积聚有大量的瓦斯。一般情况下,采空区的瓦斯来源于邻近煤层通过顶底板裂隙涌入的瓦斯和采空区遗留煤炭放散的瓦斯。这部分瓦斯积存在冒落顶板构成的孔隙介质中,在矿井通风形成的采空区风流流场作用下被带入到开采空间,形成采空区瓦斯涌出。由采空区瓦斯涌出的形成可知,影响其大小的主要原因有采空区中蓄积的瓦斯量和采空区中的风流流场。这两个因素是相互关联的,采空区中蓄积的瓦斯不同于煤层中的瓦斯,它本身具有的瓦斯压力很小,如果没有通风流场的作用,则主要依靠扩散作用向工作面通风风流中释放瓦斯。当然,在地面大气压力降低时,会引起工作空间的绝对气压下降,从而增加采空区向工作空间放散瓦斯的速率。涌入工作空间的瓦斯量主要受采空区风流流场的影响,流入采空区的风流流量越大、流速越高,则其带走的瓦斯量也越多。

邻近煤层瓦斯涌出开始于工作面开采一定距离,基本顶初次来压,冒落后基本顶岩层断裂所产生的裂隙与邻近煤层沟通,形成瓦斯运移的通道。采煤工作面正常涌出的瓦斯量开始逐渐增加,经过一段时间的变化后,稳定在某一值上下。对于一些邻近煤层多、瓦斯含量大、压力高的矿井,如阳泉矿务局瓦斯涌出量甚至高于正常涌出量的几倍到十几倍。该局使用示踪气体法测定了一矿北头井 1106 工作面瓦斯涌出的情况,工作面总瓦斯涌出量为 33.11 m^3/min,其中,开采煤层涌出 6.47 m^3/min,占总量的 19.55%;上邻近层涌出 15.67 m^3/min,占47.32%;下邻近层涌出 10.97 m^3/min,占 33.13%;上下邻近层涌出的瓦斯量是本煤层涌出量的 4 倍。

采空区瓦斯的涌出在时间上的变化幅度很小,在每次基本顶来压后,该值都会有小幅度的增加,然后又恢复到稳定值。因此,对采空区瓦斯涌出,重点应该注意其空间上的不均匀性,这一点主要是由采空区流场决定的。后退式开采的 U 形通风工作面,在其回风隅角处容易积聚瓦斯,造成瓦斯浓度超限,常常影响生产,这是采空区流场决定其瓦斯涌出的典型例子。如图1-32(a)所示,流入采空区的漏风风流被分散开来,以较小的风速和风量流经大面积的采空区,携带着采空区内高浓度的瓦斯汇集于回风隅角处,而该区域又正好是工作面通风风流难以到达的地点,因此,很容易形成回风隅角的瓦斯积聚和浓度超限。图中显示了采空区中瓦斯浓度的分布情况。当改变采煤工作面的通风方式时,如图1-32(b)所示,采用U+L形的通风方式(或采用Y形通风等),则采空区中的通风流场被改变,采空区中的瓦斯随风流通过联络巷,经尾巷排出,回风隅角处瓦斯浓度超限的问题被大大缓解或消除。

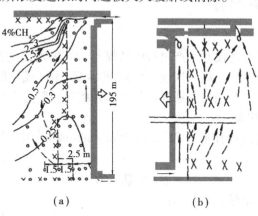

(a)　　　　　　　　　(b)

图1-32　工作面通风方式对采空区流场的影响

(a)U形通风　(b)U+L形通风

(3)采落煤炭瓦斯放散

采落煤炭放散的瓦斯主要取决于煤的瓦斯含量、落煤的块度及停留在井下的时间。落煤瓦斯的放散过程主要是煤体中吸附瓦斯的解析过程。吸附在煤体孔隙中的瓦斯,由于周围环境压力的降低和游离态瓦斯的放散逐渐解析出来。

破煤放散瓦斯的过程是一个长期的过程,即使是运出地面的煤炭,在很长的一段时间内仍能放散出瓦斯。破煤放散的瓦斯量占工作面总涌出量的比例有时也是较高的,从阳泉局三个采煤工作面瓦斯涌出的分析见表1-9,煤壁涌出的瓦斯量是主要的,约占总瓦斯量的60%~70%;割煤时涌出的瓦斯一般不超过20%;破煤放散的瓦斯约占总量的10%~20%。破煤是否及时运出工作面以及煤炭运输的方向对破煤瓦斯涌出量都有影响。如果破煤沿回风向进风方向运出,则运输机上的煤逐渐增加,破煤放散的瓦斯都被风流带回工作面,则工作面的总瓦斯涌出量就增加。反之,沿进风向回风方向运输,则风流中的瓦斯就相对较少。

表1-9　开采煤层瓦斯涌出

煤层及工作面编号	工作面长度/m	采高/m	开采煤层瓦斯涌出量/(m³·min⁻¹)						
			总量	涌出量构成					
				煤壁		割煤		运输	
				瓦斯量	%	瓦斯量	%	瓦斯量	%
3号层808	130	1.8	22.0	16.0	72.73	4.0	18.18	2.0	9.09
3号层1104	160	2.0	15.1	9.4	62.25	1.8	11.92	3.9	21.83
12号层4223	144	1.6	8.1	5.0	61.73	1.6	19.75	1.5	18.52

破煤放散的瓦斯量虽然较少,但在采区煤仓、井底车场的主煤仓和地面煤仓等一些特殊地

点会形成瓦斯积聚。比较干燥的煤炭,由于存在大量的煤尘,还有煤尘爆炸的危险。

煤仓为了防止漏风通常不允许放空,其通风状况不好,处于微风或无风状态,破煤放散的瓦斯量虽少,却仍然能形成瓦斯积聚。对于这些场所,通风是较困难的,因此,加强监测和防止火源出现是防止瓦斯事故发生的重要手段。

二、瓦斯涌出量及其影响因素

1. 瓦斯涌出量

瓦斯涌出量是指在矿井建设和生产过程中从煤与岩石内涌出的瓦斯量,对应于整个矿井的称为矿井瓦斯涌出量,对应于翼、采区或工作面,称为翼、采区或工作面的瓦斯涌出量。矿井瓦斯涌出量的大小通常用矿井绝对瓦斯涌出量和矿井相对瓦斯涌出量两个参数来表示。

(1)矿井绝对瓦斯涌出量

矿井在单位时间内涌出的瓦斯体积,单位为 m^3/min 或 m^3/d。其与风量、瓦斯浓度的关系为

$$Q_g = Q_f \times C \tag{1-29}$$

式中　Q_g——绝对瓦斯涌出量, m^3/min;

　　　Q_f——瓦斯涌出区域的风量, m^3/min;

　　　C——风流中的平均瓦斯浓度,%。

(2)矿井相对瓦斯涌出量

矿井在正常生产条件下,平均日产一吨煤同期所涌出的瓦斯量,单位 m^3/t。其与绝对瓦斯涌出量、煤量的关系为

$$q_g = Q_g/T \tag{1-30}$$

式中　q——相对瓦斯涌出量, m^3/t;

　　　Q_g——绝对瓦斯涌出量, m^3/d;

　　　T——矿井日产煤量, t/d。

2. 影响瓦斯涌出量的因素

矿井瓦斯涌出量大小,取决于自然因素和开采技术因素的综合影响。

(1)自然因素

自然因素包括煤层的自然条件和地面气压变化因素两个方面。

①煤层的瓦斯含量是影响瓦斯涌出量的决定因素。煤层瓦斯含量越大,瓦斯压力越高,透气性越好,则涌出的瓦斯量就越高。煤层瓦斯含量的单位与矿井相对瓦斯涌出量相同,但其代表的物理意义却完全不同,数量上也不相等。矿井瓦斯涌出量中,除包含本煤层涌出的瓦斯外,邻近煤层通过采空区涌出的瓦斯等还占有相当的比例,因此,有些矿井的相对瓦斯涌出量要大于煤层瓦斯含量。

②在瓦斯带内开采的矿井,随着开采深度的增加,相对瓦斯涌出量增高。煤系地层中有相邻煤层存在时,其含有的瓦斯会通过裂隙涌出到开采煤层的风流中,因此,相邻煤层越多,含有的瓦斯量越大,距离开采层越近,则矿井的瓦斯涌出量就越大。

③地面大气压变化时引起井下大气压的相应变化,它对采空区(包括采煤工作面后部采空区和封闭不严的老空区)或坍冒处瓦斯涌出的影响比较显著。如图1-33所示,当大气压力变化时,引起瓦斯涌出增加的是工作面采空区(图1-33中②、③)和老空区(图1-33中⑤、⑥)的瓦斯涌出,掘进工作面几乎不受影响。

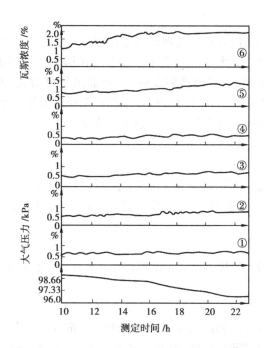

图 1-33   地面大气压力下降对矿井瓦斯涌出的影响
①—掘进巷道回风;②—采煤工作面 2 回风;③—采煤工作面 1 回风;
④—掘进区总回风;⑤—1 采区总回风;⑥—2 采区总回风

(2)开采技术因素

①开采强度和产量

矿井的绝对瓦斯涌出量与开采速度或矿井产量成正比,而相对瓦斯涌出量变化较小。当开采速度较高时,相对瓦斯涌出量中开采煤层涌出的量和邻近煤层涌出的量反而相对减少,使得相对瓦斯涌出量降低。实测结果表明,如从两方面考虑,则高瓦斯的综采工作面快采必须快运才能减少瓦斯的涌出。

②开采顺序和采煤方法

厚煤层分层开采或开采煤层群时,首先开采的煤层瓦斯涌出量较大,除本煤层或本分层瓦斯涌出外,邻近层或未开采分层的瓦斯也要通过开采产生的裂隙与孔洞渗透出来,增大瓦斯涌出量,其他层开采时,瓦斯涌出量大大减少。

采空区丢失煤炭多,回采率低的采煤方法,采区瓦斯涌出量大。管理顶板采用全部垮落法比全部充填法造成的顶板破坏范围大,邻近层瓦斯涌出量较大。采煤工作面周期来压时,瓦斯涌出量也会增大。

③风量的变化

风量发生变化时,瓦斯涌出量和风流中的瓦斯浓度由原来的稳定状态,逐渐过渡为另一稳定状态。风量发生变化时,漏风量和漏风中的瓦斯浓度也会随之变化。井巷的瓦斯涌出量和风流中的瓦斯浓度,在短时间内就会发生异常的变化。通常风量增加时,起初由于负压和采空区漏风的加大,一部分高浓度瓦斯被漏风从采空区带出,绝对瓦斯涌出量迅速增加,回风流中的瓦斯浓度可能急剧上升。然后,浓度开始下降,经过一段时间,绝对瓦斯涌出量恢复到或接近原有数值,回风流中的瓦斯浓度才能降低到原有数值以下,风量减少时情况相反。这类瓦斯涌出量变化的时间,由几分钟到几天,峰值浓度和瓦斯涌出量可为原有数值的几倍。

④生产工艺

瓦斯从煤体暴露而涌出的特点是初期瓦斯涌出强度大,然后按指数函数逐渐衰减,故采煤工作面破煤时瓦斯涌出量总是大于其他工序。破煤时瓦斯增大量与破煤量、新暴露煤体面积和煤块破碎程度有关。例如,采用风镐破煤时,瓦斯涌出量可增大 11 ~ 13 倍;采用爆破破煤时,瓦斯涌出量可增大 14 ~ 20 倍;采用采煤机破煤时,瓦斯涌出量可增大 14 ~ 16 倍。

综合机械化采煤工作面和综合机械化放顶煤工作面由于推进速度快、产量高,在瓦斯含量较高的煤层工作时,瓦斯涌出量往往很大。

⑤通风压力

矿井通风压力的变化对瓦斯涌出量的影响与大气压力影响相似。抽出式通风负压减小时,工作面风压升高,采空区瓦斯涌出量减少;压入式通风负压减低时,采空区瓦斯涌出量增大。

⑥采空区密闭质量

采空区内积存有大量高浓度瓦斯,如果密闭质量不好,就会造成采空区大量漏风,使矿井瓦斯涌出增大。

⑦采区通风系统

采区通风系统对采空区内和回风流中的瓦斯浓度分布有重要影响。

总而言之,影响矿井瓦斯涌出量的因素是多方面的,应当通过经常和专门观测和监测,找出气主要因素和基本规律,才能采取针对性措施控制瓦斯涌出量,减少瓦斯事故的发生。

三、瓦斯涌出不均系数

在正常生产过程中,矿井绝对瓦斯涌出量受各种因素的影响,其数值是经常变化的,但在一段时间内只在一个平均值上下波动,故把其峰值与平均值的比值称为瓦斯涌出不均系数。在确定矿井总风量选取风量备用系数时,要考虑矿井瓦斯涌出不均系数。矿井瓦斯涌出不均系数表示为

$$k_g = Q_{max}/Q_a \tag{1-31}$$

式中 k_g——给定时间内瓦斯涌出不均系数;

Q_{max}——该时间内的最大瓦斯涌出量,m^3/min;

Q_a——该时间内的平均瓦斯涌出量,m^3/min。

确定瓦斯涌出不均系数的方法是根据需要,在待确定地区(工作面、采区、翼或全矿)的进、回风流中连续测定一段时间(一个生产循环、一个工作班、一天、一月或一年)的风量和瓦斯浓度,一般以测定结果中的最大一次瓦斯涌出量和各次测定的算术平均值代入式(1-31),即为该地区在该时间间隔内的瓦斯涌出不均系数。表 1-10 为一些矿根据通风报表统计的瓦斯涌出不均系数。

表 1-10　部分矿井瓦斯涌出不均系数表

矿井名称	全矿	采煤工作面	掘进工作面
淮南谢二矿	1.18	1.51	
抚顺龙凤矿	1.18	1.32	1.42
抚顺胜利矿	1.29	1.38	
阳泉一矿北头嘴井	1.24	1.41	1.40

通常,工作面的瓦斯涌出不均系数总是大于采区的,采区大于一翼的,一翼的大于全矿井的。在进行风量计算时,应根据具体的情况选用合适的瓦斯涌出不均系数。

总之,任何矿井的瓦斯涌出在时间上与空间上都是不均匀的。在生产过程中要有针对性地采取措施,使瓦斯涌出比较均匀稳定。例如,尽可能均衡生产,错开相邻工作面的破煤、放顶时间等。

四、矿井瓦斯涌出量的预测

瓦斯涌出量的预测是根据某些已知相关数据,按照一定的方法和规律,预先估算出矿井或局部区域瓦斯涌出量的工作。其任务是确定新矿井、新水平、新采区、新工作面投产前瓦斯涌出量的大小;为矿井、采区和工作面通风提供瓦斯涌出基础数据;为矿井通风设计、瓦斯抽放和瓦斯管理提供必要的基础参数。

决定矿井风量的主要因素往往是瓦斯涌出量,因此,预测结果的正确与否,能够影响矿井开采的经济技术指标,甚至影响矿井正常生产。大型高瓦斯矿井,如果预测瓦斯涌出量偏低,投产不久就需要进行通风改造,或者被迫降低产量。而预测瓦斯涌出量偏高,势必增大投资和通风设备的运行费用,造成不必要的浪费。

矿井瓦斯涌出量预测方法可概括为两大类:一类是矿山统计预测法,另一类是根据煤层瓦斯含量进行预测的分源预测法。

1.矿山统计预测法

矿山统计预测法的实质是根据对本矿井或邻近矿井实际瓦斯涌出量资料的统计分析得出的矿井瓦斯涌出量随开采深度变化的规律,来推算新井或延深水平的瓦斯涌出量。这方法适用于生产矿井的延深水平,生产矿井开采水平的新区,与生产矿井邻近的新矿井。在应用中,必须保证预测区的煤层开采顺序、采煤方法、顶板管理等开采技术条件和地质构造、煤层赋存条件、煤质等地质条件与生产区相同或类似。应用统计预测法时的外推范围一般沿垂深不超过 $100\sim200$ m,沿煤层倾斜方向不超过 600 m。

(1)基本计算式

矿井开采实践表明,在一定深度范围内,矿井相对瓦斯涌出量与开采深度呈如下线性关系:

$$q = \frac{H - H_0}{a} + 2 \qquad (1\text{-}32)$$

式中 q——矿井相对瓦斯涌出量,m^3/t;

H——开采深度,m;

H_0——瓦斯风化带深度,m;

a——开采深度与相对瓦斯涌出量的比例常数,t/m^2。

瓦斯风化带即为相对瓦斯涌出量为 2 m^3/t 时的开采深度。开采深度与相对瓦斯涌出量的比例常数 a 是指在瓦斯风化带以下、相对瓦斯涌出量每增加 1 m^3/t 时的开采下延深度。H_0 和 a 值根据统计资料确定,为此,至少要有瓦斯风化带以下两个水平的实际相对瓦斯涌出量资料,有了这些资料后,可按下式计算 a 值:

$$a = \frac{H_2 - H_1}{q_2 - q_1} \qquad (1\text{-}33)$$

式中 H_1, H_2——瓦斯带内 1 和 2 水平的开采垂深,m;

q_1,q_2——在 H_1 和 H_2 深度开采时的相对瓦斯涌出量，m^3/t。

a 值确定后,瓦斯风化带深度可由下式求得:

$$H_0 = H_1 - a(q_1 - 2) \tag{1-34}$$

瓦斯风化带深度也可以根据地勘阶段实测的煤层瓦斯成分来确定。

a 值的大小取决于煤层倾角、煤层和围岩的透气性等因素。当有较多水平的相对瓦斯涌出量资料时,可用图解法或最小二乘法按下式确定平均的 a 值:

$$a = \frac{n\sum_{i=1}^{n} q_i H_i - n\sum_{i=1}^{n} H_i \sum_{i=1}^{n} q_i}{n\sum_{i=1}^{n} q_i^2 - \left(\sum_{i=1}^{n} q_i\right)^2} \tag{1-35}$$

式中　H_i,q_i——第 i 个水平的开采深度和相对瓦斯涌出量,m,m^3/t;

　　　n——统计的开采水平个数。

对于某些矿井相对瓦斯涌出量与开采深度之间并不呈线性关系,即 a 值不是常数,此时,应首先根据实际资料确定 a 值随开采深度的变化规律,然后才能进行深部区域瓦斯预测。

(2)生产水平矿井瓦斯涌出量和平均开采深度的确定

应用矿山统计法预测矿井瓦斯涌出量,必须首先统计至少两个开采水平的瓦斯涌出量资料。在统计确定某一水平矿井瓦斯涌出量时,通风瓦斯旬报、矿井瓦斯等级鉴定以及专门进行的瓦斯涌出量测定资料均可加以利用;此外,还应掌握在统计期间的矿井开采和地质情况。对于全矿井,可以统计某一生产时期的绝对瓦斯涌出量和采煤量,并用加权平均方法求出该时期的平均开采深度和平均相对瓦斯涌出量。

下面介绍利用矿井瓦斯等鉴定资料确定矿井瓦斯涌出量和平均开采深度的具体方法。

根据《煤矿安全规程》的规定,矿井瓦斯等级鉴定工作是在鉴定月份的上、中、下旬各选 1 天,分 3 班或 4 班进行的,且每班测定 3 次;按矿井、煤层、一翼、水平和采区分别计算日产 1 t 煤的瓦斯涌出量,并选取相对瓦斯涌出量最大一天的数据作为确定矿井瓦斯等级的依据。在瓦斯预测工作中,与矿井瓦斯等级鉴定的要求不同,它是取 3 d 测定结果的平均值作为确定相对瓦斯涌出量的依据。

确定全矿井相对瓦斯涌出量时,可采用矿井总回风的瓦斯鉴定资料。根据鉴定月份井下各采区的煤炭产量和采深,按下式计算鉴定月份全矿井的加权平均开采深度:

$$H_c = \frac{\sum_{i=1}^{n} H_i A_i}{\sum_{i=1}^{n} A_i} \tag{1-36}$$

式中　H_c——全矿井加权平均开采深度,m;

　　　H_i,A_i——鉴定月份第 i 采区的采深和产量,m,t。

根据历年的矿井相对瓦斯涌出量和加权平均深度,可用图解法或计算法找出相对瓦斯涌出量与采深间的关系。

(3)瓦斯涌出量预测图编制

根据通风瓦斯旬报,按下式计算每个采区(或工作面)日瓦斯涌出量的月平均值:

$$G = 14.4 \frac{\sum_{i=1}^{n} Q_i \cdot C_i}{n} \tag{1-37}$$

式中　G——采区或工作面日瓦斯涌出量的月平均值，m^3/d；

　　　Q_i，C_i——每次测得的采区或工作面回风量和风流中瓦斯浓度，m^3/min，%；

　　　n——统计月份的测定次数。

统计月份的平均日产量按下列确定：

$$A = \frac{A_M}{N} \tag{1-38}$$

式中　A——统计月平均日产量，t/d；

　　　A_M——月采煤量，t；

　　　N——月工作天数。

采区或工作面月平均相对瓦斯涌出量为

$$q = \frac{G}{A} \tag{1-39}$$

应当指出，在工作面开采初期，从开切眼形成到第一次放顶期间，由于瓦斯涌出尚未达正常状态，在该段时间内的测定数据不能在统计分析中应用；此外，在采煤不正常的情况下测得的瓦斯涌出量，以及地质变化带采区瓦斯涌出量变化很大的情况下测得的瓦斯涌出量，均不能在统计分析中应用。

在实施瓦斯抽放的采区或工作面，确定相对瓦斯涌出量时，还应考虑抽放瓦斯的影响。

若采区总抽出瓦斯量为 G_d，采区总采出煤量为 A_m，则采区每采出 1 t 煤抽出的瓦斯量 $q_d = \frac{G_d}{A_m}$，这时采区总的瓦斯涌出量则为

$$q_m = q + q_d$$

得出采区或工作面每月平均相对瓦斯涌出量后，把该值标在采掘工程平面图（1:5 000）对应采区或工作面开采范围的中央，根据大量月份的统计资料，用插值法绘出瓦斯涌出量等值线图。从绘出的瓦斯涌出量等值线图上可知，瓦斯涌出量在煤层走向和倾向上的变化。通常，相对瓦斯涌出量等值线的间距为 2 m^3/t 或 5 m^3/t。根据该图，用外推法可预测新区的相对瓦斯涌出量。图 1-34 为利用上述方法绘出的某矿煤层瓦斯涌出量等值线图。

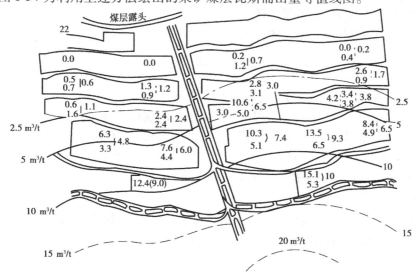

图1-34　某矿煤层瓦斯涌出量等值线图

2. 分源预测法

（1）分源预测法的基本原理

含瓦斯煤层在开采时，受采掘作业的影响，煤层及围岩中的瓦斯赋存平衡状态即遭到破坏，破坏区内煤层、围岩中的瓦斯将涌入井下巷道。井下涌出瓦斯的地点即为瓦斯涌出源。瓦斯涌出源的多少、各涌出源涌出瓦斯量的大小直接决定着矿井瓦斯涌出量的大小。根据煤炭科学研究总院抚顺研究院的研究，矿井瓦斯涌出的源、汇关系如图1-35所示。

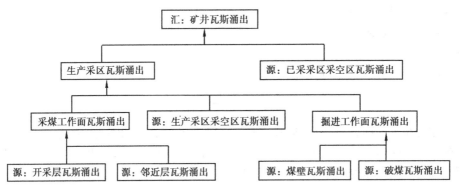

图1-35　矿井瓦斯涌出源、汇关系

应用分源预测法预测矿井瓦斯涌出量，是以煤层瓦斯含量、煤层开采技术条件为基础，根据各基本瓦斯涌出源的瓦斯涌出规律，计算回采工作面、掘进工作面、采区及矿井瓦斯涌出量。

（2）预测所需的原始资料

应用分源预测法预测瓦斯涌出量时，需要准备如下的原始资料。

①各煤层瓦斯含量测定资料、瓦斯风化带深度以及瓦斯含量等值线图。

②地层剖面和柱状图，图上应标明各煤层和煤夹层的厚度、层间距离和岩性。

③煤的灰分、水分、挥发分和密度等工业分析指标和煤质牌号。

④开拓和开采系统图，应有煤层开采顺序、采煤方法和通风方式等。

（3）计算方法

①开采煤层（包括围岩）瓦斯涌出量

A. 薄及中厚煤层不分层开采时按下式计算：

$$q_1 = k_1 \cdot k_2 \cdot k_3 \frac{m_0}{m_1} \cdot (X_0 - X_1) \tag{1-40}$$

式中　q_1——开采煤层（包括围岩）相对瓦斯涌出量，m^3/t；

　　　k_1——围岩瓦斯涌出系数，其值取决于采煤工作面顶板管理方法；

　　　k_2——工作面丢煤瓦斯涌出系数，其值为工作面回采率的倒数；

　　　k_3——准备巷道预排瓦斯对工作面煤体瓦斯涌出影响系数；

　　　m_0——煤层厚度（夹矸层按层厚1/2计算），m；

　　　X_0——煤层原始瓦斯含量，m^3/t；

　　　X_1——煤的残存瓦斯含量，m^3/t，与煤质和原始瓦斯含量有关，需实测；如无实测数据，可参考表1-11取值。

表 1-11　运至地表时煤体残存瓦斯含量

煤的挥发分含量 V_{daf}/%	6~8	8~12	12~8	18~26	26~35	35~42	42~50
煤残存瓦斯含量 X'_1/(m³·t⁻¹)	9~6	6~4	4~3	3~2	2	2	2

采用长壁后退式开采时，系数 k_3 按下式确定：

$$k_3 = \frac{L - 2h}{L} \tag{1-41}$$

式中　L——回采工作面长度，m；

　　　h——巷道瓦斯预排等值宽度，m；不同透气性的煤层其值可能不同，需实测；无实测值时，其值可按表 1-12 参考选取。

表 1-12　巷道预排瓦斯等值宽度 h

巷道煤壁暴露时间/d	不同煤种巷道预排瓦斯等值宽度/m					
	无烟煤	瘦煤	焦煤	肥煤	气煤	长焰煤
25	6.5	9.0	9.0	11.5	11.5	11.5
50	7.4	10.5	10.5	13.0	13.0	13.0
100	9.0	12.4	12.4	16.0	16.0	16.0
160	10.5	14.2	14.2	18.0	18.0	18.0
200	11.0	15.4	15.4	19.7	19.7	19.7
250	12.0	16.9	16.9	21.5	21.5	21.5
300	13.0	18.0	18.0	23.0	23.0	23.0

采用长壁前进式方法开采时，如上部相邻工作面已采，则 $k_3 = 1$；如上部相邻工作面未采，则可按下式计算 k_3 值：

$$k_3 = \frac{L + 2h + 2b}{L + 2b} \tag{1-42}$$

式中　b——巷道长度，m。

残存瓦斯含量的单位为每一吨煤的瓦斯体积，在应用式（1-40）时，应按下式换算为原煤残存瓦斯含量：

$$X_1 = \frac{100 - A_{ad} - M_{ad}}{100} X'_1 \tag{1-43}$$

式中　X'_1——表 1-12 中查出的纯煤残存瓦斯含量，m³/t；

　　　A_{ad}——原煤中灰分含量，%；

　　　X_{ad}——原煤中水分含量，%。

B. 厚煤层分层开采时按下式计算：

$$q_1 = k_1 \cdot k_2 \cdot k_3 \cdot k_{fi} \cdot (X_0 - X_1) \tag{1-44}$$

式中　k_{fi}——取决于煤层分层数量和顺序的分层开采瓦斯涌出系数，k_{fi} 可按表 1-13 选取。

表 1-13   厚煤层分层开采瓦斯涌出系数 k_f

两分层开采		三分层开采		
k_{f1}	k_{f2}	k_{f1}	k_{f2}	k_{f3}
1.504	0.496	1.820	0.692	0.488

②邻近层瓦斯涌出量

$$q_2 = \sum_{i=1}^{n} \frac{m_i}{m_1} k_i \cdot (X_{0i} - X_{1i}) \tag{1-45}$$

式中 q_2——邻近层相对瓦斯涌出量,m^3/t;

m_i——第 i 个邻近层厚度,m;

m_1——开采层的开采厚度,m;

X_{0i}——第 i 邻近层原始瓦斯含量,m^3/t;

X_{1i}——第 i 邻近层残存瓦斯含量,m^3/t,可按表 5-1 查取;

k_i——受多种因素影响但主要取决于层间距离的第 i 邻近层瓦斯排放率。

邻近层瓦斯排放率与层间距存在如下关系:

$$k_i = 1 - \frac{h_i}{h_p} \tag{1-46}$$

式中 k_i——第 i 邻近层瓦斯排放率;

h_i——第 i 邻近层至开采层垂直距离,m;

h_p——受开采层采动影响顶底板岩层形成贯穿裂隙、邻近层向工作面释放卸压瓦斯的 岩层破坏范围,m。

开采层顶板的影响范围由下式计算:

$$h_p = k_y \cdot m_1 \cdot (1.2 + \cos \alpha) \tag{1-47}$$

式中 k_y——取决于顶板管理方式的系数。对采高小于等于 2.5 m 的煤层,用全部垮落法管 理顶板时,$k_y = 60$;用局部充填法管理顶板时,$k_y = 45$;用全部充填法管理顶板时, $k_y = 25$;

m_1——开采层的开采厚度,m;

α——煤层倾角,(°)。

开采倾斜和缓斜煤层时,开采层底版的影响范围为 35 ~ 60 m。开采急倾斜煤层时,底板 的影响范围由下式计算:

$$h_p = k_y \cdot m_1 \cdot (1.2 - \cos \alpha) \tag{1-48}$$

国内研究得出的邻近层瓦斯排放率与层间距的关系曲线如图 1-36 所示。

③掘进巷道煤壁瓦斯涌出量

$$q_1 = n \times m_0 \times v \times q_0 \left(2\sqrt{\frac{L}{v}} - 1 \right) \tag{1-49}$$

式中 q_1——掘进巷道煤壁瓦斯涌出量,m^3/min;

n——煤壁暴露面个数,个;

m_0——煤层厚度,m;

v——巷道平均掘进速度,m/min;

L——巷道长度，m；

q_0——煤壁瓦斯涌出初速度，$m^3/(m^2 \cdot min)$。按下式计算：

$$q_0 = 0.026[0.000\ 4V_{daf}^2 + 0.16]X_0 \qquad (1-50)$$

式中 V_{daf}——煤中挥发分含量，%；

X_0——煤层原始瓦斯含量，m^3/t。

④掘进破煤的瓦斯涌出量

$$q_1 = S \cdot v \cdot \gamma \cdot (X_0 - X_1) \qquad (1-51)$$

式中 q_1——掘进巷道落煤瓦斯涌出量，m^3/min；

S——掘进巷道断面积，m^2；

v——巷道平均掘进速度，m/min；

γ——煤的密度，t/m^3；

X_0——煤层原始瓦斯含量，m^3/t；

X_1——煤层残存瓦斯含量，m^3/t。

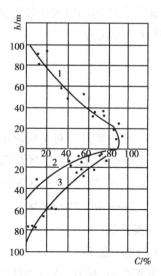

图 1-36 邻近层瓦斯排放率与
层间距的关系曲线
1—上邻近层；2—缓倾斜下邻近层；
3—倾斜、急倾斜下邻近层

⑤采煤工作面瓦斯涌出量

采煤工作面瓦斯涌出量由开采层（包括围岩）、邻近层瓦斯涌出量两部分组成，其计算公式为

$$q_5 = q_1 + q_2 \qquad (1-52)$$

式中 q_5——采煤工作面相对瓦斯涌出量，m^3/t。

⑥掘进工作面瓦斯涌出量

掘进工作面瓦斯涌出量包括掘进巷煤壁和掘进落煤瓦斯涌出量两部分，可计算为

$$q_6 = q_3 + q_4 \qquad (1-53)$$

式中 q_6——掘进工作面瓦斯涌出量，m^3/min。

⑦生产采区瓦斯涌出量

生产采区瓦斯涌出量系采区内所有采煤工作面、掘进工作面及采空区瓦斯涌出量之和。其计算公式为

$$q_7 = (1 + k') \cdot \frac{\sum_{i=1}^{n} q_{5i} \cdot A_1 + 1\ 440 \sum_{i=1}^{n} q_{6i} \cdot A_1}{A_0} \qquad (1-54)$$

式中 q_7——生产采区瓦斯涌出量，m^3/t；

k'——生产采区内采空区瓦斯涌出系数，取 $k' = 0.15 \sim 0.25$；

q_{5i}——第 i 采煤工作面瓦斯涌出量，m^3/t；

A_1——第 i 采煤工作面平均日产量，t；

q_{6i}——第 i 掘进工作面瓦斯涌出量，m^3/min；

A_0——生产采区平均日产量，t。

⑧**矿井瓦斯涌出量**

矿井瓦斯涌出量为矿井内全部生产采区和已采采区(包括其他辅助巷道)瓦斯涌出量之和,其计算公式为

$$q_8 = \frac{(1 + k'') \sum_{i=1}^{n} q_{7i} \cdot A_{0i}}{\sum_{i=1}^{n} A_{0i}} \qquad (1-55)$$

式中　q_8——矿井相对瓦斯涌出量,m^3/t;

　　　k''——已采区采空区瓦斯涌出量系数,其值为 $k'' = 0.10 \sim 0.25$;

　　　q_{7i}——第 i 生产采区瓦斯涌出量,m^3/t;

　　　A_{0i}——第 i 生产采区日平均产量,t。

3. 类比法

(1)基本原理

瓦斯生成、赋存、排放条件是受地质构造因素控制的。在未开发的井田、未受采动影响处于自然状态的煤层瓦斯含量的分布规律与地质构造条件有密切的关系,而矿井瓦斯涌出量的大小,一方面受地质因素控制,另一方面受开采方法的影响。因此,在一个煤田或一个矿区范围内,在地质条件相同或相似的情况下,矿井瓦斯涌出量与钻孔煤层瓦斯含量之间存在一个自然比值。

对于新建矿井,在地质勘探期间已经提供了钻孔煤层瓦斯含量的基础数据,而矿井瓦斯涌出量是未知数。若要获得该参数,可通过邻近生产矿井已知的矿井瓦斯涌出量资料和钻孔煤层瓦斯含量资料的统计运算,求得一个比值。然后将该比值与新建矿井已知的钻孔煤层瓦斯含量相乘,即可得到新建矿井的瓦斯涌出量。其计算公式表达为

$$\frac{A}{B} = \frac{C}{D} \quad 即 \quad C = \frac{AD}{B} \qquad (1-56)$$

式中　A——生产矿井瓦斯涌出量;

　　　B——生产矿井钻孔煤层瓦斯含量;

　　　C——新建矿井瓦斯涌出量;

　　　D——新建矿井钻孔煤层瓦斯含量。

(2)类比条件

运用类比法预测新建矿井瓦斯涌出量是通过邻近生产矿井的实际瓦斯资料统计来进行的。因此,必须把相同或相似的地质、开采条件作为两个矿井类比的前提。

平煤集团公司十三矿瓦斯涌出量的预测,选择了距十三矿较近的向斜西南翼的八矿、十矿、十二矿作为类比矿井,其类比条件具备:

①含煤地层均为石炭二叠系,其沉积环境,煤系地层厚度,含煤系数基本相同。

②含煤层数,主采煤层厚度、结构、各煤层层间距基本相似。

③主采煤层的煤岩成分,煤种牌号,煤层特征基本相似。

④煤层顶、底板岩性,对瓦斯的封闭条件基本相似。

⑤十三矿与八矿、十矿、十二矿同位于平顶山煤田的李口向斜这一主体构造单元之中,井

田内断层、褶皱发育程度对煤层、瓦斯的控制作用基本相似。

⑥开拓方式、设计能力与十矿相同。

⑦开采方法与八矿、十矿、十二矿相同,开采己组煤的深度比八矿、十矿、十二矿略深。

⑧通风方式基本一样。

根据以上条件,十三矿瓦斯涌出量完全可用八矿、十矿、十二矿资料(见表1-14、表1-15)进行类比预测。

表1-14 八矿、十矿、十二矿相对瓦斯涌出量与煤层瓦斯含比值统计表

序 号	回采工作面	标高/m	相对瓦斯涌出量 /($m^3 \cdot t^{-1}$)	瓦斯含量 /($m^3 \cdot (t \cdot r)^{-1}$)	比值 相对量/含量
1	八矿13170采面	-430	15.40	9.24	1.67
2	八矿己三扩大	-530	28.00	15.28	1.83
3	八矿己三机巷	-470	25.00	13.58	1.84
4	十矿22110工作面	-315	8.46	7.15	1.18
平均					1.63

表1-15 八矿、十矿、十二矿绝对瓦斯涌出量与煤层瓦斯含比值统计表

序 号	掘进巷道	标高/m	相对瓦斯涌出量 /($m^3 \cdot min^{-1}$)	瓦斯含量 ($m^3 \cdot (t \cdot r)^{-1}$)	比值 相对量/含量
1	八矿13170风巷	-430	1.26	9.24	0.14
2	八矿己三机巷	-470	1.76	13.58	0.13
3	十矿22110机巷	-325	0.34	7.15	0.05
4	十矿己二机巷	-320	0.39	7.21	0.06
5	十二矿己16-17轨道下山	-370	2.00	16.05	0.13
平均					0.13

(3)计算方法

①采煤工作面瓦斯涌出量

A.采煤工作面相对瓦斯涌出量 q_h

$$q_h = W_0 \times k_1 \qquad (1-57)$$

式中　q_h——采煤工作面相对瓦斯捅出,m^3/t;

　　　W_0——采煤工作面煤层瓦斯含量,$m^3/(t \cdot r)$;

　　　k_1——类比矿采煤工作面相对瓦斯涌出量与瓦斯含量比值。

B.采煤工作面绝对瓦斯涌出量 Q_h

$$Q_h = q_h \times T_1 / 1\,440 \tag{1-58}$$

式中　Q_h——采煤工作面绝对瓦斯涌出量,m^3/min;

　　　T_1——采煤工作面日产量,t。

②掘进巷道绝对瓦斯涌出量 Q_j

$$Q_j = W_0 \times k_2 \times k_3 \tag{1-59}$$

式中　Q_j——掘进巷道绝对瓦斯涌出量,m^3/min;

　　　k_2——类比矿掘进巷道绝对瓦斯涌出量与瓦斯含量比值;

　　　k_3——巷道条数。

③采区瓦斯涌出量

A.采区绝对瓦斯涌出量

$$Q_c = Q_h + Q_j \tag{1-60}$$

式中　Q_c——采区绝对瓦斯涌出量,m^3/min。

B.采区相对瓦斯涌出量

$$q_c = Q_c \times 1\,440 / T_2 \tag{1-61}$$

式中　q_c——采区相对瓦斯涌出量,m^3/t;

　　　T_2——采区日产量,t。

④矿井相对瓦斯涌出量

$$q_k = \sum_{i=1}^{n} Q_{ci} \times 1\,400 \div T_3 \tag{1-62}$$

式中　q_k——矿井相对瓦斯涌出量,m^3/t;

　　　Q_{ci}——第 i 采区绝对瓦斯涌出量,m^3/min;

　　　T_3——矿井日产量,t。

表1-16 为十三矿已知资料,表1-17 为十三矿瓦斯涌出量预测计算表。

表1-16　十三矿首采区采面个救、日进尺、日产量统计表

采　区	标高	开采煤层	可采储量/10^4 t	生产能力/10^4 t	开采时间/a	采面个数	采掘比	日进尺	煤层厚度/m	平均采高/m	日产量/t
11 采区	$-200 \sim -280$	二$_1$	1 139	75	11.7	1综	1:2.5	3.53	5.68	2	2 500
12 采区	$-200 \sim -310$	二$_1$	839	75	8.6	1综	1:2.5	3.53	4.75	3	2 500
				30		1高	1:2.5	2.53	4.75	2	1 000

表 1-17 十三矿瓦斯涌出量预测计算表

采 区	回采工作面						掘进巷道			采 区			
	采面/个	含量 W_0 /[m^3·$(t·r)^{-1}$]	比值 K_1	相对量 q_h /(m^3·t^{-1})	日产量 T_1 /t	绝对量 Q_h /(m^3·min^{-1})	条数 K_3	比值 K_2	绝对量 Q_j /(m^3·min^{-1})	绝对量 Q_c /(m^3·min^{-1})	日产量 T_2 /t	相对量 q_c /(m^3·t^{-1})	相对量/含量比值
11 采区	1 综	5	1.6	8	2 500	13.89	2	0.13	1.30	15.19	2 500	8.75	1.75
12 采区	1 综	4	1.6	6.4	2 500	11.11	2	0.13	1.04	17.63	3 500	7.25	1.81
	1 综	4	1.6	6.4	1 000	4.44	2	0.13	1.04				
矿井	3				6 000	29.44	6		3.38	32.82	6 000	7.87	1.75
若标高为 −500 m,则 $W_0 = 8.5$,西部 $W_0 = 7$,东部 $W_0 = 10$													

任务 1.6 矿井瓦斯等级鉴定

矿井瓦斯灾害是煤矿开采过程中最重要的灾害,瓦斯事故的防治是煤矿安全工作的重中之重。每一个生产矿井都必须建立适合矿井瓦斯状况的防治体系,制定各项瓦斯管理制度和安全技术措施,预防瓦斯事故的发生。由于各矿的具体情况不同,因此,根据矿井瓦斯的涌出情况和灾害情况对矿井进行瓦斯等级划分,有利于矿井瓦斯灾害的防治和管理。

一、矿井瓦斯等级的划分

1. 矿井瓦斯等级

矿井瓦斯等级是指根据矿井瓦斯涌出量和涌出形式所划分的矿井等级。它是矿井瓦斯涌出量大小和安全程度的基本标志。按照矿井瓦斯涌出量的大小及危害程度的不同,将瓦斯矿井分为不同的等级,其主要目的是为了做到区别对待,采取不同的针对性技术措施与装备,对矿井瓦斯进行有效管理和防治,以创造良好的作业环境,保障矿井安全生产。

2. 矿井瓦斯等级的划分

《煤矿安全规程》第 133 条规定,一个矿井中只要有一个煤(岩)层发现瓦斯,该矿井即为瓦斯矿井。瓦斯矿井必须依照矿井瓦斯等级进行管理。

矿井瓦斯等级是根据矿井相对瓦斯涌出量、矿井绝对瓦斯涌出量和瓦斯涌出形式来进行划分的。

(1)低瓦斯矿井:矿井相对瓦斯涌出量小于或等于 10 m^3/t 且矿井绝对瓦斯涌出量小于或等于 40 m^3/min。

(2)高瓦斯矿井:矿井相对瓦斯涌出量大于 10 m^3/t 或矿井绝对瓦斯涌出量大于 40 m^3/min。

(3)煤(岩)与瓦斯(二氧化碳)突出矿井:矿井在采掘过程中,只要发生过 1 次煤(岩)与瓦斯突出,该矿井即为突出矿井,发生突出的煤层即为突出煤层。

3. 低瓦斯矿井中高瓦斯区域

《煤矿安全规程》第 134 条规定,低瓦斯矿井中,相对瓦斯涌出量大于 10 m^3/t 或有瓦斯喷出的个别区域(采区或工作面)为高瓦斯区,该区应该按高瓦斯矿井管理。

瓦斯喷出区域是指在 20 m 巷道范围内,涌出瓦斯量大于或等于 10 m^3/min,且持续时间在 8 h 以上时的区域。

二、矿井瓦斯等级鉴定

《煤矿安全规程》第 133 条规定,每年必须对矿井进行瓦斯等级和二氧化碳涌出量的鉴定工作,报省(自治区、直辖市)负责煤炭行业管理的部门审批,并报省级煤矿安全监察机构备案。上报时应包括开采煤层最短发火期和自燃倾向性、煤尘爆炸性的鉴定结果。

矿井瓦斯等级鉴定是矿井瓦斯防治工作的基础。借助于矿井瓦斯等级鉴定工作,也可以较全面地了解矿井瓦斯的涌出情况,包括各工作区域的涌出和各班涌出的不均衡程度。

1. 生产矿井瓦斯等级鉴定方法

(1)鉴定条件

矿井瓦斯鉴定工作应在正常的条件下进行,按每一矿井的全矿井、煤层、一翼、水平和采区分别计算月平均日产 1 t 煤瓦斯的涌出量。在测定时,应采取各项测定中的最大值,作为确定矿井瓦斯等级的依据。矿井正常生产是指被鉴定的矿井、煤层、一翼、水平或采区的回采产量应达到该地区设计产量的 60%。

(2)鉴定时间

根据矿井生产和气候变化的规律,可以选在瓦斯涌出量较大的一个月份进行,一般为 7,8月份。在这两个月份中产量较正常的一个月进行鉴定。并在鉴定月的上、中、下旬中各取一天(如 5,15,25 日),3 班工作制每天分早、中、夜 3 班测定。如果是 4 班工作制,按 4 班进行。每班测定的时间最好是在交班后 2 h,生产正常时进行。

(3)鉴定前准备

鉴定前要做好仪器校正和实测人员的组织分工,使每个实测人员明确自己的岗位及实测、记录、计算方法。

(4)鉴定内容与测点位置

①鉴定的内容应包括矿井、一翼、水平和采区的瓦斯和二氧化碳涌出量。

②测点的选择是以能够便于准确测量和真实反映测定优域的回风量,以及瓦斯和二氧化碳浓度为准。因此,测点应布置在主要通风机风硐室内,以及煤层、一翼、水平和采区的回风巷道的测风站内,如果回风巷道内没有测风站,可选择断面规整、无杂物堆积的一段平直巷道作为观测点。

③测定的基础数据有测点的巷道断面积、风速、风流内的瓦斯和二氧化碳浓度、当月的产煤量、工作日数,以及地面和井下测点的温度、气压和湿度等气象条件,等等。

④井下测量应力求准确,最好每一个数据测定 3 次,求其平均值作为基础数据。测定瓦斯浓度时,在巷道风流的上部,距支架顶帮 50 mm 或距硐顶或锚喷拱顶 200 mm 进行;测定二氧化碳时,应在巷道风流的下部,距底板及两帮支架 50 mm 或无支架巷道底板及两帮 200 mm 进行。有瓦斯抽采系统的矿井,在测定日应同时测定各区域内瓦斯的抽采量,矿井的瓦斯等级必须包括抽采瓦斯量在内的吨煤瓦斯涌出量。

（5）记录整理计算

测定计算的矿井、煤层、一翼、水平或采区的瓦斯或二氧化碳涌出量时,应该扣除相应的进风流中瓦斯或二氧化碳量。计算结果填入测定表中,即

$$瓦斯涌出量 = 风量 \times 瓦斯浓度 \quad m^3/min$$

（6）矿井瓦斯等级鉴定报告

在鉴定月 3 天测定的数据中选取瓦斯涌出量最大的一天,作为计算相对瓦斯涌出量的基础。根据鉴定的结果,结合产量、地质构造、采掘比重等提出确定矿井瓦斯等级的意见,填写矿井瓦斯等级鉴定报告,并连同其他资料报省级煤炭行业主管部门审批。

（7）申报矿井瓦斯等级所需资料

①瓦斯和二氧化碳测定基础数据表。

②矿井瓦斯等级鉴定申报表。

③矿井通风系统图(标明鉴定工作的观测地点)。

④煤尘爆炸指数表。

⑤上年度矿井内外因火灾记录表。

⑥上年度煤(岩)与瓦斯(二氧化碳)突出或喷出记录表。

⑦其他说明鉴定中生产是否正常和矿井瓦斯来源分析等资料。

2. 基建矿井的瓦斯鉴定

对于正在建设的矿井也应进行矿井瓦斯等级的鉴定,特别是已经揭露煤层的矿井。如果测定的结果超过原设计确定的矿井瓦斯等级,应提出修改矿井瓦斯等级的专门报告,报请原设计审批单位批准。

3. 煤与瓦斯突出矿井的鉴定

煤与瓦斯突出矿井必须按照鉴定规范要求进行的测定工作。《煤矿安全规程》的规定,只要发生过一次煤(岩)与瓦斯突出,该矿井即被定为突出矿井,发生突出的煤层被定为突出煤层。矿井发生了瓦斯或二氧化碳喷出的地点,在其影响范围内应按防治喷出的有关规定管理。

鉴定报告的主要内容如下:

（1）矿井概况

①矿井地质概况:所属煤田、成煤时代、地质构造、煤层赋存等。

②矿井生产概况:开拓方式、采煤方法、顶板管理方法、生产水平和开拓水平的标高及垂深。

③矿井通风瓦斯概况:通风方式、风量、瓦斯涌出量、瓦斯压力、瓦斯含量、瓦斯抽放方法及抽放量等。

（2）发生动力现象地点的情况

①发生动力现象采区的地质资料:断层和褶曲的分布、煤层厚度及倾角的变化。

②该地点的巷道名称、类别、标高及距地表的垂深。

③发生动力现象地点与邻近层开采的相对位置。

④该采区的煤层瓦斯压力、瓦斯含量、煤的坚固性系数和破坏类型。

（3）动力现象发生前后的实况描述和动力现象的主要特征

按表 1-18 内容详细填写煤与瓦斯突出记录卡。

按表 1-19 的内容详细填写煤与瓦斯突出矿井基本情况调查表。

表1-18 煤与瓦斯突出记录卡片

局(区县)＿＿＿＿ 矿＿＿＿＿ 井＿＿＿＿

突出日期		年 月 日 时	
突出类型			
标高			
突出地点通风系统示意图(注距离尺寸)			
突出地点煤层剖面图(注比例尺)煤层顶板岩层柱状图		地点 距地表垂深/m	
煤层特征	名称		
	厚度/m	倾角/(°)	
		硬度	
邻近层开采情况		上部	
		下部	
地质构造的叙述(断层、褶曲、厚度、倾角及其变化)			
支护形式			
棚间距离/m			
棚顶距离/m			
正常瓦斯浓度/%		有效风量/(m³·min⁻¹)	
		绝对瓦斯量/(m³·min⁻¹)	
突出前作业工序和使用工具			
突出前所采取的措施(附图)			
突出预兆			
突出前及突出当时发生过程的描述			

发生动力现象后的主要特征	
孔洞形状轴线与水平面之夹角	
喷出煤量和岩石量	
煤喷出距离和堆积坡度	
喷出煤的粒度和分选情况	
突出地点附近围岩和煤层破碎情况	
动力效应	
突出前瓦斯压力和突出后瓦斯涌出情况	
其他	
突出孔洞及煤堆积情况(注比例尺)	
现场见证人(姓名、职务)	
伤亡情况	
主要经验教训	
矿技术负责人	矿长

矿长：＿＿＿＿ 矿技术负责人：＿＿＿＿ 防突负责人＿＿ 通风队长＿＿ 填表人：＿＿＿＿ 时间：＿＿ 年 月 日

注：突出预兆：煤体内声响，煤的层理紊乱情况，打钻时顶夹钻和喷孔情况，煤硬度变化，炸渣及煤面外移情况，煤光泽变化，工作面瓦斯涌出变化情况。

表 1-19 煤与瓦斯突出矿井基本情况调查表

省　　市（县）　　企业名称　矿　井　　填表日期　　　年　月　日

矿井设计能力/t				首次突出	时间						
矿井实际生产能力/t					地点及标高/m						
开拓方式					距地表垂深/m						
矿井可采煤层层数				突出次数	总计	各类坑道中突出次数					
矿井可采煤层储量/t						石门	平巷	上山	下山	回采	其他
突出煤层可采储量/t											
突出煤层及围岩特征	名称			突出最大强度	煤（岩）量/t						
	厚度/m				突出瓦斯量/m³						
	倾角/(°)			千吨以上突出次数							
	煤质			其中	石门		采取何种防突措施及其效果				
	顶板岩性				平巷						
	底板岩性				上山						
保护层	类型				下山						
	煤层名称				回采						
	厚度/m				其他						
	距危险层最大距离/m			目前正在进行的防治突出的研究课题	主攻方向						
瓦斯压力	最高压力/MPa				进展情况						
	测压地点距地表垂深/m				人员及参加单位						
煤层瓦斯含量/(m³·t⁻¹)				备　注							
矿井瓦斯涌出量/(m³·min⁻¹)											
有无抽放系统及抽放方式											

煤矿企业负责人：　　　煤矿企业技术负责人：　　　通风处长：　　　填表人：

4. 鉴定报告的编写

矿井瓦斯等级鉴定报告要求包括以下主要内容：

(1)测点断面参数及风速记录表(见表 1-20)。

(2)大气物理参数记录表(见表 1-21)。

(3)矿井瓦斯和二氧化碳涌出量测定基础数据表(见表 1-22)。

(4)矿井瓦斯和二氧化碳测定结果报告表(见表 1-23)。

(5)矿井基本情况表(见表 1-24)。

(6)矿井瓦斯、煤尘、火灾事故报告书(见表 1-25)。

(7)矿井通风系统图。

(8)瓦斯来源分析。

(9)矿井煤尘爆炸性鉴定情况(情况说明,附鉴定报告)。

(10)煤层自然发火倾向性鉴定(情况说明,附鉴定报告)、煤层最短自然发火期及内、外因火灾发生情况。

(11)矿井煤(岩)与瓦斯(二氧化碳)突出情况,瓦斯(二氧化碳)喷出情况。

(12)鉴定月份生产状况及鉴定结果简要分析或说明。

(13)鉴定单位和鉴定人员。

表 1-20　测点断面参数及风速记录表

局(区县)＿＿＿　矿＿＿＿　煤层＿＿＿　水平＿＿＿　翼＿＿＿　采区＿＿＿　年＿＿月＿＿日＿＿班

测点序号	巷道名称	测点位置	断面形状	巷道规格			表速			平均风速 /(m²·s⁻¹)	仪器编号	备注
				高度/m	宽度/m	面积/m²	第1次	第2次	第3次			

参加鉴定人员：

表 1-21　大气物理参数记录表

____局(区县)　____矿　____煤层　____翼　____水平　____采区　____年__月__日__班

测点序号	巷道名称	干球温度/℃	湿球温度/℃	干湿温度差/℃	相对湿度/%	大气压力/Pa	空气密度/(kg·m⁻³)	备注

参加鉴定人员：

表 1-22　矿井瓦斯和二氧化碳涌出量测定基础数据表

矿　　井　　　　　　　　　　年　　月　　日

测点名称	气体名称	旬别	日期	第一班			第二班			第三班			三班平均风排量 /(m³·min⁻¹)	抽放瓦斯量 /(m³·min⁻¹)	涌出总量 /(m³·min⁻¹)	月工作日	月产煤量 /t	说明
				风量 /(m³·min⁻¹)	浓度 /%	涌出量 /(m³·min⁻¹)	风量 /(m³·min⁻¹)	浓度 /%	涌出量 /(m³·min⁻¹)	风量 /(m³·min⁻¹)	浓度 /%	涌出量 /(m³·min⁻¹)						
	瓦斯	上																
		中																
		下																
	二氧化碳	上																
		中																
		下																

技术负责人：　　　　　　　　　　审核：　　　　　　　　　　制表：

表 1-23 矿井瓦斯和二氧化碳测定结果报告表

____局（区县）　　　____矿　　　　　　　　　　　　　　　　____年____月____日

气体名称	鉴定区域	三旬中最大一天的涌出量 /(m³·min⁻¹)			日涌出量 /(m³·min⁻¹)	月实际工作天数/d	月产煤量 /(t·d⁻¹)	相对涌出量 /(m³·min⁻¹)	矿井瓦斯等级	上年度瓦斯等级	上年度最大相对涌出量 /(m³·min⁻¹)	煤层最短自然发火期 /月	煤尘爆炸性结论/%
		风流	抽放	总量									
	1	2	3	4	5	6	7	8	9	10	11	12	13
瓦斯													
二氧化碳													

矿长：　　　　　　　总工程师：　　　　　　　通风区长：　　　　　　　审核：　　　　　　　制表：

表1-24　矿井基本情况表

项目	内容	项目	内容	项目	内容
矿井名称		隶属关系		详细地址	
法人代表		矿井职工数		下井职工数	
井田面积/km²		可采储量/Mt		矿井现状	□生产　□基建
投产日期		设计生产能力/(Mt·a⁻¹)		核定生产能力/(Mt·a⁻¹)	
上年度原煤产量/Mt		本年度计划产量/Mt		可采煤层数	
现开采煤层名称		煤层开采顺序		地质构造复杂程度	
煤层倾角/(°)		主采煤层厚度/m		开拓方式	
井筒数		水平数		现开采水平	
采区数		现开采采区名称		采煤工作面数	
煤巷掘进工作面数		采煤方法		采煤工艺	
顶板管理方法		掘进方式		通风方式、方法	
主要通风机型号、台数		主要通风机电机功率		矿井总进风量/(m³·min⁻¹)	
矿井总回风量/(m³·min⁻¹)		矿井等积孔/m²		突出煤层名称	
地面瓦斯泵型号及台数		抽放泵电机功率/kW		井下移动泵站型号及台数	
抽放管路直径及长度		瓦斯抽放方法		瓦斯抽放泵站负压/kPa	
瓦斯抽放浓度/%		上年度抽放量/Mm³		抽放瓦斯利用率/%	
安全监控系统型号		监控系统生产厂家		监控系统安装时间	
监控系统联网情况		甲烷传感器安装数		瓦斯检查报警仪有效台数	
瓦斯检查员应配人数		瓦斯检查员实配人数		自救器应配台数	
自救器实配台数					
其他需要说明的情况					

填表单位：　　　　　填表单位负责人：　　　　　填表人：　　　　　时间：　　　年　　月　　日

表 1-25　矿井瓦斯、煤尘、火灾事故报告书

_____局（区县）　_____矿　_____井

事故地点			事故时间		年　月　日　时　分
事故区域概况	巷道和采掘工作面布置情况				
	井下供电系统及采区机电设备分布情况				
	矿井和采区通风系统及通风参数等				
	矿井防尘系统、防灭火设施分布情况				
事故经过					
事故造成的损失	人员伤亡	亡	名	封闭采面个数	个	影响生产时间	小时
		伤	名				
	设备及金属支架（柱）损失	设备	台	冻结煤量	千吨	直接经济损失	万元
		金属支架（柱）	架（根）				
事故原因及教训					
灾区有关情况	附事故现场示意图				
今后措施					

填表单位：　　　　　填表单位负责人：　　　　　填表人：　　　　　时间：　　年　月　日

巩固提高

1.名词解释:矿井瓦斯、煤的瓦斯含量、煤层瓦斯压力、瓦斯涌出量、绝对瓦斯涌出量、相对瓦斯涌出量、瓦斯涌出不均衡系数。

2.瓦斯的危害有哪些?

3.瓦斯有哪些基本性质?

4.瓦斯形成的过程经历哪些阶段?

5.瓦斯赋存的状态有哪些?

6.影响瓦斯赋存的因素有哪些?

7.瓦斯流动状态如何判断?

7.煤层瓦斯压力的分布规律有哪些?

8.瓦斯带如何划分?

9.瓦斯压力的测定方法?

10.影响瓦斯含量的因素有哪些?

11.测定煤层瓦斯含量的方法有哪些?

12.如何测定矿井瓦斯涌出量?

13.瓦斯等级鉴定的方法有哪些?

14.瓦斯等级如何划分?

情境 **2**
瓦斯爆炸预防

学习目标

☞ 了解瓦斯爆炸机理;

☞ 能够正确陈述瓦斯爆炸的基本条件与危害;

☞ 能够正确分析井下瓦斯爆炸的影响因素;

☞ 能够提出预防瓦斯爆炸的措施;

☞ 能够采取安全技术措施限制或消除瓦斯爆炸危险;

☞ 能够对瓦斯进行日常管理与检测;

☞ 能够对瓦斯事故进行调查和分析,编写事故调查报告。

任务 2.1 瓦斯爆炸机理

一、瓦斯爆炸事故案例

瓦斯爆炸历来都是煤矿生产中最严重的灾害之一。我国最早的煤矿瓦斯爆炸是 1603 年发生在山西省高平县唐安镇一煤井瓦斯爆炸事故。查阅我国煤矿事故档案,现列出新中国成立后死亡人数超过 100 人的煤矿特别重大事故案例,供大家学习使用。

【案例 1】河南省宜洛煤矿老李沟井特大瓦斯爆炸事故

1950 年 2 月 27 日 8 时 45 分,河南省宜阳县宜洛煤矿老李沟井发生特大瓦斯爆炸事故,死亡 187 人(含在抢险过程中死亡 13 人),伤 39 人。事故原因是矿井主要通风巷道垮塌造成回风受阻,风流紊乱造成瓦斯积聚;工人违章在井下吸烟造成瓦斯爆炸。

【案例 2】内蒙古包头大发煤矿特大瓦斯、煤尘爆炸事故

1954 年 12 月 6 日 9 时 30 分,内蒙古包头大发煤矿由局部瓦斯爆炸引起煤尘爆炸并引起火灾,死亡 104 人,重伤 2 人,直接经济损失 220 万元。事故原因是井下风量严重不足,部分作

业点处于无风状态,瓦斯大量积聚;明火照明引起瓦斯爆炸,进而引起煤尘爆炸和火灾。

【案例3】山西省大同矿务局老白洞煤矿特大煤尘爆炸事故

1960 年 5 月 9 日 13 时 45 分,山西省大同矿务局老白洞煤矿发生一起特别重大煤尘爆炸事故,造成 684 人死亡。事故原因是开采煤层的煤尘爆炸指数为 30%,具有煤尘爆炸危险性;井底煤翻笼附近煤尘大量积存;电机车通过煤翻笼时,由于运行不稳,受电弓与架线接触不良产生强烈电火花;翻笼的防爆开关盖子未盖,翻笼启动时产生强烈电火花引爆煤尘。

【案例4】重庆市松藻矿务局同华煤矿特大煤与瓦斯突出事故

1960 年 5 月 14 日 14 时 55 分,重庆市松藻矿务局同华煤矿在 +352 m 标高石门揭穿 K_3 煤层时发生大型煤与瓦斯突出,突出煤量 1 000 t,堵塞巷道 250 m,全井充满瓦斯,瓦斯和煤层逆风流 900 m 冲出平硐口,造成窒息死亡 125 人,轻伤 16 人的特大伤亡事故。事故原因是矿井开采近距离煤层群,K_3 煤层为严重突出危险煤层,石门揭煤前未采取任何防范措施;矿井开拓与开采布置不合理,存在大量串联通风;通风设施质量低劣。

【案例5】河南省平顶山矿务局龙王庙煤矿特大瓦斯、煤尘爆炸事故

1960 年 11 月 28 日 17 时 55 分,河南省平顶山矿务局龙王庙煤矿(现名五矿)发生瓦斯、煤尘爆炸事故,死亡 187 人,伤 36 人。事故原因是通风管理混乱,通风系统不合理造成瓦斯大量积聚;瓦斯、煤尘管理混乱,爆破前后不检查瓦斯;电气设备管理不严,失爆现象十分普遍。

【案例6】重庆市中梁山矿务局南矿特大瓦斯、煤尘爆炸事故

1960 年 12 月 15 日 12 时 40 分,重庆市中梁山矿务局南矿在 5412 火区密闭启封后 19 个小时,发生特别重大瓦斯、煤尘爆炸事故,死亡 124 人,重伤 1 人,轻伤 49 人,直接经济损失 220 万元。事故原因是在火区尚未熄灭条件下,作出提前启封火区的错误决定;启封火区过程中无安全技术措施,无人统一指挥;因回风巷道堵塞,启封后瓦斯排放缓慢,大量瓦斯滞留在巷道中;事故发生后,矿井主要通风机启动时间拖延,扩大了事故范围。

【案例7】辽宁省抚顺矿务局胜利煤矿特大电气火灾事故

1961 年 3 月 16 日 16 时 58 分,辽宁省抚顺矿务局胜利煤矿发生一起井下电气火灾事故,死亡 110 人,重伤 6 人,轻伤 25 人,直接经济损失 448 万元。事故原因是供电系统管理混乱,导致电气设备部件(电容器)爆炸,引燃木支架和可燃物造成;非电工违章盲目送电;电缆接头和电容器制作质量低劣;机电硐室未设置防火门,无消防器材;通风系统布置不合理。

【案例8】山东省新汶矿务局华丰煤矿特大煤尘爆炸事故

1968 年 10 月 24 日 15 时 03 分,山东省新汶矿务局华丰煤矿 −210 m 水平南石门 15 层西平巷掘进工作面因爆破产生火焰引起煤尘爆炸事故,死亡 108 人。事故原因是矿井安全技术管理混乱;对爆破、煤尘管理不严;救灾组织指挥混乱;缺乏自救与互救知识;救护队在执行救灾任务过程中违章作业。

【案例9】山东省新汶矿务局潘西煤矿特大煤尘爆炸事故

1969 年 4 月 4 日 3 时 15 分,山东省新汶矿务局潘西煤矿 ±0 m 水平二号井东翼三采区因电机车弓子启动火花引起煤尘爆炸事故,死亡 115 人,重伤 1 人,中毒和轻伤 108 人。事故原因是安全制度被废止;生产技术管理混乱;采掘工作面串联通风,风流短路严重;煤尘大量堆积;未采取防尘措施。

【案例10】陕西省铜川矿务局焦坪煤矿前卫斜井特大瓦斯、煤尘爆炸事故

1975 年 5 月 11 日 8 时 11 分,陕西省铜川矿务局焦坪煤矿前卫斜井 101 工作面由于爆破

引起瓦斯、煤尘爆炸事故,死亡 101 人,轻伤 15 人,直接经济损失 48 万元。事故原因是矿井采用局部通风机作为主要通风机使用;生产技术管理混乱;采煤工作面无独立通风系统,采用局部通风机供风,因风流短路而造成瓦斯积聚;井下未采取防尘措施;瓦斯检查员空班漏检;爆破员违章爆破,爆破火焰引爆瓦斯。

【案例 11】江西省丰城矿务局坪湖煤矿特大瓦斯爆炸事故

1977 年 2 月 24 日 9 时 18 分,江西省丰城矿务局坪湖煤矿二水平东一盘区 219 采煤工作面发生特大瓦斯爆炸事故,死亡 114 人(其中救护队 3 人),轻伤 6 人。事故原因是矿井通风系统不健全,未实现分区通风;采区变电所检修,致使采煤工作面下方的掘进工作面瓦斯积聚;未采取安全技术措施,擅自启动局部通风机排放瓦斯;电工带电检修接线盒,产生电火花,引爆瓦斯。

【案例 12】河南省平顶山矿务局五矿特大瓦斯、煤尘爆炸事故

1981 年 12 月 24 日 17 时,河南省平顶山矿务局五矿二水平戊二采区发生特别重大瓦斯煤尘爆炸事故,死亡 133 人,重伤 8 人,轻伤 23 人,直接经济损失 360 万元。事故原因是机电部门修理电缆时,掘进工作面局部通风机停风,造成工作面瓦斯大量积聚;未制定瓦斯排放措施前提下,盲目送电排放巷道积存瓦斯;送电过程中形成电流短路,产生电火花,引起局部瓦斯爆炸,进而造成煤尘爆炸。

【案例 13】山西省洪洞县三交河煤矿特大瓦斯、煤尘爆炸事故

1991 年 4 月 21 日 16 时 05 分,山西省洪洞县三交河煤矿 203 掘进工作面发生特别重大瓦斯爆炸,爆炸冲击波又扬起煤尘,引起全矿煤尘飞扬、爆炸,死亡 147 人,重伤 2 人,轻伤 4 人。事故原因是通风瓦斯管理混乱;采煤方法不合理;通风系统不合理;未采取综合防尘措施,煤尘飞扬严重;电气设备管理混乱,电气失爆产生电火花引爆瓦斯。

【案例 14】山西省大同市新荣区郭家窑乡东村煤矿特大瓦斯、煤尘爆炸事故

1996 年 11 月 27 日 12 时 09 分,山西省大同市新荣区郭家窑乡东村煤矿在巷道通风不良、瓦斯大量积聚的情况下,电工带电检修开关,产生电火花,引起瓦斯煤尘爆炸事故,死亡 114 人。事故原因是通风系统不合理,通风设施不齐;作业地点处于微风或无风状态,造成瓦斯积聚;电工带电检修开关,产生电火花,引爆瓦斯;煤尘管理混乱;瓦斯检查制度不落实。

【案例 15】江西省丰城坪湖煤矿瓦斯爆炸事故

1997 年 2 月 24 日,江西省丰城坪湖煤矿掘进工作面停风 11 h 后,150 m 已掘煤层巷道积聚约 700 m³ 高浓度瓦斯,在未采取排放瓦斯安全技术措施的情况下,擅自启动局部通风机,"一风吹"将瓦斯排出,排出的高浓度瓦斯经由与其串联的运输巷时,由失爆接线盒产生的电火花引爆,造成特别重大瓦斯爆炸事故,死亡 114 人。

【案例 16】贵州省水城矿务局木冲沟煤矿特大瓦斯爆炸事故

2000 年 9 月 27 日 20 时 30 分,贵州省水城矿务局木冲沟煤矿发生特大瓦斯爆炸事故,死亡 162 人,重伤 14 人,轻伤 23 人,事故直接经济损失为 1 227.22 万元。事故直接原因是因停电停风造成掘进工作面瓦斯积聚,在排放瓦斯过程中,由于回风不畅,风流不稳定造成循环风,致使该工作面附近巷道内的瓦斯浓度达到爆炸界限。现场人员违章拆卸矿灯引起火花,点燃瓦斯发生瓦斯爆炸,继而煤尘参与爆炸。事故间接原因是采区生产布局不合理;企业轻视安全工作;违章作业现象严重;"一通三防"管理混乱;规章制度不健全、不落实;企业对职工缺乏必要的培训和教育,职工安全意识淡薄、素质低;安全管理松懈,监督不力。

【案例 17】河南省郑州煤业集团公司太平煤矿特大煤与瓦斯突出事故

2004 年 10 月 20 日 22 时 09 分,河南省郑州煤业集团公司太平煤矿发生煤与瓦斯突出事故,突出瓦斯量 25 万 m³,突出煤、岩量 1 894 t;突出的瓦斯逆流进入运输大巷风流中,造成运输大巷瓦斯浓度达到爆炸界限,22 时 40 分由架线式电机车产生的电火花引起特别重大瓦斯爆炸事故,死亡 148 人,重伤 5 人,轻伤 30 人,直接经济 3 935.7 万元。

【案例 18】陕西省铜川矿务局陈家山煤矿特大瓦斯爆炸事故

2004 年 11 月 28 日 7 时 10 分,陕西省铜川矿务局陈家山煤矿 415 采煤工作面在下隅角靠近采空区侧进行强制放顶时,违章爆破产生明火引爆瓦斯,导致特别重大瓦斯爆炸事故发生,死亡 166 人,45 人受伤,直接经济损失 4 165.9 万元。

【案例 19】辽宁省阜新矿业有限责任公司孙家湾煤矿海州立井特大瓦斯爆炸事故

2005 年 2 月 14 日 15 时 01 分,辽宁省阜新矿业(集团)有限责任公司孙家湾煤矿海州立井发生一起特别重大瓦斯爆炸事故,造成 214 人死亡,30 人受伤,直接经济损失 4 968.9 万元。事故直接原因是冲击地压造成大量瓦斯异常涌出,掘进工作面局部停风造成瓦斯积聚,瓦斯浓度达到爆炸界限;工人违章带电检修照明信号综合保护装置,产生电火花引起瓦斯爆炸。事故的主要原因是改扩建工程及矿井生产技术管理混乱;"一通三防"、机电管理混乱;劳动组织管理混乱,缺乏统一、有效的安全管理制度;安全管理混乱;重生产、轻安全,片面追求经济效益,忽视安全生产管理。

【案例 20】黑龙江龙煤集团公司七台河分公司东风煤矿特大煤尘爆炸事故

2005 年 11 月 27 日 21 时 22 分,黑龙江龙煤集团公司七台河分公司东风煤矿发生一起特别重大煤尘爆炸事故,造成 171 人死亡,48 人受伤,直接经济损失 4 293 万元。事故直接原因是违规爆破处理主煤仓堵塞,导致煤仓给煤机垮落、煤仓内的煤炭突然倾出,带出大量煤尘并造成巷道内的积尘飞扬达到爆炸界限,爆破火焰引起煤尘爆炸。事故的主要原因是东风煤矿长期违规作业,特殊工种作业人员无证上岗现象严重,超能力生产;七台河分公司对东风煤矿超能力生产未采取有效解决措施,对事故隐患整改情况不跟踪落实;主管部门对东风煤矿长期存在的重大事故隐患失察,未能全面履行煤矿安全生产监督管理职责,未彻底排查重大事故隐患的行为督促整改不力。

【案例 21】河北省唐山市恒源实业有限公司特大瓦斯煤尘爆炸事故

2005 年 12 月 7 日,河北省唐山市恒源实业有限公司(原刘官屯煤矿)发生特别重大瓦斯煤尘爆炸事故,死亡 108 人,受伤 29 人,直接经济损失 4 870.67 万元。事故直接原因是工作面切眼遇到断层,煤层垮落,引起瓦斯涌出量突然增加;总回风巷风门打开,风流短路,造成切眼瓦斯积聚;用绞车回柱作业时,产生摩擦火花引爆瓦斯,煤尘参与爆炸。事故的主要原因是无视国家法律法规,拒不执行停工指令,管理混乱,违规建设、非法生产;"一通三防"管理混乱,造成重大安全生产隐患;劳动组织管理混乱,违法承包作业;有关职能部门履行职责不到位。

【案例 22】广东省兴宁市大兴煤矿发生特大水灾事故

2005 年 8 月 7 日 13 时 13 分,广东省兴宁市大兴煤矿发生特大水灾事故,造成 121 人死亡,直接经济损失 4 725 万元。

【案例 23】山东新汶矿业集团华源有限公司特大水灾事故

2007 年 8 月 16 日至 17 日,山东省新泰地区两天集中降雨达 205 mm,引发山洪暴发,加之上游东周、金斗、重兴庄 3 个水库爆满溢洪,导致东都河床冲垮,洪水进入西都沙坑后溃入新汶矿业集团华源有限公司井下。2007 年 8 月 17 日 14 时 30 分洪水通过煤矿用于井下水砂充填的废弃砂井,以 50 m³/s 的流量溃入新汶矿业集团华源有限公司矿井下,井下 4 个生产水平全部被淹,井下所有排水泵全部被淹,失去排水能力,井下作业人员 172 人全部遇难。这是一起由严重自然灾害引发的事故灾难,主要原因是突降暴雨、山洪暴发、河水猛涨、河岸决口、洪水淹井。

【案例 24】山西省洪洞县瑞之源煤业有限公司特大瓦斯爆炸事故

2007 年 12 月 5 日 23 时 15 分,山西省洪洞县瑞之源煤业有限公司井下发生一起特别重大瓦斯爆炸事故,事故发生后该矿盲目组织施救,造成 105 人死亡,18 人受伤。

【案例 25】黑龙江省龙煤集团公司鹤岗分公司新兴煤矿特大瓦斯爆炸事故

2009 年 11 月 21 日 2 时 30 分,黑龙江省龙煤集团公司鹤岗分公司新兴煤矿发生一起特别重大瓦斯爆炸事故,造成 108 人死亡。经初步分析,这起事故的主要原因是井下施工的三水平探煤巷发生煤与瓦斯突出,引起风流逆向,突出的大量瓦斯进入二水平进风系统,遇火发生瓦斯爆炸,波及全矿井。据国务院安全生产委员会通报称,事故暴露出企业采掘布置不合理,井下现场管理和劳动组织混乱,超强度组织生产,通风系统复杂,抗灾能力弱,应急预案不完善等问题,反映出企业安全生产责任不落实,隐患排查不认真、不彻底,是一起责任事故。

二、瓦斯爆炸的过程

瓦斯爆炸是一定浓度的甲烷和空气中氧气在高温热源的作用下发生的一种复杂的激烈氧化反应结果。其最终的化学反应式为

$$CH_4 + 2O_2 = CO_2 + 2H_2O + 882.6 \text{ kJ/mol}$$

当空气中的氧气不足或反应进行不完全时的最终反应式为

$$CH_4 + O_2 = CO + H_2 + H_2O$$

矿井瓦斯爆炸是一种热-链式反应,也称链锁反应。当爆炸混合物吸收引火源给予的一定的热能后,反应分子链断裂,离解成两个或两个以上的游离基。这类游离基具有很大的化学活性,成为反应连续进行的活化中心。在适合的条件下,每一个游离基又可以进一步分解,再产生两个或两个以上的游离基。这样循环不已,游离基越来越多,化学反应速度也越来越快,最后则发展为燃烧或爆炸式的氧化反应。根据爆炸的传播速度,可燃混合气体的燃烧爆炸可分为速燃、爆燃和爆轰 3 种状态。

1. 速燃

火焰传播速度在 10 m/s 以内,冲击波压力在 15 kPa 以内,可以使人烧伤,引起火灾。

2. 爆燃

爆燃时的火焰传播速度在音速以内,一般为每秒几米至每秒几百米;冲击波压力高于 15 kPa,完全可以使人烧伤和引起火灾。发生在煤矿井下的瓦斯爆炸属于强烈爆燃,具体的爆炸强度与瓦斯积聚数量、点燃源的强度及爆炸发展过程中的巷道状况等因素有关。

3. 爆轰

爆轰时的火焰传播速度超过音速,可达每秒数千米;冲击波压力达数兆帕。根据爆轰波理论,爆轰波由一个以超音速传播的冲击波和冲击波后被压缩、加热气体构成的燃烧波组成。冲击波过后,紧随其后的燃烧波发生剧烈的化学反应,随着反应的进行,温度升高、密度和压力降低。根据表 2-1 爆轰与爆燃的有关指标,可见爆轰比爆燃要猛烈得多。对井下人员和设施具有强烈的杀伤能力和摧毁作用。

表 2-1 可燃可爆气体爆燃与爆炸间的定性判断

项 目	数值范围		备 注
	爆 轰	爆 燃	
U_b/C_0	5 ~ 10	0.000 1 ~ 0.03	C_0 是未燃混合气体中的音速,U 是燃烧速度,P 是压力,T 是绝对温度,ρ 是密度。下标 b 表示燃烧后状态,0 表示初始状态
U_b/C_0	0.4 ~ 0.7	4 ~ 6	
P_b/P_0	13 ~ 55	0.976 ~ 0.98	
T_b/T_0	8 ~ 21	4 ~ 16	
ρ_b/ρ_0	1.4 ~ 2.6	0.06 ~ 0.25	

爆轰波依靠其后燃烧反应区的支持,可传播到可爆混合气体占据的全部空间,当混合气体中瓦斯等可燃气体含量减少时,爆轰波能量会逐渐衰减。由于巷道的转弯、壁面阻力等方面的影响,前导冲击波的能量会逐渐衰减。爆炸发生时,爆源附近的气体向外冲出,而燃烧反应生成的水蒸气凝结成水,使该区域空气的体积缩小形成一个负压区。这样,爆炸冲击波在向前传导的同时,以生成反向冲击波冲回爆源,特别是当冲击波遇到巷道转弯时,反射回来的冲击波具有更高的能量。这种反向冲击波作用于已遭到破坏的巷道,往往造成更严重的后果。

煤矿井下的瓦斯爆炸,可以认为处于爆炸极限内的瓦斯空气混合气体首先在点火源处被引燃。该火焰峰面向未燃的混合气体中传播,传播的速度称为燃烧速度。瓦斯燃烧产生的热能使燃烧峰面前方的气体受到压缩,产生一个超前于燃烧峰面的压缩波,压缩波作用于未燃气体使其温度升高,从而使火焰的传播速度进一步增大,这样就产生压力更高的压缩波,从而获得更高的火焰传播速度。层层产生的压缩波相互叠加,形成具有强烈破坏作用的冲击波,这就是爆炸。沿巷道传播的冲击波和跟随其后的燃烧波受到巷道壁面的阻力和散热作用的影响,冲击波的强度和火焰温度都会衰减,而供给能量的瓦斯一般不可能大范围积聚。因此,当波面传播出瓦斯积聚区域后,爆炸强度就逐渐减弱,直至恢复正常。若存在大范围的瓦斯积聚和良好的爆炸波传播条件,则燃烧峰面的不断加速将使得前驱冲击波的压力越来越高,并最终形成依靠本身高压产生的压缩温度就能点燃瓦斯的冲击波,这种状况就是爆轰。

三、瓦斯爆炸的效应

矿井瓦斯在高温火源引发下的激烈氧化反应形成爆炸过程中,如果氧化反应极为剧烈,膨胀的高温气体难于散失时,将会产生极大的爆炸动力效应危害。

1. 爆炸产生高温高压

瓦斯爆炸时反应速度极快,瞬间释放出大量的热量,使气体温度和压力骤然升高。实验表明,爆炸性混合气体中的瓦斯浓度为 9.5% 时,在密闭条件下爆炸气体温度可达 2 150 ~ 2 650 ℃,相对应的压力可达 1.02 MPa;在自由扩散条件爆炸气体温度可达 1 850 ℃,相对应的压力可达 0.74 MPa,其爆炸压力平均值为 0.9 MPa。煤矿井下处于封闭和自由扩散之间,因此,瓦斯爆炸时的温度高于 1 850 ℃,相对应的压力高于 0.74 MPa。

2. 爆炸产生高压冲击和火焰峰面

瓦斯爆炸时产生的高压高温气体以每秒几百米甚至数千米的速度向外运动传播,形成高压冲击波。瓦斯爆炸产生的高压冲击作用可分为直接冲击和反向冲击两种。

（1）直接冲击

瓦斯爆炸产生的高温及气浪，使爆源附近的气体以极高的速度向外冲击，造成井下人员伤亡，摧毁井巷工程、电气设备和通风安全设施，扬起大量的煤尘参与爆炸，使灾害事故扩大。

（2）反向冲击

瓦斯爆炸后由于附近爆源气体以极高的速度向外冲击，爆炸生成的一些水蒸气随着温度的下降很快凝结成水，在爆源附近形成空气稀薄的负压区，致使周围被冲击的气体将又高速返回爆源地点，形成反向冲击，其破坏性更为严重。如果冲回气流中有足够的瓦斯和氧气时，遇到尚未熄灭的爆炸火源，将会引起二次爆炸，造成更大的灾害破坏，加剧事故损失。

伴随高压冲击波产生的另一危害是火焰峰面，火焰峰面是瓦斯爆炸时沿巷道运动的化学反应区和高温气体总称。其传播速度可在宽阔的范围内变化，从正常的燃烧速度 1 ~ 2.5 m/s 到爆轰波传播速度 2 500 m/s，火焰峰面温度可高达 2 150 ~ 2 650 ℃。火焰峰面所经过的地方，可以造成人体大面积皮肤烧伤或呼吸器官及食道、胃等黏膜烧伤。可烧坏井下的电气设备、电缆，并可能引燃井巷中的可燃物，产生新的火源。

3. 产生有毒有害气体

根据一些矿井瓦斯爆炸后的气体成分分析，氧气浓度为 6% ~ 10%，氮气为 82% ~ 88%，二氧化碳 4% ~ 8%，一氧化碳 2% ~ 4%。如果有煤尘参与爆炸时，一氧化碳的生成量将更大，往往是造成人员大量伤亡的主要原因。

四、瓦斯爆炸的充要条件

瓦斯爆炸必须同时具备的 3 个条件：瓦斯浓度为 5% ~ 16%；瓦斯-空气混合气体中的氧气浓度大于 12%；温度达到 650 ~ 750 ℃ 的引爆火源存在时间大于瓦斯的引火感应期。

1. 瓦斯浓度

瓦斯爆炸发生的浓度界限是指瓦斯与空气的混合气体中瓦斯的体积浓度。实验证明，瓦斯浓度低于 5%，遇火只燃烧而不能发生爆炸；瓦斯浓度在 5% ~ 16% 时，混合气体具有爆炸性；混合气体大于 16% 时，将失去爆炸和燃烧爆炸性，但当供给新鲜空气时，混合气体可以在与新鲜空气接触面上燃烧。由此表明，瓦斯只能在一定的浓度范围内具有爆炸性，即下限浓度为 5% ~ 6%，上限浓度为 14% ~ 16%。理论上当瓦斯浓度达到 9.5% 时，混合气体中的氧气与瓦斯完全反应，放出的热量最多，爆炸的强度最大。当爆炸浓度低于 9.5% 时，其中一部分氧气没有参与爆炸，使爆炸威力减弱；瓦斯浓度高于 9.5% 时，混合气体中的瓦斯过剩而空气中的氧气不足，爆炸威力也会减弱。但在实际矿井生产中，由于混入了其他可燃气体或人为加入了过量的惰性气体，瓦斯爆炸的界限则要发生变化，这种变化通常是不能忽略的。

煤矿井下采掘生产过程中涌出的瓦斯会被流过工作面的风流稀释、带走。当工作面风量不足或停止供风时，以瓦斯涌出地点为中心，瓦斯浓度将迅速升高，形成局部瓦斯积聚。例如，断面积为 8 m² 的煤巷掘进工作面，绝对瓦斯涌出量为 1 m³/min，正常通风时期供风量为 200 m³/min，回风流瓦斯浓度为 0.5%。假设工作面新揭露断面及距该断面 10 m 范围内的煤壁涌出的瓦斯占掘进工作面总瓦斯涌出量的 50%，如果工作面停止供风，只需要 8 min 距该断面 10 m 范围内平均瓦斯浓度达到爆炸下限 5%。若工作面空间瓦斯分布的不均匀，在局部区域达到瓦斯爆炸限的时间将更短。由此可知，在井下停风时，很容易形成瓦斯爆炸的第一个基本条件。因此，《煤矿安全规程》第 138 条规定：采掘工作面及其他巷道内，体积大于 0.5 m³ 的空间内瓦斯浓度达到

2%时,就构成局部瓦斯积聚,必须停止工作,撤出人员,切断电源,并进行处理。

2. 氧气的浓度

瓦斯-空气混合气体中氧气的浓度必须大于12%,否则爆炸反应不能持续。煤矿井下的封闭区域、采空区内及其他裂隙等处由于氧气消耗或没有供氧条件,可能会出现氧气浓度低于12%的情况,其他巷道、工作场所等不存在氧气浓度低于12%的条件,因为在这种条件下人员在短时间内就会窒息而死亡。

进入井下的新鲜空气中氧气浓度为21%,由于瓦斯、二氧化碳等其他气体的混入和井下煤炭、设备、有机物的氧化、人员呼吸消耗,风流中的氧含量会逐渐下降,但到达工作地点的风流中的氧含量一般都在20%以上。因此,煤矿井下混合气体中瓦斯浓度增高到10%形成瓦斯积聚时,混合气体中氧浓度才下降到18%;只有当瓦斯浓度升高到40%以上时,其氧浓度才能下降到12%。由此可知,在矿井瓦斯积聚的地点,往往都具备氧浓度大于12%的第2个爆炸条件。在恢复工作面通风、排放瓦斯的过程中,高浓度的瓦斯与新鲜风流混合后得到稀释,氧浓度迅速恢复并超过12%。这时,如果不能很好地控制排放量,则这种混合气流的瓦斯浓度很容易达到爆炸范围。因此,排放瓦斯必须制定专门的安全技术措施。

3. 高温火源

正常大气条件下,火源能够引燃瓦斯爆炸的温度不低于650~750℃、最小点燃能量为0.28 mJ和持续时间大于爆炸感应期。煤矿井下的明火、煤炭自燃、电弧、电火花、赤热的金属表面和撞击或摩擦火花都能点燃瓦斯。

(1)明火火焰

这类点火源的特点是伴随有燃烧化学反应,如明火、井下焊接产生的火焰、爆破火焰、煤炭自燃产生的明火、电气设备失爆产生的火焰、油火等。

(2)炽热表面和炽热气体

炽热的表面,如电炉、白炽灯、过流引起的线路灼热、传送带打滑、机械摩擦引起的金属表面炽热等会引起瓦斯爆炸。白炽灯中钨丝的工作温度高达2 000℃,在该温度下钨丝暴露于空气中就会发生激烈的氧化反应,立刻会点燃瓦斯。因此,煤矿井下使用专用的照明灯具,以防止灯泡破裂时引燃瓦斯。炽热的废气或火灾产生的高温烟流也会引起瓦斯爆炸,这主要是由于它们与瓦斯相遇时发生氧化、燃烧等化学反应所致。瓦斯的引燃温度在650℃,机械、电气设备等的表面温度持续升高或防爆电气设备内部发生失爆时都可能达到这一温度,保持机械设备地点的供风可大大降低其表面温度。

(3)机械摩擦及撞击火花

矿用设备在使用过程中的摩擦和撞击所产生的火花可引燃瓦斯。例如,倾斜井巷跑车时车辆和轨道的摩擦、金属器件之间的撞击、金属器件与岩石的碰撞、矿用机械的割齿同巷道坚固岩石的摩擦、巷道塌落时坚硬岩石之间的碰撞等都能产生足以引燃瓦斯的火花。

(4)电火花

电火花主要包括电弧放电、电气火花和静电产生的火花。瓦斯爆炸的最小点燃能量是0.28 mJ,该值就是使用电容放电产生火花的方法测定的。在瓦斯爆炸的事故案例中,井下输电线路的短路、电气设备失爆、接头不符合要求及带电检修等都是造成瓦斯爆炸的主要原因。《煤矿安全规程》规定,入井人员严禁穿化纤衣服,就是为了防止静电火花。对井下容易形成瓦斯积聚的工作场所,应特别加强电气设备的管理和瓦斯的监测,以防止电火源的出现。地面闪电通过矿用管路传输到井下也可能引燃瓦斯。此外,井下测量的激光,因其光束窄、能量集中,也具有点燃瓦斯的能力。在使用时,不仅应保证其外壳和电路的安全性,而且还应该保证其激光辐射的安全性。

由此可知,采取特殊的安全防爆技术措施后,可避免火源不能满足点燃瓦斯的点火条件。例如,井下安全爆破时产生的火焰,温度高达 2 000 ℃,但持续的时间很短,小于爆炸感应期,因此,不会引起瓦斯爆炸。

五、影响瓦斯爆炸发生的因素

煤矿井下复杂的环境条件对瓦斯爆炸有重要影响,主要表现在不同环境条件和各种点燃源对爆炸性混合气体爆炸界限的影响。随着其他可燃可爆性物质的混入、惰性物质的混入,环境温度、压力、氧气浓度及点火源能量等因素的变化,将会引起矿井瓦斯爆炸界限的变化。忽视这些影响因素,将会造成难以预料的瓦斯爆炸灾害事故;而主动利用这些影响因素,则可以为矿井防治瓦斯灾害和救灾提供安全保证。

1. 可燃可爆性物质的影响

(1)可燃可爆性气体的掺入

矿井瓦斯-空气混合气体中掺入其他可燃可爆性气体时,不仅增加了爆炸性气体的总浓度,而且又使瓦斯爆炸下限降低,爆炸上限升高,增加其爆炸危险性。多种可燃可爆性气体混合物的爆炸界限可按下式计算:

$$C = \frac{100}{\dfrac{C_1}{N_1} + \dfrac{C_2}{N_2} + \dfrac{C_3}{N_3} + \cdots + \dfrac{C_n}{N_n}} \times 100\% \qquad (2\text{-}1)$$

式中　N——混合气体的爆炸上限或下限,%;

$C_1,C_2,\cdots,C_n$——各种可燃可爆性气体所占混合气体总体积的百分比,%;

$N_1,N_2,\cdots,N_n$——各种可燃可爆性气体的爆炸上限或下限,%。

煤矿中常见气体的爆炸界限见表 2-2。

表 2-2　煤矿中常见气体的爆炸界限

气体名称	化学分子式	爆炸下限/%	爆炸上限/%
甲烷	CH_4	5.00	16.00
乙烷	C_2H_6	3.22	12.45
丙烷	C_3H_6	2.40	9.50
丁烷	C_4H_{10}	1.90	8.50
戊烷	C_3H_{12}	1.40	7.80
乙烯	C_2H_4	2.75	28.60
一氧化碳	CO	12.50	75.00
氢气	H_2	4.00	74.20
硫化氢	H_2S	4.32	45.50

例 2-1　某矿井封闭区域内可燃气体的组成和浓度分别为 CH_4 4.5%,CO 1.5%,C_2H_6

0.1%，$H_2 0.05\%$。

由已知可知，混合气体的总浓度为6.15%，根据式(2-1)可得，混合气体的爆炸下限浓度为5.76%，爆炸上限浓度为20.14%。

(2)可爆性煤尘的混入

具有爆炸危险性的煤尘飘浮在瓦斯混合气体中时，不仅增强爆炸的猛烈程度，还可降低瓦斯的爆炸下限，这主要是因为在 $300\sim400$ ℃时，煤尘会干馏出可燃气体。实验表明，瓦斯混合气体中煤尘浓度达 $68\ \text{g/m}^3$ 时，瓦斯的爆炸下限降低到 2.5%；瓦斯混合气体中煤尘浓度由 5 g/m^3 增加到 $40\ \text{g/m}^3$ 时，瓦斯的爆炸下限将由 4% 下降到 0.5%。

2. 惰性气体和氧浓度的影响

(1)惰性气体的混入

实验表明，瓦斯-空气混合气体中混入惰性气体可以升高瓦斯爆炸的下限、降低上限，减小爆炸区间的范围，又可以降低氧的浓度，并阻碍爆炸活化中心的形成。例如，瓦斯混合气体中加入 $36\% N_2$ 或 25.5% 的 CO_2，可使瓦斯-空气混合气体丧失爆炸危险性。煤矿井下空气中惰性气体浓度的升高，主要来源于空气中氧气浓度的降低，使惰性气体浓度相对升高；人为在矿井火区或防爆区域内的空气中加入惰性气体，使燃烧减弱或使瓦斯混合气体失去爆炸性。常使用的惰气主要是 N_2 和 CO_2，其具有捕捉燃烧反应活化基的作用，从而抑制爆炸物链式反应的进行，降低矿井瓦斯爆炸的危险性。

(2)氧浓度的变化

正常大气压力和常温条件下，根据瓦斯混合气体的爆炸界限与氧浓度关系，可以构成柯瓦德爆炸三角形，如图2-1所示。图中的 3 个顶点 B,C,E 分别表示瓦斯爆炸下限、上限和爆炸临界点时混合气体中瓦斯和氧气的浓度。其中，B 点为爆炸下限，CH_4 浓度为5%，O_2 浓度为19.88%；C 点为爆炸上限，CH_4 浓度为16%，O_2 浓度为17.58%。E 点是爆炸临界点，指空气中掺入过量的惰性气体时，瓦斯爆炸界限的变化。混入的惰性气体不同，E 点的位置也不同，如混入 CO_2 时，瓦斯爆炸临界点的 CH_4 浓度为5.96%，O_2 浓度为12.32%。

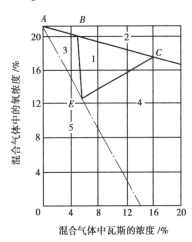

图2-1 瓦斯混合气体爆炸界限与氧浓度的关系

由图2-1可见，B,C,E 构成的瓦斯爆炸三角形与氧浓度始点 A，可将组成瓦斯爆炸三角形的整体分为 5 个区域部分，1 区为瓦斯爆炸危险区，该区内的瓦斯处于爆炸界限，遇到足够能量的点火源就会发生瓦斯爆炸；2 区为不可能存在的混合气体区，因为 ABC 线是混合气体氧浓度的顶线，不可能再向空气中加入过量的氧；3 区为瓦斯浓度不足区，该区内瓦斯的浓度低于爆炸界限，但遇到点火源瓦斯可以燃烧；4 区为瓦斯浓度过高失爆区，处于该区的瓦斯混合气体若有新鲜风量掺入，就会进入爆炸危险区；5 区为贫氧失爆区，由于混合气体中的氧含量不足，使混合气体失爆。实验表明，瓦斯混合气体中氧浓度的降低，不仅能使爆炸范围缩小，而且爆炸冲击的压力也明显减小。

确定爆炸三角形的失爆点顶点 E 时，先由式(2-2)和式(2-3)求出混合气体失爆点浓度 L_{Tn}

和失爆点相应的氧气浓度 L_{TO_2} ,即

$$L_{Tn} = \frac{P_{Tn}}{\dfrac{P_1}{L_1} + \dfrac{P_2}{L_2} + \dfrac{P_3}{L_3} + \cdots + \dfrac{P_n}{L_n}} \qquad (2\text{-}2)$$

$$P_{Tn} = P_1 + P_2 + P_3 + \cdots + P_n$$

式中　L_{Tn} , P_{Tn} ——混合气体的爆炸界限和可燃气体的总浓度,%;

　　　$L_1, L_2, \cdots, L_n$ ——各可燃气体组分的爆炸界限,%;

　　　$P_1, P_2, \cdots, P_n$ ——各可燃气体组分的百分比,%。

$$L_{TO_2} = 0.2093 \times (100 - N_{ex} - L_{Tn}) \qquad \% \qquad (2\text{-}3)$$

式中　L_{Tn} ——混合气体失爆点浓度对应的可燃气体百分比,%;

　　　N_{ex} ——使混合气体惰化应加入的惰气体积百分比。

$$N_{ex} = \frac{L_{Tn}}{P_{Tn}}(N_1 \times P_1 + N_2 \times P_2 + N_3 \times P_3 + \cdots + N_n \times P_n) \qquad \% \qquad (2\text{-}4)$$

式中　N_i ——使单位体积的某种可燃气体惰化所应加入的惰气体积量 $(i = 1, 2 \cdots, n)$,由表2-3中查得;

　　　P_{Tn} ——混合气体中可燃气体总浓度;

　　　P_i ——混合气体中第 $i(i = 1, 2, \cdots, n)$ 种可燃气体浓度。

表2-3　可爆性气体 H_2 , CH_4 , CO 失爆所需的惰气量

可燃气体	加入的惰气	惰气/可燃气体 (体积比率)	失爆点处的气体浓度(体积)/%	
			可燃气体	氧气
H_2	N_2	16.55	4.3	5.1
	CO_2	10.20	5.3	8.4
CH_4	N_2	3.00	6.1	12.1
	CO_2	3.20	7.3	14.6
CO	N_2	4.12	13.9	6.0
	CO_2	2.16	18.6	8.6

选择不同的起始点,惰化单位体积可燃气体所需的惰气体积不变。表2-3给出了使用 N_2 和 CO_2 惰化不同可燃气体的体积比例。在混合气体中除大气正常的氮气与氧气比例之外的富余 N_2 浓度,即是使混合气体达到失爆点时应加入的氮气量。以图2-1中对应的瓦斯爆炸三角形为例,若由 AB 线任一点开始,加入富裕的氮气,将使其混合气体组分点沿直线向原点移动。当该点跨过 AE 线时,混合气体完全失去爆炸性。这时,单位体积的瓦斯浓度相对应的氮气的体积量为定值,这是因为 AB 和 AE 均为直线所致。以 AB 线的任意点开始,如从 AB 线与横坐标的交点开始加入 N_2 ,则混合气体组分点沿横坐标向左移动,从而与惰化线 AE 相交于横坐标上的一点,该点对应的 CH_4 浓度为14.14%。此时,因氧浓度为零,故富裕氮气浓度为 $100\% - 14.14\% = 85.86\%$ 。因此,对于每 1 m^3 甲烷加入 $85.86/14.14 = 6 \text{ m}^3$ 的氮气,可使混合气体刚好惰化。

以下用案例说明计算有惰性气体混入后,混合气体爆炸性的改变。

例2-2 某矿井下气体试样的化验结果为 CH_4 8%,CO 5%,H_2 3%,O_2 6%,N_2 78%,确定其混合气体爆炸三角形失爆点顶点所对应的失爆点浓度 L_{Tn} 和失爆点相应的氧气浓度 L_{TO_2}。

解 混合可燃气体的总浓度为

$$P_T = P_{CH_4} + P_{CO} + P_{H_2} = 8\% + 5\% + 3\% = 16\%$$

由表2-2查得 CH_4 等可燃气体的爆炸上、下限,根据式(2-1)计算求得混合气体爆炸上限浓度为 26.35%,下限浓度为 5.82%。

由表2-3查得各可燃气体失爆点浓度,求得爆炸性混合气体的失爆点浓度为

$$L_{Tn} = \cfrac{16\%}{\cfrac{8}{6.1} + \cfrac{5}{13.9} + \cfrac{3}{4.3}} = 6.75\%$$

由表2-3查得式(2-3)中,N_{ex} 值为

$$N_{ex} = \frac{6.75}{16}(3 \times 8 + 4.12 \times 5 + 16.5 \times 3)\% = 39.7\%$$

由式(2-3)得,混合气体失爆点相应的氧浓度为

$$L_{TO_2} = 0.209\ 3 \times (100 - 39.7 - 6.75)\% = 11.21\%$$

因此,混合气体的失爆点坐标为(6.75,11.21),与位于 AB 线上的 L_{TL}(5.82%)和 L_{TU}(23.56%)构成该混合气体组分相对应的爆炸三角形。由于混合气体的可燃气体总浓度 P_T(横坐标)和氧浓度 P_{O_2}(纵坐标)确定的实际组分点(16,6)位于爆炸三角形之外,故该混合气体无爆炸性,原因是混合气体中氧浓度较低。若注入空气,混合气体组分点将向左上方移动,可能进入爆炸三角形内,而使混合气体具有爆炸性。

爆炸三角形法是确定混合气体爆炸性的重要方法之一,但其存在以下一些不足:

①对于不同组分、浓度的混合气体,爆炸三角形是变化的,实际应用时若以人工计算和绘图,则比较费时、费力。但是,计算过程很容易编制成简单的计算机程序,只需输入混合气体的组分,则可立即确定爆炸三角形和混合气体组分点,并以图形显示其爆炸可能性。随着混合气体组分的动态变化,计算机可以给出相应的一系列计算结果和爆炸三角形的变化,帮助人们预测爆炸可能性的变化趋势并及时采取措施。

②该方法只考虑了一种惰化作用,未涉及有不同惰化能力的两种或两种以上惰性气体综合效果,其精确度还有待进一步提高。在实际的救灾和工程应用中,该式的计算结果有一定的参考意义。

爆炸三角形对火区封闭或启封时,以及惰性气体灭火时判断有无瓦斯爆炸危险,有一定的参考意义,煤炭科学研究总院已利用其原理研制出了煤矿气体可爆性测定仪和煤矿瓦斯爆炸预警仪。

煤矿气体可爆性测定仪由检测元件、单片机、键盘、液晶显示器和电池组5个部分组成,可由矿山救护队携带进入灾区,检测作业环境周围气体组分是否存在爆炸危险,仪器可显示大气中的 CH_4,O_2,CO,CO_2 的浓度,仪器质量仅为 1.2 kg。

煤矿瓦斯爆炸预警仪由检测元件、单片机、键盘、液晶显示器和电池组5个部分组成,能同时检测 CH_4,O_2,CO,CO_2 的浓度,能根据 CH_4,O_2 浓度的相互关系,在显示器上绘出爆炸三角形,对爆炸危险性给出报警。其整机原理图如图2-2所示。

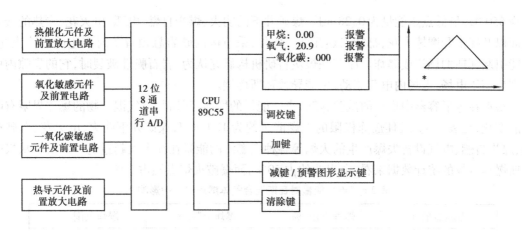

图 2-2　瓦斯爆炸预警仪整机原理图

3. 混合气体初温度、压力的影响

（1）环境初始温度

温度是热能的体现,温度越高表明具有的能量大。实验证明,瓦斯混合气体热化反应与环境初始温度有很大的关系,环境初始温度越高,瓦斯混合气体热化反应越快,爆炸上限升高,爆炸下限下降,详见表 2-4。

表 2-4　瓦斯爆炸界限与初温度的关系

初始温度/℃	20	100	200	300	400	500	600	700
爆炸下限/%	6.00	5.45	5.05	4.40	4.00	3.65	3.35	3.25
爆炸上限/%	13.40	13.50	13.85	14.25	14.70	15.35	16.40	18.75

（2）环境初始气压

实验表明,瓦斯爆炸界限的变化与环境初始压力有关。环境初始压力升高时,爆炸下限变化很小,而爆炸上限则大幅度增高,如表 2-5 所示。

表 2-5　瓦斯爆炸界限与初温度的关系

初始压力/kPa	101.3	1 013	5 065	12 662.5
爆炸下限/%	5.6	5.9	5.4	5.7
爆炸上限/%	14.3	17.2	29.4	45.7

井下环境空气压力发生显著变化的情况很少。但在矿井火灾、爆炸冲击波或大面积冒顶等其他原因引起的冲击波峰作用范围内,环境气压会显著地增高,点火源向邻近气体层传输的能量增大,燃烧反应可自发进行的浓度范围增宽,使正常条件下未达到爆炸浓度界限的瓦斯发生爆炸。

4. 点燃温度和能量、引火延迟性的影响

（1）瓦斯的最低点燃温度和最小点燃能量

瓦斯的最低点燃温度和最小点燃能量决定于空气中的瓦斯浓度,初压和火源的能量及其放出强度和作用时间。瓦斯与空气混合气体的最低点燃温度绝热压缩时为 565 ℃,其他情况

时为 650 ℃，最低点燃能量为 0.28 mJ。煤矿井下的明火、煤炭自燃、电弧、电火花、赤热的金属表面以及撞击和摩擦火花，都能点燃瓦斯。此外，采空区内砂岩悬顶冒落时产生的碰撞火花，也能引起瓦斯的燃烧或爆炸。原苏联煤炭科研机构研究认为，岩石脆性破裂时，它的裂隙内可以产生高压电场，电场内电荷流动，也能导致瓦斯燃烧。

根据在球形容器中进行的试验，随着点燃能量的增加，瓦斯与空气混合物的爆炸界限有明显的变化，见表 2-6。最佳爆炸极限的点燃能量约为 10 000 J，煤矿井下明火、电火花、爆破火焰、煤炭自燃、电气设备失爆产生的火焰等各种点燃源的能量往往大大超过这一数值。从煤矿瓦斯爆炸事故的统计数据来看，电火花约占 50%，而爆破火焰点燃占 30%。

表 2-6 点火能量对瓦斯混合气体爆炸界限的影响

点燃能量/J	爆炸下限/%	爆炸上限/%	爆炸范围/%
1	4.9	13.5	8.9
10	4.6	14.2	9.6
100	4.25	15.1	10.8
10 000	3.6	17.5	13.9

（2）瓦斯引火的迟延性

瓦斯与高温热源接触后，不是立即燃烧或爆炸，而是要经过一个很短的间隔时间，这种现象称为引火延迟性，间隔的这段时间称感应期。感应期的长短与瓦斯的浓度、火源温度和火源性质有关，而且瓦斯燃烧的感应期总是小于爆炸的感应期。由表 2-7 可知，火源温度升高，感应期迅速下降；瓦斯浓度增加，感应期略有增加。

表 2-7 瓦斯爆炸的感应期

瓦斯浓度/%	火源温度/℃						
	755	825	875	925	975	1 075	1 175
	感应期/s						
6	1.08	0.58	0.35	0.20	0.12	0.039	—
7	1.15	0.6	0.36	0.21	0.13	0.041	0.010
8	1.25	0.62	0.37	0.22	0.14	0.042	0.012
9	1.3	0.65	0.39	0.23	0.14	0.044	0.015
10	1.4	0.68	0.41	0.24	0.15	0.049	0.018
12	1.64	0.74	0.44	0.25	0.16	0.055	0.020

瓦斯爆炸的感应期，对煤矿安全生产意义很大。在井下高温热源是不可避免的，关键是将存在时间控制在感应期内。例如，使用安全炸药爆破作业时，其初温能达到 2 000 ℃ 左右，但高温存在时间只有 $10^{-6} \sim 10^{-7}$ s，都小于瓦斯的爆炸感应期，故不会引起瓦斯爆炸。如果炸药质量不合格，炮泥充填不紧或爆破操作不当，就会延长高温存在时间，一旦时间超过感应期，就能发生瓦斯燃烧或爆炸事故。为了安全，井下电气设备必须采用矿用防爆型，将电火花存在的

时间控制为 $10^{-2} \sim 10^{-6}$ s,电弧存在时间为 $10^{-4} \sim 1$ s。

任务 2.2　预防瓦斯爆炸的措施

一、瓦斯爆炸事故原因分析

根据矿井瓦斯爆炸事故原因分析,瓦斯积聚和引爆火源是造成瓦斯爆炸的基本因素;违章作业、违章指挥、违反劳动纪律、安全技术措施不完善、安全技术管理水平不高是造成瓦斯爆炸事故的人为因素;采掘工作面是瓦斯爆炸事故的多发地点。只有掌握矿井瓦斯积聚的规律,采取有针对性地预防措施,才能防止和减少瓦斯爆炸事故的发生。

1. 矿井瓦斯积聚的原因

矿井局部空间的瓦斯浓度达到 2%,其体积超过 0.5 m³ 的现象称为瓦斯积聚。瓦斯积聚是造成瓦斯爆炸事故的根源。如果对井下瓦斯状况不了解、矿井通风系统不合理布置、通风设施的毁坏等,都容易造成瓦斯积聚。

(1)工作面风量不足引起瓦斯积聚

矿井通风是排除瓦斯最主要和最有效的手段。通风系统不合理、供风距离过长、采掘工作面布置过于集中、工作面瓦斯涌出量过大、工作面风量供给不足等情况,都会造成瓦斯积聚。采煤工作面瓦斯积聚通常发生在回风隅角处,需要对该区域实施特别的通风措施,才能保证工作面无瓦斯超限。掘进工作面局部通风质量差、局部通风机通风能力不足、串联通风、局部通风机安设位置不当、供给局部通风机的全风压风量不足、出风口距离工作面距离过大、单台局部通风机向多头供风等往往造成掘进工作面风量不足,容易引起瓦斯积聚。

(2)通风设施质量差、管理不善引起瓦斯积聚

正常生产时期,井下的通风设施绝不允许非专业人员随意改变其工作状态。每一通风设施都有控制和调节风流的目的,改变其工作状态,往往造成风流短路或某些巷道、工作面风量的减小,引起的瓦斯积聚通常难以预料。井下的通风设施应该定期检查其质量,一旦发现损坏,立即进行修理,以保证其控制风流的有效性。

(3)串联通风、不稳定分支等引起的瓦斯积聚

《煤矿安全规程》第 114 条的规定,采、掘工作面应实行独立通风。

同一采区内,同一煤层上下相连的两个同一风路中的采煤工作面、采煤工作面与其相连接的掘进工作面、相邻的两个掘进工作面,布置独立通风有困难时,在制定措施后,可采用串联通风,但串联通风的次数不得超过 1 次。

采区内为构成新区段通风系统的掘进巷道或采煤工作面遇地质构造而重新掘进的巷道,布置独立通风确有困难时,其回风可以串入采煤工作面,但必须制定安全措施,且串联通风的次数不得超过 1 次;构成独立通风系统后,必须立即改为独立通风。

对于本条规定的串联通风,必须在进入被串联工作面的风流中装设瓦斯断电仪,且瓦斯和二氧化碳浓度都不得超过 0.5%,其他有害气体浓度都应符合《煤矿安全规程》第 100 条的规定。

采掘工作面的串联通风必须严格按照《煤矿安全规程》第 114 条的规定加强管理,由于上

工作面的乏风要进入下工作面,因此,必须能够监测进入下工作面的瓦斯,防止瓦斯涌出叠加而超限。不稳定分支会造成井下风流的无计划流动,从而造成难以预测的瓦斯积聚。除总进风、总回风外,采区之间应尽量避免角联分支的出现。这些分支的风流方向受到自然风压及其他分支阻力的影响,可能会发生改变,从而使原来的回风流污染进风,造成瓦斯超限和瓦斯积聚。

(4)局部通风机停止运转造成的瓦斯积聚

生产实践证明,局部通风机停止运转可能使掘进工作面很快达到瓦斯爆炸的界限。因此,严格局部通风机的管理,实行风电闭锁、瓦斯电闭锁等措施,是防止这类事故的根本方法。对事故原因的统计分析,设备检修时随意开停风机,无计划停电、停风,掘进面停工停风,不检查瓦斯就随意开动局部通风机供风等是造成掘进工作面瓦斯积聚和瓦斯爆炸事故的主要原因。通常,局部通风机等设备属机动部门维修管理,而掘进工作面瓦斯监测和局部通风质量属通风部门管理,掘进工作面风筒的日常维护由掘进区队负责,因此,各部门之间的协调配合对管好掘进工作面瓦斯十分重要,应建立相应的管理制度。

(5)恢复通风排放瓦斯时期容易造成瓦斯事故

对封闭的区域或停工一段时间的工作面恢复通风,排放积存在停风区域内的高浓度瓦斯前必须制定专门的排放瓦斯安全技术措施。排放瓦斯过程中,必须严格控制送入盲巷的风量和排出的瓦斯速度,以保证全风压混合风流中的瓦斯浓度不超过1.5%。否则,很容易使排放风流中的瓦斯浓度达到爆炸界限。巷道贯通等风流流动状态改变时,都容易出现这样的问题。

(6)采空区及盲巷中积聚的瓦斯

采空区和盲巷中往往积存有大量高浓度的瓦斯,当大气压发生变化或采空区发生大面积冒顶时,这些区域的瓦斯会突然涌出,造成采掘空间的瓦斯积聚。

(7)瓦斯异常涌出造成的瓦斯积聚

当采掘工作面推进到地质构造异常区域时,有可能发生瓦斯异常涌出,使得正常通风状态下供给的风量不足以稀释涌出的瓦斯,造成瓦斯积聚。煤与瓦斯突出矿井发生突出事故,有瓦斯抽放系统的矿井抽放系统突然故障等情况,都会引起瓦斯涌出的异常。这些特殊时期的瓦斯爆炸防治重点,应着重放在断电、停工、撤人等防止点火源的出现上。

(8)巷道冒落空间的瓦斯积聚

巷道冒落空间由于通风不良容易形成瓦斯积聚,而采区煤仓虽然瓦斯涌出量不大,但也是瓦斯容易积聚的地点。

(9)小煤矿瓦斯积聚的原因

小煤矿的瓦斯积聚原因多种多样,主要是缺乏最基本的通风设施和通风安全技术管理力量薄弱造成的。其主要表现如下:

①矿井未形成独立完整的通风系统。

②未安装主要通风机,依靠自然风压进行通风。

③使用局部通风机代替主要通风机,风机能力不匹配,造成井下风量过小。

④回风井筒兼作提升运输,矿井漏风严重,通风机不能发挥作用。

⑤矿井或掘进工作面停工停风。

⑥井下通风系统混乱,串联通风严重。

⑦掘进工作面无局部通风机或一台局部通风机向多个掘进头通风。

⑧矿井无瓦斯检查人员,无瓦斯检测仪器或瓦斯检测仪器超期使用。

⑨矿井无瓦斯监测系统,瓦斯传感器数量不足或瓦斯传感器超期使用。

⑩矿井无通风安全技术人员,或安全技术管理人员素质低等。

2. 点火源的出现

在瓦斯积聚并达到爆炸界限的区域,有点火源出现时才能引起瓦斯爆炸事故。在正常生产时期,存在许多足以引燃瓦斯的点火源,如矿车与轨道的摩擦、工作过程中的机械碰撞、采煤机截齿与煤层夹矸的碰撞等。这些点火源的出现有时是难以避免的,其出现也具有随机性。从事故的统计分析可以看到,很多瓦斯爆炸事故的点火源都是违章作业、使用不合格的产品等人为造成的,应该找出这些方面的规律,杜绝类似现象的发生。

(1)井下爆破

爆破是煤矿井下采掘活动中经常遇到的一项工作,爆破工作本身就具有一定的危险性。在煤矿井下进行的爆破作业,因其特殊的环境条件,爆破安全就显得尤为重要。据统计,近年来因井下爆破引起的瓦斯爆炸和燃烧事故呈明显增加的趋势。

井下爆破存在的问题主要有:

①使用不符合安全要求的炸药和雷管;或炸药和雷管已经超过有效期限。

②炮泥质量不合格,充填深度不足,造成爆破火焰存在时间过长。

③炮眼布置不合理,最小抵抗线不足;或放明炮或糊炮。

④爆破网路联接不符合安全要求,产生电火花。

⑤发爆器不合格或使用明电爆破。

⑥未严格执行"一炮三检制""三人连锁爆破制"和"爆破站岗三保险制"。

(2)电火花

因电火花引起的瓦斯爆炸与电气设备的不合格和人员违章操作有关,主要原因有线路接头不符合要求,电气设备失爆,带电检修,违章私自打开矿灯或矿灯失爆,使用非煤矿用的电气设备,等等。

(3)摩擦撞击火花

井下工作中的摩擦和撞击有时难以避免,因此,在瓦斯高浓度的区域,如排放瓦斯的路线上,应该停止所有工作。从事故原因的统计看,该类原因仅次于前两类点火源。

(4)明火点燃

井下使用明火的情况很少,属于严格限制的作业。这类引爆原因多是发生在小煤矿井下的吸烟,这是缺乏最基本的安全常识和安全管理造成的。其他情况有矿井火灾时期封闭火区引起的瓦斯爆炸,或者自然发火引起采空区小规模的瓦斯爆炸等。

二、预防瓦斯爆炸事故的技术措施

预防瓦斯爆炸事故的核心工作是防止瓦斯的积聚和点火源的出现。

1. 防止瓦斯积聚和超限的技术措施

煤矿井下容易发生瓦斯积聚的地点是采掘工作面和通风不良的场所,每一矿井必须从采掘工作、生产管理上采取措施,保持工作场所的通风良好,防止瓦斯积聚。

(1)保证工作面的供风量

所有没有封闭的巷道、采掘工作面和硐室必须保证足够风量和风速,以稀释瓦斯到规定界限以下,消除瓦斯积聚条件。矿井必须保证采掘工作面风路的畅通,每个掘进工作面在开始工作前都应选出合理的进、回风路线,避免形成串联通风。对于瓦斯涌出量大的煤层或采空区,在采用通风方法处理瓦斯不合理时,应采取瓦斯抽放措施。

掘进工作面是煤矿井下最容易出现瓦斯、煤尘爆炸事故的地点,特别是在更换、检修局部通风机或风机停运时,必须加强管理,协调好通风部门和机动部门的工作,以保证工作的顺利进行和恢复通风时的安全。瓦斯喷出区域、高瓦斯矿井、煤(岩)与瓦斯(二氧化碳)突出矿井中,掘进工作面的局部通风机应采用专用变压器、专用开关、专用线路供电;局部通风机必须实现"双风机、双电源"要求,满足运行风机和备用风机自动切换,风机能力匹配;使用局部通风机供风的地点必须实行风电闭锁和瓦斯电闭锁。局部通风机要指派专人管理,严禁非专门人员操作局部通风机和随意开停风机;在停风前,必须先撤出工作面的人员并切断向工作面的供电。在进行工作面机电设备的检修时,严禁带电检修。局部通风筒的出风口距离掘进工作面的距离不大于 10 m、风量不小于 40 m³/min。风筒要吊挂平直,在拐弯处设置弯通,风筒接头应严密、不漏风。局部通风机及启动装置必须安装在新鲜风流中,距回风口的距离不小于 10 m。安设局部通风机的进风巷道所通过的风量要大于局部通风机吸风量的 1.43 倍,以保证局部通风机不会吸入循环风。

采煤工作面应特别注意回风隅角的瓦斯超限的防范,保证工作面所需的供风量。采煤工作面采用全负压通风,合理的通风系统是保证工作面风量充足的基础。整个矿井的生产和通风是相匹配的,为了避免工作面的风量供应不足,首先,应该采掘平衡,不要将整个矿井的生产和掘进都安排在一个采区或集中到矿井的一翼;其次,各采区在开拓工作面时,应先开掘中部车场,避免造成掘进和采煤工作面的串联通风。矿井漏风也是风量不足的主要原因,对于采深较浅的矿井,受小煤矿开采的影响,常造成大量漏风,使得矿井总风量不足。堵漏对提高矿井风量和保障矿井安全都十分重要。

(2)处理采煤工作面回风隅角的瓦斯积聚

正常生产时期,采煤工作面的回风隅角容易积聚瓦斯,及时有效地处理该区域积聚的瓦斯是日常瓦斯管理的重点。采取的方法主要有风障引流、移动泵站采空区抽放、尾巷改变工作面的通风方式,如采用 Y 形通风、Z 形通风等消除回风隅角瓦斯积聚。

①挂风障引流

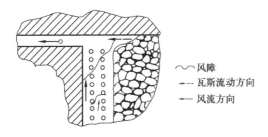

~~~ 风障
--- 瓦斯流动方向
→ 风流方向

该方法是在工作面支柱(架)上悬挂风障或苇席等阻挡风流,改变工作面风流的路线,以增大向回风隅角处的供风。悬挂的方法如图 2-3 所示。该方法的优点是操作简单、快速发挥作用;其缺点是能引流的风量有限,风流不稳定,增加了工作面的通风阻力和向采空区的漏风,对工作面的作业有一定的影响。该方法可以作为一种临时措施

图 2-3 工作面挂风障排放上隅角聚积的瓦斯

在井下采用,对于瓦斯涌出量较大、回风隅角长期超限的工作面,应该采用更为可靠的方法进行处理。

②尾巷排放瓦斯法

尾巷排放瓦斯是利用与工作面回风巷平行的专门瓦斯排放巷道,通过其与采空区相连的

联络巷排放瓦斯的方法。巷道的布置如图 2-4 所示。该方法改变了采空区内风流流动的路线,尾巷专门用于排放瓦斯,不安排任何其他工作,《煤矿安全规程》规定尾巷中瓦斯浓度可以放宽到 2.5%。该方法的优点是充分利用已有的巷道,不需要增加设备,易于实施;其缺点是增加了向采空区的漏风,对于有自然发火的工作面不宜采用。瓦斯尾巷的管理十分重要,必须在采煤工作面瓦斯涌出量大于 $20\ \mathrm{m^3/min}$,经抽放瓦斯(抽放率 25% 以上)和增大风量已达到最高允许风速后,其回风巷风流中瓦斯浓度仍不符合《煤矿安全规程》的规定时,经企业负责人审批后,可采用专用排放瓦斯巷。

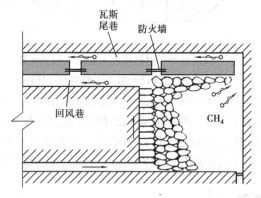

图 2-4　利用尾巷排放上隅角聚积的瓦斯

《煤矿安全规程》第 137 条关于采用专用排放瓦斯巷的规定:

a. 工作面的风流控制必须可靠。

b. 专用排瓦斯巷内不得进行生产作业和设置电气设备。如需进行巷道维修工作,瓦斯浓度必须低于 1.5%。

c. 专用排瓦斯巷内风速不得低于 0.5 m/s。

d. 专用排瓦斯巷内必须用不燃性材料支护,并应有防止产生静电、摩擦和撞击火花的安全措施。

e. 专用排瓦斯巷必须贯穿整个工作面推进长度且不得留有盲巷。

f. 专用排瓦斯巷内必须安设瓦斯传感器,瓦斯传感器应悬挂在距专用排瓦斯巷回风口 15 m 处,当甲烷浓度达到 2.5% 时,能发出报警信号并切断工作面电源,工作面必须停止工作,然后进行处理。

g. 煤层的自燃倾向性为不易自燃。

③风筒导引法

该方法是利用铁风筒和专门的排放管路引排回风隅角积聚的瓦斯。为了增加管路中高瓦斯风流的流量,一般附加其他动力以促使回风隅角处的风流流入风筒中。如图 2-5 所示是利用水力引射器,其他动力还可以是局部通风机、井下压风等。该方法的优点是适应性强,可应用于所有矿井,且排放能力大,安全可靠;其缺点是需要在回风巷道布置管路等设备,影响工作面的正常作业。该方法使用的动力设备必须是防爆的,在排放风流的管路内保证没有点燃瓦斯的可能,且引排风筒内的瓦斯浓度要加以限制,一般小于 3%。

④移动泵站排放法

该方法是利用可移动瓦斯抽放泵通过埋设在采空区一定距离内的管路抽放瓦斯,从而减

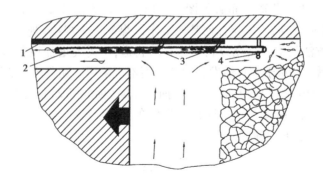

图 2-5 利用水力引射器排放上隅角聚积的瓦斯

1—水管;2—导风筒;3—水力引射器;4—风障

小回风隅角处的瓦斯涌出,如图 2-6 所示。该方法的实质也是改变采空区内风流流动的线路,使高浓度的瓦斯通过抽放管路排出。同风筒导风法相比,该方法使用的管路直径较小,抽放泵不布置在回风巷道中,因此,对工作面的工作影响较小。该方法具有稳定可靠、排放量大、适应性强的优点,目前得到了较广泛的应用。但对于有自燃倾向性的煤层不宜采用。

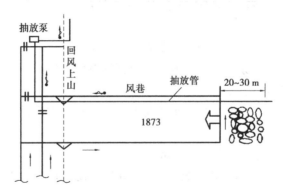

图 2-6 移动抽放泵站排放采空区瓦斯

⑤液压局部通风机吹散法

该方法在工作面安设小型液压通风机和柔性风筒,向上隅角供风,吹散上隅角处积聚的瓦斯。该方法克服了原压入式局部通风机处理上隅角瓦斯需要铺设较长风筒,而采用抽出式局部通风机抽放上隅角瓦斯时瓦斯浓度不得大于 3% 的弊病,是一种较为安全可靠的处理工作面上隅角瓦斯积聚的方法。图 2-7 为河南平顶山煤业集团公司研制的一套应用小型液压通风机自动排放上隅角瓦斯的装置。

(3)掘进工作面局部瓦斯积聚的处理

掘进工作面的供风量一般都比较小,因此,出现瓦斯局部积聚的可能性较大,应该特别注意防范,加强瓦斯检测工作。对于瓦斯涌出大的掘进工作面尽量使用双巷掘进,每隔一定距离开掘联络巷,构成全负压通风,以保证工作面的供风量。盲巷部分要安设局部通风机供风,使掘进排除的瓦斯直接流入回风道中。掘进工作面或巷道中的瓦斯积聚,通常出现在一些冒落空洞或裂隙发育、涌出速率较大的地点。对于这些地点积聚的瓦斯可以使用下列方法处理:

①充填空洞法

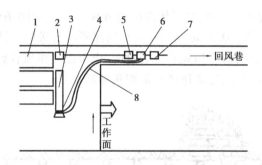

图2-7　小型液压局部通风机排放上隅角聚积的瓦斯

1—工作面液压支架;2—瓦斯传感器;3—柔性风筒;4—小型液压通风机;
5—中心控制处理器;6—液压泵站;7—磁力启动器;8—油管

充填空洞法是先在冒高处的支架上方铺设木板或荆(竹)笆,再将黄土等惰性物质充填到冒落的空洞内,以消除瓦斯积聚的空间,免于瓦斯积聚;同时对有自燃倾向性的煤层起到预防冒顶浮煤自燃的作用,如图2-8所示。充填空洞法一般用于冒高不大的条件下。

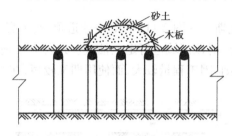

图2-8　充填空洞法处理冒落空洞聚积的瓦斯

②导风障引风吹散法

导风障引风吹散法是利用安设在巷道顶部的木制挡风板将风流引入冒落的空洞中,以稀释其中积聚瓦斯的方法,如图2-9所示。该方法的优点是施工简单、方便、可靠,经济效果好。其缺点是使局部地点的巷道高度减低,对运输和行人造成一定影响。其适用条件为冒落高度小于2 m、冒落体积小于6 m³、风速大于0.5 m/s的巷道。

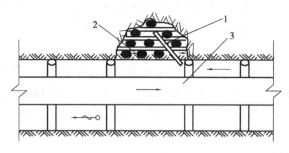

图2-9　导风障引风吹散法处理冒落空洞聚积的瓦斯

1—挡风板;2—坑木;3—风筒

③风筒分支吹散法

风筒分支吹散法是在局部通风机风筒上安设三通或直径较小的风筒,将部分风流直接送到冒落的空洞中,吹散局部积聚瓦斯的方法,如图2-10所示。该方法的优点是操作简单、方便、可靠、经济。其缺点是减低了掘进工作面的有效风量。其适用条件为冒落高度大于 2 m，冒落体积大于 6 m³，风速低于 0.5 m/s，同时具有局部通风机送风条件的巷道。

在巷道中无局部通风机，但有压风管路通过时，也可以从压风管路上接出一个或数个分支压风管道抵达瓦斯聚积点下方，送入压风吹散聚积瓦斯。

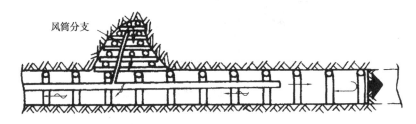

图 2-10　风筒分支法处理冒落空洞积聚的瓦斯

④黄泥抹缝法。该方法是在顶板裂隙发育、瓦斯涌出量大而又难以排除时使用。它首先将巷道棚顶用木板背严，然后用黄泥抹缝将其封闭，以减少瓦斯的涌出或扩大瓦斯涌出的面积。

⑤钻孔抽放裂隙带的瓦斯。如图 2-11 所示，当巷道顶、底板裂隙大量涌出瓦斯时，可以向裂隙带打钻孔，利用抽放系统对该区域进行定点抽放。这种方法适用于通风难以解决掘进工作面瓦斯涌出的情况下，否则，因工程量较大，而使用期又较短，在经济上不合理。

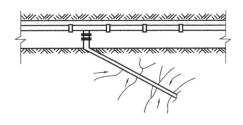

图 2-11　钻孔抽放裂隙带的瓦斯

（4）刮板输送机底槽瓦斯积聚的处理

刮板输送机停止运转时，底槽附近有时会积聚高浓度的瓦斯。由于刮板与底槽之间在运煤时产生的摩擦火花能引起瓦斯燃烧爆炸，因此，必须排除该处的瓦斯。刮板输送机底槽瓦斯积聚的处理方法如下：

①设专人清理输送机底遗留的煤炭，保证底槽畅通，使瓦斯不易积聚。

②保证输送机经常运转，即使不出煤也让输送机继续运转，以防止瓦斯积聚。

③吊起输送机处理积聚的瓦斯。如果发现输送机底槽内有瓦斯超限的区段，可把输送机吊起来，使空气流通，从而排除瓦斯。

④采用压风排放积聚瓦斯。有压风管路的地点可以将压风引至底槽进行通风，排除积聚的瓦斯。

（5）通风异常或瓦斯涌出异常时期应特别注意的事项

通风异常与瓦斯涌出异常是造成瓦斯积存的又一个重要原因。

①煤与瓦斯突出造成的短时间内涌出大量瓦斯，形成高瓦斯区，这时必须立即撤出人员，杜绝一切可能产生的火源，切断该区域的供电，对灾区实行全面警戒，然后制定专门的安全技

术措施处理积聚的瓦斯。

②当矿井抽放瓦斯系统停止工作时,必须及时采取增加供风、加强瓦斯检测,直至停产撤人的措施,以防止瓦斯事故的发生。

③排除积存瓦斯时期可能会造成短期个部区域的瓦斯超限,因此,必须制定排放安全技术措施,以保证排放工作的顺利。

④地面大气压力的急剧下降也会造成井下瓦斯涌出的异常,必须加强瓦斯检测,并采取相应的安全技术措施。

⑤在工作面接近上、下邻近已采区边界或基本顶来压时,会使涌入工作面的瓦斯突然增加,应加强对这一特殊时期的检测,总结规律,做到心中有数。

⑥回采工作面大面积落煤也会造成大量的瓦斯涌出,因此,应适当限制一次爆破的落煤量和采煤机连续工作的时间。

井下通风改变引起的瓦斯浓度异常变化往往被忽视。在井下巷道贯通、增加或减少某工作场所的风量、停止供风或恢复供风、井下通风设施遭到破坏、矿井反风及矿井灾变时期等都会引起井下瓦斯浓度的异常变化。这些情况下,必须首先考虑矿井安全,防止出现瓦斯积聚。局、矿安全管理部门应当依据《煤矿安全规程》的相关规定,制定井下巷道贯通、瓦斯排放、掘进面临时停风、火区等封闭区域恢复通风、瓦斯燃烧等灾害时期的瓦斯管理规定和安全技术措施内容,以有效地防止特殊情况下的瓦斯积聚。

2. 临时停风盲巷积聚瓦斯的排放方法

临时停风盲巷积聚瓦斯,应按《煤矿安全规程》有关规定进行排放处理。排除盲巷积聚瓦斯时,必须通过调节限制向该盲巷内送入的风量,以控制排出的瓦斯量,严禁"一风吹"。其具体排放瓦斯的方法有:

(1)盲巷外风筒接头断开调风法

采用局部通风机和柔性风筒送风的掘进工作面,排除盲巷积聚瓦斯时可用此法,因为柔性风筒移位、接头断开与接合均比较方便。

排瓦斯时,在盲巷口外全风压供风的新鲜风流中,把风筒接头断开,利用改变风筒接头对合面的间隙大小,调节送入盲巷的风量,以达到有节制地排放巷道积聚瓦斯之目的。其做法如图2-12所示。

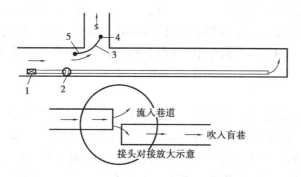

图2-12　风筒接头断开调风法

1—局部通风机;2—风筒接头断开地点;3—测瓦斯浓度胶管;

4—瓦斯检查点;5—瓦斯检查员位置

采用该方法排瓦斯时,工作人员无须进入盲巷,一般需 3~4 人,其中,1~2 人在断开的风筒接头处,改变风筒的对合面大小来调风;一人在盲巷口外的新鲜风流中,通过长胶管用光学瓦斯检测仪不断地测定回风侧的瓦斯浓度,或悬挂瓦斯警报器显示瓦斯浓度,根据瓦斯浓度的大小,通知调风人员调节送入盲巷的风量,保证排出的瓦斯浓度低于 1.5% ;一人全面负责并协助工作。

排瓦斯时,起初送入盲巷的风量要小,大部分风量从风筒断开处进入巷道内,之后根据排出瓦斯浓度的大小,逐渐加大送入盲巷的风量。在缓慢地排放瓦斯过程中,随着两个风筒接头由错开而逐渐对合,直至全部接合,送入盲巷的风量由小到大,直到局部通风机的最大风量。这时,如果排至盲巷口的瓦斯浓度低于 1.0% ,且能较长时间稳定下来,可结束排瓦斯工作。经检查确认安全可靠时,方可人工送电恢复掘进。

(2)三通风筒调风法

该调风方法是在局部通风机出口与导风筒之间接一段三通风筒短节,该短节用胶布风筒缝制而成,如图 2-13 所示。

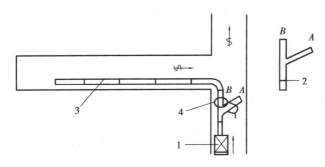

图 2-13 三通风筒调风法

1—局部通风机;2—三通风筒短节;3—导风筒;4—绳子

掘进巷道正常通风时,三通风筒的泄风口 A 用绳子捆死,这时局部通风机的全部风量能送至掘进巷道工作面。当排放巷道内积聚瓦斯时,首先打开三通的泄风口 A,同时用绳子捆住导风筒,然后启动局部通风机,这时局部通风机的绝大部分风量经三通风筒的泄风口 A 排至巷道,少量风流进入盲巷。

由一人检查瓦斯浓度或装瓦斯指示报警仪,一人在三通风筒处调节风量,使盲巷排出的瓦斯浓度低于 1.5% ,逐渐加大盲巷内的供风量,同时减少泄漏至巷道的风量,直至盲巷积聚瓦斯排放完毕,捆死泄风口 A,解开导风筒的捆绳,全部风量送至掘进工作面。经检查确认安全可靠时,方可人工送电恢复掘进。

(3)稀释筒调风法

稀释筒是用钢板焊制的三通风筒,其上有两套阀门及控制把手,稀释筒的结构及其排瓦斯系统如图 2-14 所示。稀释筒安装在掘进巷道口外全风压通风巷道中,瓦斯传感器是用来测定排出并经稀释的瓦斯浓度,根据该浓度的大小来控制和调节稀释筒阀门的开启度。

正常掘进通风时,稀释筒的泄流阀门关闭,轴向阀门全部开启,局部通风机的风量全部通过导风筒输送至工作面。排放瓦斯时,首先打开泄流阀门,轴向阀门为关闭状态,再开动局部通风机。在排放瓦斯过程中,要逐步关闭泄流阀和开启轴向阀门,以调节泄入巷道的风量和送入工作面风量的比例,进而控制排出的瓦斯浓度不超限,实现安全排放的目的。当排出的瓦斯浓度超过

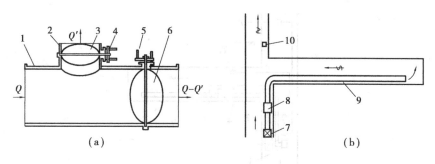

图 2-14　稀释筒结构与排瓦斯系统
1—主风筒;2—放空筒;3—泄流阀门;4,5—控制把手;6—轴向阀门;
7—局部通风机;8—稀释筒;9—导风筒;10—瓦斯传感器

1.5%时,需加大漏泄风量和减少进入工作面的风量;反之,则应增大送至工作面风量、减少漏泄风量。这项工作均需人工及时调节两个阀门的开或闭的程度,直至瓦斯排放完毕。

（4）自控排瓦斯装置

掘进巷道自控排瓦斯装置,是煤炭科学研究总院抚顺研究院研制成功的,该装置性能良好,控制准确,可以满足快速、安全排放巷道积聚瓦斯的要求。

自控排瓦斯装置主要由控制主机、稀释筒和液压泵站组成。控制主机采用 MCS-51 系列单片机作为中心控制处理器,用本安电源向瓦斯传感器供电,以继电器接点输出信号控制磁力开关,具有 4 位数码显示窗口及声光报警功能;稀释筒是具有调节风门的一段铁风筒,其结构示意图如图 2-15 所示;液压泵站是向稀释筒调节风门提供动力的液压传动系统,由防爆电机、齿轮油泵、溢流阀、三位四通电磁阀、节流阀、单向阀、油缸、高压胶管等组成。

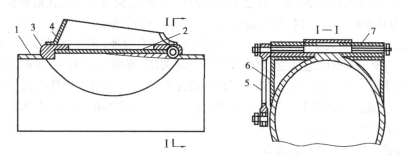

图 2-15　液压驱动调节风门的稀释结构
1—铁风筒;2—调节风门;3—门座;4—导向盖;5—曲拐;6—封闭挡板;7—转动轴

控制主机和液压泵站均安设在进风巷道内局部通风机附近,稀释筒则安装在独头掘进巷道口内 10~15 m 处,其两端均用柔性导风筒相连,液压泵站与稀释筒的连接,用高压胶管。在稀释筒附近、掘进巷道口外下风侧 10~15 m 处、局部通风机附近,分别装设 3 台瓦斯传感器(T_1, T_2, T_3),如图 2-16 所示。

3 个瓦斯传感器的作用为:控制主机附近的瓦斯传感器 T_3 用来检测局部通风机和主机处的瓦斯浓度,防止循环风而导致瓦斯超限;下风侧的瓦斯传感器 T_2,检测独头巷道排出的瓦斯浓度,主机据此控制稀释筒调节风门的开闭程度;稀释筒附近的瓦斯传感器 T_1,用于检测盲巷积聚瓦斯排放过程中稀释和混合后的瓦斯浓度。根据《煤矿安全规程》的规定,T_2 传感器控制限为 1.5%,T_3 传感器控制限为 0.5%。

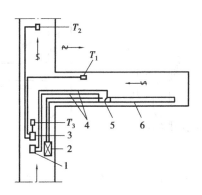

图 2-16　自控排瓦斯装置与工作系统
1—液压泵站;2—局部通风机;3—控制主机;4—高压胶管;5—稀释筒;
6—导风筒;T_1,T_2,T_3—瓦斯传感器

排瓦斯原理:上述系统中的瓦斯传感器把检测到的瓦斯浓度信号传输给控制主机,主机经判断后,指令三位四通电磁阀左导通或右导通,油路导通后,使油缸活塞伸或缩,驱动稀释筒的调节风门转动,根据调节风门的开闭程度进行风量分配:一部分通过风筒送至掘进工作面排出高浓度瓦斯;另一部分由稀释筒的风门排至巷道,稀释排出的高浓度瓦斯,使之混合均匀且不超过 1.5%,达到自动安全排放瓦斯的目的。

排瓦斯过程:起初,稀释的调节风门为开启位置,局部通风机的供风量全部通过稀释筒的调节风门泄流到巷道内,以稀释盲巷口处高浓度瓦斯;当 T_2 检测的瓦斯浓度小于 0.8%(设定值)。T_3 检测的瓦斯浓度小于 0.5% 时,系统进入排放瓦斯程序,主机控制电磁阀左导通,调节风门关闭一挡,泄漏风量减小,进入巷道工作面的风量增大,同时排出的瓦斯量相应地增加;当 T_2 瓦斯浓度为 0.8% ~1.5% 时,稀释筒调节风门不动,稀释风量和进入工作面的风量保持不变;当 T_2 处的瓦斯浓度大于 1.5% 时,声光报警,电磁阀右导通,稀释筒调节风门开启一挡,增加稀释风量,减少工作面的进风量;如调节风门全部关闭,泄漏风量为零,即正常通风状态,将退出自动排放程序,进入检测程序;当 T_2 和 T_3 的瓦斯浓度又回到上述状况时,系统又自动进入自排程序。如此自动而有节制地排放瓦斯,直至 T_2 处的瓦斯浓度较长时间地稳定在 1% 以下,巷道积聚瓦斯便排放完毕。

(5)密闭巷道积聚瓦斯的排放方法

长期停风和停掘的巷道,在巷道口构筑了密闭墙,局部通风设施也已拆除,密闭内积存有大量瓦斯。在排除瓦斯之前,必须安装局部通风机和风筒。根据巷道的长度准备足够的风筒,其中应有 1~2 节 3~6 m 长的短节。排除这类巷道中的积聚瓦斯,一般采用以下分段排放法:

①检查密闭墙外瓦斯是否超限,若超限就启动风机吹散稀释;如不超限,就在密闭墙的上隅角开两个洞,随之开动局部通风机用风筒吹散瓦斯,起初风筒不要正对着密闭墙,要视排出瓦斯浓度的高低进行风向控制,当瓦斯浓度低于 1.5% 时,风筒才可偏向巷道口,并逐渐移向密闭上的孔洞,再慢慢扩大孔洞,直至风筒全部插入孔洞,排出的瓦斯被稀释均匀,瓦斯浓度在 1% 以下,可拆除密闭实施分段排瓦斯。

②密闭拆除后,工作人员先进入巷道检查瓦斯,随之延长风筒和排放瓦斯。待巷道中风筒出口附近瓦斯浓度降至 1% 以下,可将风筒口缩小加大风流射程,吹出前方的瓦斯;当瓦斯浓度降下来之后,接上一个短风筒,同样加大风流射程排除前方的瓦斯;取下短风筒换上长风筒

（一般为 10 m）继续排放前方的积聚瓦斯,直至到达掘进工作面迎头。

③在排放完毕巷道瓦斯后,应全面检查巷道各处的瓦斯浓度,如局部地点仍有瓦斯超限,仍可采用断开风筒接头的方法,排除该区段的瓦斯。

3. 防止瓦斯引燃的技术措施

防止点燃火源的出现,要严禁一切非生产火源,严格管理和限制生产中可能出现的火源、热源,特别是容易积聚瓦斯的地点更应该重点防范。

（1）加强管理,提高防火意识

对矿井来说,防止点火源的出现是一个严格管理的问题。在日常生产过程中,要做到日日不松懈,班班严格执行机电、爆破、摩擦撞击、明火等的防治规定和措施,是十分不易的。提高井下工人和工程技术人员的素质,加强作业人员的防火防爆意识,贯彻执行有关规定,发现隐患和违章要严肃处理,对这项工作有重要的实际意义。

（2）防止爆破火源

①井下爆破必须使用符合《煤矿安全规程》规定的煤矿许用炸药,严禁使用不合格或变质、超期的炸药。

②有爆破作业的工作面必须严格"一炮三检"制度,保证爆破前后的瓦斯浓度在规定的界限内。

③禁止使用明接头或裸露的爆破母线,爆破连线、爆破等工作要由爆破员负责,必须在新鲜风流中执行爆破操作,严格执行"三人连锁爆破"制度。

④炮眼的深度、位置、装药量要符合该工作面作业规程的要求,炮眼充填要填满、填实,严禁使用可燃性物质代替炮泥充填炮眼,要坚持使用水炮泥。禁止放明炮、糊炮。

⑤严格执行井下炸药、雷管的存放和运输管理规定,爆破员必须持证上岗。

（3）防止电气火源和静电火源

根据《煤矿安全规程》第 444 条规定,井下电气设备的选用应符合表 2-8 的要求,井下严禁带电检修、搬运电气设备。井下防爆电气在入井前需由专门的防爆设备检查员进行安全检查,合格后方可入井。井下供电应做到无"鸡爪子""羊尾巴"和明接头,有过电流和漏电保护,有接地装置;坚持使用检漏继电器、煤电钻综合保护装置、局部通风机风电闭锁和瓦斯电闭锁装置;发放的矿灯要符合要求,严禁在井下拆开、敲打和撞击矿灯灯头和灯盒。

表 2-8　井下电气设备选用安全规定

使用场所　　　　类别	煤与瓦斯突出矿井及瓦斯喷出区域	瓦斯矿井			
		井底车场、总进风巷或主要进风巷		采区进风巷、翻车机硐室	总回风巷、主要回风巷和采区回风巷、工作面和工作面进回风道
		低瓦斯矿井	高瓦斯矿井		
高低压电机和电气设备	矿用防爆型（矿用增安型除外）	矿用一般型	矿用一般型	矿用防爆型	矿用防爆型（矿用增安型除外）
照明灯具	矿用防爆型（矿用增安型除外）	矿用一般型	矿用增安型	矿用防爆型	矿用防爆型（矿用增安型除外）
通信、自动化装置和仪表、仪器	矿用防爆型（矿用增安型除外）	矿用一般型	矿用增安型	矿用防爆型	矿用防爆型（矿用增安型除外）

为防止静电火花,井下使用的塑料、橡胶、树脂等高分子材料制品,其表面电阻应低于其安全限定值。洒水、排水用塑料管外壁表面电阻应小于 $1 \times 10^9 \ \Omega$,压风管、喷浆管的表面电阻应小于 $1 \times 10^8 \ \Omega$。消除井下杂散电流产生的火源首先应普查井下杂散电流的分布,针对产生的原因采取有效防治措施,防止杂散电流。

(4)防止摩擦和撞击点火

随着井下机械化程度的日益提高,机械摩擦、冲击引燃瓦斯的危险性也相应增加。防治的主要措施有在摩擦发热的装置上安设过热保护装置和温度检测报警断电装置;在摩擦部件金属表面附着活性低的金属,使其形成的摩擦火花难以引燃瓦斯,或在合金表面涂苯乙烯醇酸,以防止摩擦火花的产生;工作面遇坚硬夹石或硫化铁夹层时,不能强行截割,应爆破处理;定期检查截齿及其后的喷水装置,保证其工作正常。

(5)防止明火点燃

煤矿井下对明火的使用和火种都有严格的管理规定,关键是必须做到长期认真执行,坚决防止任何可能的明火点燃出现。其主要的规定如下:

①严禁携带烟草、点火物品入井,严禁携带易燃物品入井。因工作需要,必须带入井下的易燃物品必须经过矿总工程师审查,矿长批准,并指定专人负责其安全。

②严禁在井口房、通风机房、瓦斯泵房周围 20 m 范围内使用明火、吸烟或用火炉取暖。

③不得在井下和井口房内从事电气焊作业,如必须在井下主要硐室、主要进风巷道和井口房内从事电气焊或使用喷灯作业时,每次都必须制定相关安全措施,报矿长批准,并遵守《煤矿安全规程》的有关规定,防止火源出现。在回风巷道内不准进行焊接作业。

④严禁在井下存放汽油、煤油、变压器油等,井下使用的棉纱、布头、润滑油等必须放在有盖的铁桶内,严禁乱扔乱放或抛在巷道、硐室及采空区内。

⑤井下严禁使用电炉或灯泡取暖。

⑥必须加强井下火区管理。

(6)防止其他火源

井下火源的出现具有突然性,在工作场所,由于机械作业和金属材料的大量使用,很多情况下撞击、摩擦等火源难以避免,这些地点的通风工作就显得尤为重要。但是,对灾害区域、封闭的瓦斯积聚区域,必须采取措施防止点火源的出现。除上述方面外,地面的闪电或其他突发的电流也可能通过井下管理进入这些可能爆炸区域而引燃瓦斯,因此,通常应当截断通向这些区域的铁轨、金属管道等。

三、加强瓦斯的检查和监测

井下瓦斯状况的检测是消除事故隐患的眼睛,也是判断和预测井下瓦斯状况、采取防范和处理措施的重要依据。随时检查和监控煤矿井下的通风、瓦斯状况,是矿井安全管理的主要内容。它可以及时发现瓦斯超限和积聚,从而采取处理措施,使事故消除在萌芽状态。每个都必须建立井下瓦斯检查制度,设立相应的瓦斯检查和通风管理机构,配备相应的瓦斯检查仪器仪表和瓦斯检查人员,以监控井下的瓦斯。低瓦斯矿井每班至少检查瓦斯 2 次,高瓦斯矿井和低瓦斯矿井中的高瓦斯区域每班至少检查瓦斯 3 次。对有煤与瓦斯突出或瓦斯涌出量较大的采掘工作面,应有专人负责检查瓦斯。瓦斯检查员发现瓦斯超限,有权立即停止工作,撤出人员,并向有关人员汇报。瓦斯检查员应由责任心强,热爱本职工作,有吃苦耐劳精神,身体健康,能坚持井下工作,具有初中以上文化水平和多年井下实践经验经过专业培训并考试合格的人员担任。严禁瓦斯检查空班漏检、假检等行为,一经发现,严肃处理。

通风安全部门的值班人员,必须审阅瓦斯检查报表,掌握瓦斯变化情况,发现问题及时处理,并向矿调度室和矿总工程师及时汇报。对重大的通风、瓦斯问题,通风部门应制定安全技术措施,报矿总工程师批准,进行处理。每日通风、瓦斯报表必须送矿长、总工程师审阅,一矿多井的矿必须同时送井长、井技术负责人审阅。

矿井必须装备矿井安全监控系统。没有装备矿井安全监控系统的矿井的煤巷、半煤岩巷和有瓦斯涌出的岩巷的掘进工作面,必须装备风电闭锁装置和瓦斯断电仪。编制采区设计、采掘作业煤矿安全规程时必须对安全监控设备的种类、数量和位置等做出明确的规定。

安全监测所使用的仪器仪表必须定期进行调试、校正,每月至少1次。瓦斯传感器、便携式瓦斯检测报警仪等采用催化元件的设备,每隔7天必须使用校准气样和空气样按使用说明书的要求调校1次,每隔7天必须对甲烷断电功能进行测试。

各矿区应当建立安全仪表计量检验机构,对辖内各矿井使用的检测仪器仪表进行性能检验、计量鉴定和标准气样配置等工作,并对各矿安全仪器仪表检修部门进行技术指导。

任务2.3 限制或消除瓦斯爆炸危险的措施

瓦斯爆炸的突发性和瞬时性,使得在爆炸发生时难以进行救治。因此,限制或消除瓦斯爆炸危险的措施应该集中在灾害发生前的预备设施和灾害发生时的快速反应。其具体的措施有分区通风和利用爆炸产生的高温、冲击波设置自动阻爆装置。灾害预防处理计划的制定对快速有效的救灾也具有十分重要意义。

一、分区通风

分区通风是防止灾害蔓延扩大的有效措施。利用矿井开拓开采的分区布置,在各个采区之间、不同生产水平之间、矿井两翼之间自然分割的基础上,布置必要的防止爆炸传播设施,可以实现井下灾害的分区管理。这样,使某一区域发生的灾害难以传播到相邻的区域,从而简化救灾抢险工作,防止灾害的扩大。

要实现分区管理,矿井通风系统应力求简单化,对井下各工作区域实行分区通风。每一生产水平,每一采区都必须布置独立的回风道,严格禁止各采区、水平之间的串联通风,应尽量避免采区之间角联风路的存在。采区内采煤工作面和掘进工作面应采用独立的通风路线,防止互相影响。对于矿井主要进、回风道之间的联络巷必须构筑永久性挡风墙,生产必须使用的,应安设正、反向两道风门。装有主要通风机的出风口应安装防爆门。在开采有煤尘爆炸危险的矿井两翼、相邻采区、相邻煤层、相邻工作面时,应安设岩粉棚或水棚隔开。在所有运输巷道和回风巷道中必须撒布岩粉,防止爆炸传播。

对于多进风井、多主要通风机的矿井,应尽量减少各风机所辖风网之间的联络巷道,如果无法避免,则应保证风流的稳定并安设必要的隔爆设施。各主要通风机的特性要相近,并与负担的通风需求相匹配。进风区域中公共部分应该尽量减少,以防止风速超限和增加矿井通风阻力。

当瓦斯爆炸发生后,依靠预先设置的隔爆装置可以阻止爆炸的传播,或减弱爆炸的强度,减小爆炸的燃烧温度,以破坏其传播的条件,尽可能地限制火焰的传播范围。

二、隔绝煤尘爆炸的措施

防止煤尘爆炸危害,除采取防尘措施外,还应采取降低爆炸威力、隔绝爆炸范围的措施。

1. 清除落尘

定期清除落尘,防止沉积煤尘参与爆炸可有效地降低爆炸威力,使爆炸由于得不到煤尘补充而逐渐熄灭。

2. 撒布岩粉

撒布岩粉是指定期在井下某些巷道中撒布惰性岩粉,增加沉积煤尘的灰分,抑制煤尘爆炸的传播。

惰性岩粉一般为石灰岩粉和泥岩粉。对惰性岩粉的要求如下:

(1)可燃物含量不超过5%,游离 SiO_2 含量不超过10%。

(2)不含有害有毒物质,吸湿性差。

(3)粒径全部小于0.3 mm,其中至少有70%的粒径小于0.075 mm。

撒布岩粉时要求把巷道的顶、帮、底及背板后侧暴露处都用岩粉覆盖;岩粉的最低撒布量在做煤尘爆炸鉴定的同时确定,但煤尘和岩粉的混合煤尘,不燃物含量不得低于80%;撒布岩粉的巷道长度不小于300 m,如果巷道长度小于300 m时,全部巷道都应撒布岩粉。对巷道中的煤尘和岩粉的混合粉尘,每3个月至少应化验1次,如果可燃物含量超过规定含量时,应重新撒布。

3. 设置水棚

水棚包括水槽棚和水袋棚两种,设置应符合以下基本要求:

(1)主要隔爆棚组应采用水槽棚,水袋棚只能作为辅助隔爆棚组。

(2)水棚组应设置在巷道的直线段内。其用水量按巷道断面计算,主要隔爆棚组的用水量不小于400 L/m^2,辅助水棚组不小于200 L/m^2。

(3)相邻水棚组中心距为0.5~1.0 m,主要水棚组总长度不小于30 m,辅助水棚组不小于20 m。

(4)首列水棚组距工作面的距离,必须保持60~200 m。

(5)水槽或水袋距顶板、两帮距离不小于0.1 m,其底部距轨面不小于1.8 m。

(6)水内如混入煤尘量超过5%时,应立即换水。

水棚设置如图2-17所示。

4. 设置岩粉棚

岩粉棚分为轻型和重型两类。其结构如图2-18所示。它是由安装在巷道中靠近顶板处的若干块岩粉台板组成,台板的间距稍大于板宽,每块台板上放置一定数量的惰性岩粉。当发生煤尘爆炸事故时,火焰前的冲击波将台板震倒,岩粉即弥漫于巷道中,火焰到达时,岩粉从燃烧的煤尘中吸收热量,使火焰传播速度迅速下降,直至熄灭。

岩粉棚的设置应遵守以下规定:

(1)按巷道断面积计算,主要岩粉棚的岩粉量不得少于400 kg/m^2,辅助岩粉棚不得少于200 kg/m^2。

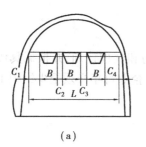 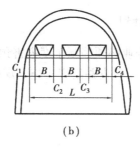 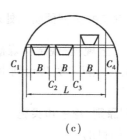

图 2-17 水棚设置

(a)悬挂式 (b)放置式 (c)混合式

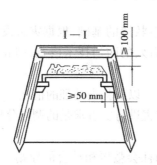 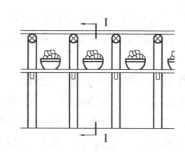

图 2-18 岩粉棚设置

(2)轻型岩粉棚的排间距 1.0~2.0 m,重型为 1.2~3.0 m。

(3)岩粉棚的平台预测帮立柱的空隙不小于 50 mm,岩粉表面与顶梁的空隙不小于 100 mm,岩粉板距轨面不小于 1.8 m。

(4)岩粉棚距可能发生煤尘爆炸的地点不得小于 60 m,也不得大于 300 m。

(5)岩粉板与台板及支撑板之间,严禁用钉固定,以利于煤尘爆炸时岩粉板有效地翻落。

(6)岩粉棚上的岩粉每月至少检查和分析 1 次,当岩粉受潮变硬或可燃物含量超过 20% 时,应立即更换,岩粉量减少时应立即补充。

5. 设置自动隔爆棚

自动隔爆棚是利用各种传感器,将瞬间测量的煤尘爆炸时的各种物理参量迅速转换成电讯号,指令机构的演算器根据这些讯号准确计算出火焰传播速度后,选择恰当时机发出动作讯号,让抑制装置强制喷撒固体或液体等消火剂,从而可靠地扑灭爆炸火焰,阻止煤尘爆炸蔓延。煤炭科学研究总院重庆研究院研制成功的 EGB-Y 型自动隔爆装置如图 2-19 所示;EYB-S 型自动抑制装置如图 2-20 所示。

图 2-19 EGB-Y 型自动隔爆装置   图 2-20 EYB-S 型自动抑制装置

三、编制矿井灾害预防和处理计划

《煤矿安全规程》规定:"煤矿企业必须编制年度灾害预防和处理计划,并根据具体情况及时修改。灾害预防和处理计划由矿长负责并组织实施。煤矿企业每年必须至少组织1次矿井救灾演习。"

1. 编制原则、程序和实施

(1)编制目的

贯彻"安全第一,预防为主,综合治理"方针,保护矿工生命安全、身体健康和国家财产不受损失,行之有效地防止灾害事故发生,及时处理已发生的灾害。

(2)编制原则

①坚持预防为主的原则。预防工作是事故应急救援的基础,根据灾害发生前呈现的迹象或检测的结果,做出事先的预防判断,以采取相应有效的防治技术措施,彻底避免矿井灾害的发生。

②坚持防治并重的原则。重视综合治理的实施,以及救灾处理的措施。

③坚持实事求是、慎重对待的原则。对矿井灾害进行实事求是的调查分析,对采取的防治措施要慎重研究,使预防与处理措施工作有恃无恐。

④统一指挥、分级负责、区域为主、单位自救和社会救援相结合的原则。重大事故具有发生突然、扩散迅速、危害范围广的特点,这就决定了救援行动必须达到迅速、准确和有效,救援工作只能实行统一指挥下的分级负责制,以区域为主,根据事故的发展状况,采取单位自救和社会救援相结合的方式,充分发挥事故单位及社区的优势和作用。

(3)编制方法与审批

①矿总工程师组织采掘、机电、通风、安全、矿山救护等单位有关人员,参照矿井安全技术计划和生产计划,结合矿井灾害的调查分析情况,进行慎重研究编制。

②《矿井灾害预防与处理计划》,必须每年开始前一个月报局总工程师审批。

③每季度开始的前15天,矿总工程师组织有关部门进行修改和补充。

(4)《矿井灾害预防与处理计划》的实施

①计划由局总工程师批准后,由矿长负责贯彻执行。

②及时向全矿职工和矿山救护队员贯彻并进行考试。

③修改补充的必须重新组织学习,并进行考试。

④每年至少组织1次矿井救灾演习。

⑤以批准的处理计划和工程图表分送交局矿级领导和有关职能科室。

2.《矿井灾害预防与处理计划》的基本内容

(1)确定矿井可能发生重大灾害

依据矿井具体情况,组织有关人员对可能发生的重大矿井灾害进行全面的调查分析,查明确定重大灾害的种类、发生地点、波及范围以及发生前的预兆。

(2)确定预防各种重大灾害的措施

有针对性的分别确定出预防灾害事故发生和阻止灾害事故蔓延的措施,并提出各种预防措施的技术设计、工程项目、所需设备及材料、所需监测设备及检测仪表的要求,以及实施预防措施的负责人。

（3）规定组织灾区人员撤离和自救措施

①及时通知灾区和受灾害威胁区域人员撤离方法，以及组织自救方法。

②避灾路线、照明设施、路标及临时避难硐室位置。

③灾害事故的控制方法、实施措施步骤及使用条件。

④发生事故后，对井下人员的统计方法及入井人员和人数的控制方法。

⑤抢险救援人员行动路线及向避灾待救人员供给空气、食物和水的方法。

（4）制定处理重大灾害的措施

①制定人员安全撤离灾区的措施，组织抢救遇难人员措施。

②制定防止灾害事故蔓延的措施。

③制定恢复破坏巷道和生产系统的措施。

（5）处理灾害事故所必备的技术资料

①矿井通风系统图、反风试验报告以及保证反风设施完好的检查报告。

②矿井供电系统图、矿井瓦斯抽采系统图、矿井瓦斯监控系统图和井下通讯系统图。

③采掘工程平面图、井上下对照图。

④井下消防洒水、排水管路和压风管路、灌浆管路和充填管路的系统图。

⑤井上下消防材料库位置及其储备器材品名和数量登记表。

（6）处理事故时各有关人员的职责

①矿长职责：全权指挥处理事故，制定抢险救援和处理事故应急方案。

②矿总工程师职责：协助制定抢险救援和处理事故应急方案计划，并组织实施。

③救护队队长职责：全面负责指挥矿山救护队和辅助救护队的抢险救援作战行动。并根据制定抢险救援和处理事故应急方案所规定的任务，完成灾区遇难人员的救援和事故处理工作。

3. 矿井灾害事故处理的程序和原则

（1）矿井灾害事故处理

事故处理是指从事故发生到事故结案，企业领导和管理人员按法规要求所作的全部工作。事故处理程序分为应急处理、抢救处理、调查处理及结案处理 4 个阶段。

（2）事故救援处理原则

①事故抢救处理领导与指挥

灾变事故抢险救援处理的领导与指挥必须体现以下原则：

a. 指挥系统合理。指挥系统一般为总指挥、救援队指挥和参战人员 3 层次。

b. 权威性与灵活性相结合。权威性是指事故应急救援现场指挥发出的命令具有权威，救援人员应服从并执行；灵活性是指在事故现场出现突发事件的情况下，救援人员临时改变救援措施的变通形式。事故现场，原则上应坚持命令的权威性，遇紧急情况可适当采取灵活措施。

c. 抢险救援指挥准确。现场指挥发出的命令应该准确、明了、简短。

d. 分级指挥。各专业救援队伍指挥无权指挥其他救援队伍，各专业救援队伍参战人员只对本队伍指挥负责，各救援队伍指挥应对总指挥负责。

e. 坚持以人为本。抢救现场伤亡人员，充分保护救援人员的生命。

②事故抢救处理步骤

立即撤出灾区人员和切断灾区电源→通知矿级领导和有关人员→向局调度室汇报→召集

救护队→成立抢险指挥部→派救护队进入灾区救人→制定救灾方案→进行抢险救灾工作→灾情消除→恢复生产。

③正确的指挥处理事故的程序

a. 成立抢险救援指挥部。

b. 预测事故发展趋势,确定初步事故救援方案,制定各阶段的应急对策。

c. 确定各救援队伍任务、目标,并下达至各专业救援队伍指挥。

d. 下达命令指挥矿山救护队展开事故救援作战,及时调整救灾力量。

e. 收集整理事故资料,对灾害事故发生原因、抢救处理过程、重要的经验教训以及今后应采取的预防措施等进行全面分析,编制调查报告。

任务 2.4　瓦斯的日常管理与监测

瓦斯的日常管理与检测是煤矿安全生产中的一项重要内容,搞好瓦斯日常管理与检测对煤矿安全生产有着重要的意义。

一、矿井瓦斯日常管理

1. 建立健全矿井瓦斯管理制度

各矿井,特别是高瓦斯矿井和煤与瓦斯矿井应根据《煤矿安全规程》有关规定,结合本矿井的实际情况,建立和健全矿井瓦斯管理的有关规定和制度。其主要包括建立健全瓦斯管理专业机构,配足瓦斯检查人员,定期培训和不断提高专业人员技术素质的规定;建立各级领导和检查人员(包括瓦斯检查员)区域分工巡回检查、汇报制度,建立矿长、总工程师每天审阅瓦斯日报制度;建立盲巷、旧区和密闭启封等瓦斯管理规定;健全爆破过程中的瓦斯管理制度;健全排放瓦斯的有关规定及瓦斯监控装备的使用、管理的有关规定;健全矿井瓦斯抽放、防治煤与瓦斯突出的规定等。

2. 加强掘进工作面的通风管理

统计资料表明,有60%以上的瓦斯爆炸事故发生在掘进工作面。因此,加强掘进工作面的通风管理是防止瓦斯爆炸的重点工作之一。

(1)严格局部通风机管理

①局部通风机要挂牌指定专人管理或派专人看管。局部通风机和启动装置必须安设在新鲜风流中,距回风口不得小于10 m。

②一台局部通风机只准给一个掘进工作面供风,严禁单台局部通风机供多头的通风方式。

③安设局部通风机的进风巷道所通过的风量,必须大于局部通风机的吸风量,保证局部通风机不发生循环风。

④局部通风机不准任意开停。有计划停电、停风要编制安全措施,履行审批手续,并且严格执行。停风、停电前,必须先撤出人员和切断电源;恢复通风前,必须检查瓦斯,符合规定后,方可人工开启局部通风机。

⑤为了保证掘进工作面通风安全可靠,根据掘进装备系列化的要求,高瓦斯矿井、煤(岩)与瓦斯(二氧化碳)突出矿井、低瓦斯矿井高瓦斯的煤巷、半煤巷和有瓦斯涌出的岩巷掘进工

作面局部通风机应当做到:双风机、双电源,有自动换机和自动倒风装置;供电符合"三专两闭锁"要求;局部通风机安设运行状态监视装置。

(2)严格风筒"三个末端"管理

严格风筒"三个末端"管理是指风筒末端距掘进工作面距离必须符合作业规程要求,风筒末端出口风量要大于 40 m^3/min,风筒末端处回风瓦斯浓度必须符合《煤矿安全规程》规定。

(3)高瓦斯、突出矿井掘进工作面局部通风机供电的要求

在高瓦斯矿井、煤(岩)与瓦斯(二氧化碳)突出矿井、低瓦斯矿井中高瓦斯区的煤巷、半煤岩巷和有瓦斯涌出的岩巷掘进工作面的局部通风机,都应安装"三专两闭锁"设施。三专是指专用变压器、专用开关、专用电缆;两闭锁是指局部通风机安设的风电闭锁和瓦斯电闭锁装置。

风电闭锁的作用是当局部通风机停止运转时,能自动切断局部通风机供风巷道中的一切动力电源;局部通风机启动,工作面风量符合要求后,才可向供风区域送电。

瓦斯电闭锁的作用是当掘进巷道内瓦斯超限时,能自动切断局部通风机供风巷道中的一切动力电源而局部通风机照常运转;若供风区内瓦斯超限,该区域的电器设备无法送电,只有排除瓦斯,浓度低于1%时,才可解除闭锁,人工送电。

3. 加强盲巷和采空区瓦斯日常管理

(1)井下应尽量避免出现任何形式的盲巷。与生产无关的报废巷道或旧巷,必须及时充填或用不燃性材料进行封闭。

(2)对于掘进施工的独头巷道,局部通风机必须保持正常运转,临时停工也不得停风。如因临时停电或其他原因,局部通风机停止运转,要立即切断巷道内一切电气设备的电源和撤出所有人员。在巷道口设置栅栏,并挂有明显警标,严禁人员入内,瓦斯检查员每班在栅栏处至少检查1次。如果发现栅栏内侧1 m处瓦斯浓度超过3%或其他有害气体超过允许浓度的,必须在24 h内用木板加以密闭或构筑永久密闭。

(3)长期停工、瓦斯涌出量较大的岩石巷道也必须封闭,没有瓦斯涌出或涌出量不大(积存瓦斯浓度不超过3%)的岩巷可不封闭,但必须在巷口设置栅栏、揭示警标,禁止人员入内并定期检查。

(4)凡封闭的巷道,要对密闭坚持定期检查,至少每周1次,并对密闭质量、内外压差、密闭内气体成分、温度等进行检测和分析,发现问题采取相应措施,并及时处理。

(5)恢复有瓦斯积存的盲巷,或打开密闭时,瓦斯处理工作应特别慎重,事先必须编制专门的安全措施,报矿总工程师批准。处理前应由救护队佩带呼吸器进入瓦斯积聚区域检查瓦斯浓度,并估算积聚的瓦斯数量,然后按分级管理的规定排放瓦斯。

4. 加强排放瓦斯的分级管理

排放积聚瓦斯是一项危险的工作,必须实行分级管理,进一步明确职责。

(1)排放瓦斯分级管理的规定

①一级管理。停风区中瓦斯浓度超过1.0%或二氧化碳浓度超过1.5%,最高瓦斯和二氧化碳浓度不超过3.0%时,必须采取安全措施,控制风流排放瓦斯。排放瓦斯全过程由通风部门技术人员具体负责实施。

②二级管理。停风区中瓦斯浓度或二氧化碳浓度超过3.0%时,必须制定安全排瓦斯措施,报矿总工程师批准。排放瓦斯全过程由地面总指挥负责,井下现场由地面总指挥指派井下总指挥,相关部门派员参加,矿山救护队具体负责实施。

（2）排放瓦斯的安全措施

凡因停电或停风造成瓦斯积聚的采掘工作面、恢复瓦斯超限的停工区或已封闭的停工区以及采掘工作面接近这些地点时，通风部门必须编制排放瓦斯的安全措施。不编制排放瓦斯的安全措施，不准进行排放瓦斯工作。

排放瓦斯的安全措施应包括下列内容：

①计算排放的瓦斯量、供风量和排放时间，制定控制排放瓦斯的方法，严禁"一风吹"，确保排出的风流与全风压风流混合处的瓦斯浓度不超过1.5%，并在排出的瓦斯与全风压风流混合处安设瓦斯断电仪。

②确定排放瓦斯的流经路线和方向、控制风流设施的位置、各种电气设备的位置、通讯电话位置、瓦斯传感器的监测位置等，必须做到图文齐全，并注明在图上。

③明确停电撤人范围，凡受排放瓦斯影响的硐室、巷道和被排放瓦斯风流切断安全出口的采掘工作面，必须停电、撤人、停止作业，指定警戒人员的位置，禁止其他人员进入。

④排放瓦斯风流经过的巷道内的电气设备，必须指定专人在采区变电所和配电点两处同时切断电源，并设警示牌和专人看管。

⑤瓦斯排完后，指定专人检查瓦斯，只有在供电系统和电气设备完好，排放瓦斯巷道的瓦斯浓度不超过1%时，方准指定专人恢复供电。

⑥加强排放瓦斯的组织领导，明确排放瓦斯人员名单，要落实责任。

5. 加强爆破过程中的瓦斯管理

根据国家安全生产监督管理总局对全国1949—1995年一次死亡3人以上的361次瓦斯爆炸事故的统计分析，由爆破火源引发的瓦斯爆炸占事故次数的30%，因此，必须加强爆破过程中的瓦斯管理，严格执行"一炮三检制"和"三人连锁爆破制"。

（1）"一炮三检制"

"一炮三检制"是指装药前、爆破前、爆破后要认真检查爆破地点附近20 m的瓦斯，瓦斯超过1%，不准爆破。

（2）"三人连锁爆破制"

"三人连锁爆破制"是指爆破前，爆破员将警戒牌交给班组长，由班组长派人警戒，并检查顶板与支架情况，将自己携带的爆破命令牌交给瓦斯检查员，瓦斯检查员经检查瓦斯煤尘合格后，将自己携带的爆破牌交给爆破员，爆破员发出爆破口哨进行爆破，爆破后三牌各归原主。

二、矿井瓦斯检查

矿井瓦斯检查是煤矿安全生产管理中不可缺少的一项内容，是矿井瓦斯管理的一项重要工作。检查矿井瓦斯的目的是了解和掌握井下不同地点、不同时间的瓦斯涌出情况，以便进行风量计算和分配，调节所需风量，达到安全、经济、合理通风的目的；防止和及时发现瓦斯超限或瓦斯积聚等安全隐患，以便采取针对性的措施进行妥善处理，防止瓦斯事故的发生；确保检查人员自身安全和作业人员安全。

1. 巷道风流中瓦斯浓度的检查测定

井下瓦斯及二氧化碳浓度的测定，应在所测地点的巷道风流中进行。巷道风流是指距巷道顶、底板及两帮一定距离的巷道空间内的风流。

巷道风流范围的划定：有支架的巷道，距支架和巷底各为50 mm的巷道空间内的风流；无支架或用锚喷、砌碹支护的巷道,距巷道顶、帮和底各为200 mm的巷道空间内的风流。

测定瓦斯浓度时,应在巷道风流的上部进行,即将光学甲烷检测仪的二氧化碳吸收管进气口置于巷道风流的上部边缘进行采气,连续测定3次,取其平均值。测定二氧化碳浓度时,应在巷道风流的下部进行,即将光学甲烷检测仪进气管口置于巷道风流的下部边缘进行采气,首先测出该处瓦斯浓度,然后去掉二氧化碳吸收管,测出该处瓦斯和二氧化碳混合气体浓度,后者减去前者乘上校正系数即是二氧化碳的浓度,这样连续测定3次,取其平均值。

矿井总回风、一翼回风、水平回风和采区回风巷道的风流范围的划定方法与巷道风流划定方法相同。

2. 采煤工作面及其进、回风流中瓦斯和二氧化碳浓度的检查测定

(1)采煤工作面进、回风流中瓦斯和二氧化碳浓度的检查测定

采煤工作面进风流是指:距支架和巷道底部各为50 mm的采煤工作面进风巷道空间内的风流;无支架进风巷道为距巷顶、帮和底各200 mm的采煤工作面进风巷道空间内的风流。采煤工作面进风巷风流中的瓦斯(或二氧化碳)浓度应在距采煤工作面煤壁线以外10 m处的采煤工作面进风巷风流中测定,并连续测定3次,取最大值作为测定结果和处理依据。其测定部位和方法与巷道风流中进行测定时相同。

采煤工作面回风流中瓦斯浓度的检查测定,其测定部位和方法与采煤工作面进风流中瓦斯浓度的检查测定相同。

(2)采煤工作面风流中瓦斯和二氧化碳浓度的检查测定

采煤工作面风流为距煤壁、顶和底板各为200 mm(小于1 m厚的薄煤层采煤工作面距顶、底板各为100 mm)和以采空区的切顶线为界的采煤工作面空间的风流。采用充填法管理顶板时,采空区一侧应以挡矸、砂帘为界。采煤工作面回风上隅角及一段未放顶的巷道空间至煤壁线的范围空间中的风流,都按采煤工作面风流处理。采煤工作面风流中的瓦斯和二氧化碳浓度的测定部位和方法与在巷道风流进行测定的部位和方法相同,但要取其最大值作为测定结果和处理依据。

(3)掘进工作面风流及回风巷风流中瓦斯和二氧化碳浓度的检查测定

掘进工作面风流是指:掘进工作面到风筒出口这一段巷道中的风流,测定时按巷道风流划定法划定空间范围。掘进工作面风流中瓦斯和二氧化碳浓度的测定应包括:工作面上部左、右角距顶、帮和煤壁各200 mm处的瓦斯浓度;工作面第一架棚左、右柱窝距帮和底各200 mm处的二氧化碳浓度。各取其最大值作为检查结果和处理依据。

(4)盲巷内瓦斯和二氧化碳浓度的检查

盲巷内一般都会积聚瓦斯,如果瓦斯涌出量大或停风时间长,便会积聚大量的高浓度瓦斯。进入盲巷内检查瓦斯和其他有害气体时,要特别小心谨慎,防止窒息、中毒和爆炸事故的发生。

检查时,检查人员必须事先检查自己携带的矿灯、自救仪器及瓦斯检测仪等,确认完好可靠,方能开始检查。首先检查盲巷入口处的瓦斯和二氧化碳,其浓度均小于3.0%时,方可由外向内逐渐检查。检查临时停风时间较短、瓦斯涌出量不大的盲巷内瓦斯和其他有害气体浓度时,可以由瓦斯检查员或其他专业检查人员1人入内检查;检查停风时间较长或瓦斯涌出量大的盲巷内瓦斯和其他有害气体浓度时,最少有2人一起入内检查。2人应一前一后拉开一定距离,边检查边前进。

在盲巷入口处或盲巷内任何一处,瓦斯或二氧化碳浓度达到3.0%或其他有害气体浓度

超过规定时,必须停止前进,在入口处设置栅栏,向地面报告,由通风管理部门按规定进行处理。

在盲巷内除检查瓦斯和二氧化碳浓度外,还必须检查氧气和其他有害气体浓度。在倾角较大的上山盲巷内检查时,应重点检查瓦斯浓度;在倾角较大的下山盲巷内检查时,应重点检查二氧化碳浓度。

(5)高冒区及突出孔洞内的瓦斯检查

高冒区由于通风不良容易积聚瓦斯,突出孔洞内未通风时积聚有高浓度瓦斯,检查时都需特别小心,防止瓦斯窒息事故发生。

检查瓦斯时,人员不得进入高冒区或突出孔洞内,只能用瓦斯检查棍把长胶管伸到里面去检查。应由外向里逐渐检查,根据检查的结果(瓦斯浓度、积聚瓦斯量)采取相应的措施进行处理。当里面瓦斯浓度达到3.0%或其他有害气体浓度超过规定时,或者瓦斯检查棍等无法伸到最高处检查时,则应进行封闭处理,不得留下任何隐患。

(6)爆破过程中的瓦斯检查

井下爆破是在极其特殊而又恶劣的环境中进行的。爆破时煤(岩)层中会释放出大量的瓦斯,并且容易达到燃烧或爆炸浓度。如果爆破时产生火源,就会造成瓦斯燃烧或爆炸事故。因此,为防止爆破过程中瓦斯超限或发生瓦斯事故(瓦斯窒息、燃烧、爆炸),爆破员、班组长、瓦斯检查员必须都在现场,执行"一炮三检制"。

具体实施方法:采掘工作面及其他爆破地点,装药前爆破员、班组长、瓦斯检查员都必须检查爆破地点附近20 m范围内瓦斯,瓦斯浓度达到1.0%时,不准装药。紧接爆破前(距起爆的时间不能太长,否则爆破地点及其附近瓦斯可能超过规定),3人都必须检查爆破地点附近20 m范围内风流中的瓦斯,瓦斯浓度达到1.0%时,不准爆破;爆破后非突出危险工作面至少等候15 min,突出危险工作面至少等候30 min,待炮烟吹散后,瓦斯检查员在前、爆破员居中、班组长在后一同进入爆破地点检查瓦斯及爆破效果等情况。

在爆破过程中,爆破员、班组长、瓦斯检查员每次检查瓦斯的结果都要互相核对,并且每次都以3人中检查所得最大瓦斯浓度值作为检查结果和处理依据。

三、矿井瓦斯检测仪器

矿井瓦斯检测仪种类很多,主要分为便携式和固定式两大类,按其工作原理又分为光干涉式、热催化式、热导式、红外线式、气敏半导体式、声速差和离子化式等。

下面只介绍瓦斯检查员必备的便携式光学瓦斯检测器和井下部分流动人员经常携带的便携式瓦斯报警器的构造、原理、使用方法。

1. 光学瓦斯检测器

光学瓦斯检测器是煤矿井下用来测定瓦斯和二氧化碳气体浓度的便携式仪器。这种仪器的特点是携带方便,操作简单,安全可靠,且有足够的精度。但由于采用光学系统,因此,构造复杂,维修不便。仪器测定范围和精度有两种:0~10.0%,精度0.01%;0~100%,精度0.1%。

(1)光学瓦斯检测器的构造

光学瓦斯检测器有很多种类,其外形和内部构造基本相同。现以AQC-1型光学瓦斯检测器为例介绍其构造。

图2-21为AQC-1型光学瓦斯检测器的内部构造图,它由以下3个系统组成:

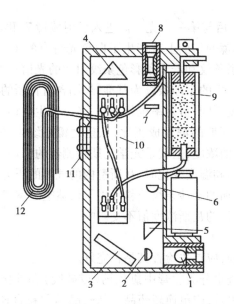

图 2-21　光学瓦斯检测器的内部结构

1—灯泡；2—聚光镜；3—平面镜；4—折光棱镜；5—反射棱镜；6—物镜；7—测微玻璃；

8—目镜；9—吸收管；10—气室；11—按钮；12—盘形管

①气路系统。由进气管、二氧化碳吸收管、水分吸收管、气室、吸收管、吸气橡皮球及毛细管等组成。其主要部件的作用如下：

二氧化碳吸收管：装有颗粒直径 2 ~ 5 mm 的钠石灰，当测定瓦斯浓度时，用于吸收混合气体中的二氧化碳。

水分吸收管：水分吸收管内装有氯化钙（或硅胶），吸收混合气体中的水分。

气室：如图 2-22 所示，用于分别存储新鲜空气和含有瓦斯或瓦斯、二氧化碳的混合气体。A 为空气室，B 为瓦斯室。

毛细管：毛细管的一端与大气相通，另一端与空气室相连。其作用是保持空气室内的空气的温度和绝对压力与被测地点相同。

②光路系统。光路系统及其组成如图 2-22 所示。

③电路系统。电路系统由电池、光源灯泡、光源盖、微读数电门和光源电门等组成，实现光路系统的电能供给和电路控制功能。

（2）光学瓦斯检测器的原理

光学瓦斯检测器的工作原理如图 2-22 所示。由光源 1 发出的光，经聚光镜 2，到达平面镜 3 的 O 点后分为两束光线。一束光在平面镜 O 点反射穿过右空气室，经反光棱镜 6 两次反射后穿过左空气室，然后回到平面镜 3，折射入平面镜，经其底面反射到镜面，再折射，于 O' 点穿出平面镜 3。另一束光被折射入平面镜 3，在底面反射，镜面折射穿过瓦斯室 B，经反光棱镜 6，仍然通过瓦斯室 B 也

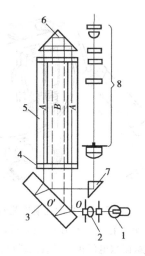

图 2-22　光学瓦斯检测器原理图

1—光源；2—聚光镜；3—平面镜；

4—平行玻璃；5—气室；6—反光棱镜；

7—反射棱镜；8—望远镜系统

107

回到平面镜 3 的 O' 点,反射后与第一束光一同进入反射棱镜 7,再经 90°反射进望远镜。这两束光由于光程不同,在望远镜的焦面上就产生了白色光特有的干涉条纹——光谱。通过望远镜则可清晰地看到有两条黑条纹和若干条彩色条纹组成的光谱。如果以空气室和瓦斯室均充入密度相同的新鲜空气时产生的干涉条纹为基准,当用含有瓦斯的空气置换瓦斯室的空气后,两气室内的气体成分和密度不同,折射率也就不同,光谱发生位移。若保持气室的温度和压力相同,光谱的位移距离就与瓦斯的浓度成正比,从望远镜系统中的刻度尺上读出的光谱位移量,以此位移量来表示瓦斯的浓度,这就是光学瓦斯检测器的原理。

当待测地点的气体压力和温度变化时,瓦斯室内的气体的压力和温度随之变化,气体折射率也要变化,会因此产生附加的干涉条纹位移。由于仪器空气室安设了毛细管,其作用是消除环境条件变化的干扰,使测得的瓦斯浓度值不受影响。

(3)准备工作

使用光学瓦斯检测器前,应首先检查其是否完好。

①检查药品性能。检查水分吸收管中氯化钙(或硅胶)和外接的二氧化碳吸收管中的钠石灰是否失效。如果药品失效,应更换新药品。新药品的颗粒直径应为 2 ~ 5 mm。药品颗粒过大,不能充分吸收通过气体中的水分或二氧化碳,使测定结果偏大;颗粒过小又易于堵塞气路,甚至将药品粉末吸入气室内。

②检查气路系统。首先,检查吸气橡皮球是否漏气,方法是:一手捏扁橡皮球,另一手捏住橡皮球的胶管,然后放松皮球,若不胀起,则表明不漏气。其次,检查仪器是否漏气,将吸气橡皮球胶管同检测仪吸气孔连接,堵住进气管,捏扁皮球,松手后球不胀起为好。最后,检查气路是否畅通,即放开进气管,捏扁吸气球,以吸气橡皮球鼓起自如为好。

③检查光路系统。按光源电门,由目镜观察,并旋转目镜筒,调整到分划板刻度清晰时,再看干涉条纹,如不清晰,取下光源盖,拧松光源灯泡后盖,转动灯泡后端小柄,并同时观察目镜内条纹,直至条纹清晰为止,拧紧光源灯泡后盖,装好仪器。若电池无电应及时更换新电池。

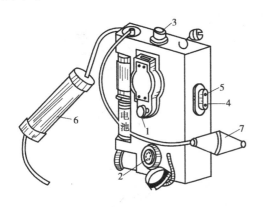

图 2-23　光学瓦斯检测器的使用
1—微调手轮;2—主调手轮;3—目镜;4—光源电门;
5—微读数电门;6—二氧化碳吸收管;7—吸气球

④对仪器进行校正。国产光学瓦斯检测器的校正办法是将光谱的第一条黑色条纹对在"0"刻度上,如果第 5 条条纹正在"7%"的数值上,表明条纹宽窄适当,可以使用。否则应调整光学系统。

(4)测定瓦斯

用光学瓦斯检测器测定瓦斯时,应按下述步骤进行操作:

①对零。在与待测地点温度、气压相近的进风巷道中,如图 2-23 所示,捏放吸气橡皮球 7 次,清洗瓦斯室。温度和气压相近,是防止因温度和空气压力不同引起测定时出现零点漂移的现象。然后,按下微读数电门 5,观看微读数观测窗,旋转微调手轮 1,使微读数盘的零位刻度和指标线重合;再按下光源电门 4,观看目镜,旋下主调螺旋盖,转动主调手轮 2,在干涉条纹中选定一条黑基线与分划板的零位相重,并记住这条黑基线,盖好主调螺旋盖,再复查对零的黑基线是否移动。

②测定。在测定地点处将仪器进气管送到待测位置,如果测点过高或人不能进入的空间,可接长胶皮管,系在木棍或竹棍上,送到待测位置。捏放橡皮吸气球 5 ~ 10 次(胶皮管长,次数增加),将待测气体吸入瓦斯室。按下光源电门 4,从目镜中观察黑基线的位置,黑基线处一在两个整数之间时,转动微调手轮,使黑基线退到和小的整数重合,读出此整数,再从微读数盘上读出小数位,两者之和即为测定的瓦斯浓度。例如,从整数位读出整数值为 1,微读数读出 0.36,则测定的瓦斯浓度为 1.36%。同一地点最少测 3 次,然后取平均值。

(5)测定二氧化碳

用光学瓦斯检测仪测定二氧化碳浓度时,先用上述方法测出待测点的瓦斯浓度,然后取下二氧化碳吸收管,在此点再捏放吸气球 5 ~ 10 次,测出二氧化碳和瓦斯的混合浓度,从混合浓度中减去瓦斯浓度,再乘以 0.955 的校正系数,即得二氧化碳的浓度。

(6)使用和保养

光学瓦斯检测器的使用和保养应注意以下问题:

①携带和使用检测仪时,应轻拿轻放,防止和其他物体碰撞,以免仪器受较大振动,损坏仪器内部的光学镜片和其他部件。

②当仪器干涉条纹观察不清时,往往是测定时空气湿度过大,水分吸收管不能将水分全部吸收,在光学玻璃上结成雾粒;或者有灰尘附在光学玻璃上。当光学系统确有问题时,调动光源灯泡也不能解决,就要拆开进行擦拭,或调整光学系统。

③如果空气中含有一氧化碳(火灾气体)或硫化氢,将使瓦斯测定结果偏高。为消除这一影响,应再加一个辅助吸收管,管内装颗粒活性炭可消除硫化氢;装 40% 氧化铜和 60% 二氧化锰混合物可消除一氧化碳。

④在严重缺氧的地点(如密闭区和火区),气体成分变化大,光学瓦斯检测器测定的结果将比实际浓度大得多,这时最好采取气样,用气体分析的方法测定瓦斯浓度。

⑤高原地区空气密度小、气压低,使用时应对仪器进行相应的调整,或根据测定地点的温度和大气压力计算校正系数,并进行测定结果的校正。

⑥定期对仪器进行检查、校正,发现问题及时维修。仪器不用时,应放在干燥地点,取出电池,防止仪器腐蚀。

(7)防止光学瓦斯检测器零点漂移

用光学瓦斯检测器测定瓦斯时,发生零点漂移会使测定结果不准确,其主要原因和解决办法如下:

①仪器空气室内空气不新鲜。解决办法是用新鲜空气清洗空气室,不得连班使用同一台光学瓦斯检测器,否则毛细管里的空气不新鲜,起不到毛细管的作用。

②对零地点与测定地点温度和气压不同。解决办法是尽量在靠近测定地点、标高相差不大、温度相近的进风巷道内对零。

③瓦斯室气路不畅通。要经常检查气路,如发现堵塞及时修理。

(8)光学瓦斯检测器的校正系数

当温度和气压变化较大时,应校正已测得的瓦斯或二氧化碳浓度值。

光学瓦斯检测器是在温度为 20 ℃,1 个标准大气压力条件下标定分划板刻度的。当被测地点空气温度和大气压力与标定刻度时的温度和大气压力相差较大时(温度超过 20 ± 2 ℃,大气压超过 101 325 ± 100 Pa),应进行校正。校正的方法是将已测得的瓦斯或二氧化碳浓度

乘以校正乘数 K。校正系数 K 按下式计算为

$$K = 345.8 \frac{T}{p} \tag{2-5}$$

式中　T——测定地点绝对温度,绝对温度 T 与摄氏温度 t 的关系为:$T = t + 273$,K;

　　　p——测定地点的大气压力,Pa。

例如,测定地点温度为 27 ℃、大气压力为 86 645 Pa,测得瓦斯浓度读数为 2.0%,根据式(2-5)计算,$T = 273 + 27 = 300$ K,得 $K = 1.2$,校正后瓦斯浓度为 2.4%。

2. 便携式瓦斯检测报警器

便携式瓦斯检测报警器是一种可连续测定环境中瓦斯浓度的电子仪器。当瓦斯浓度超过设定的报警点时,仪器能发出声、光报警信号。它具有体积小、重量轻及检测精度高、读数直观、连续检测、自动报警等优点,是煤矿防止瓦斯事故的重要防线。

便携式瓦斯检测报警器种类很多,目前尚无统一、明确的分类方法,习惯上按检测原理分类,主要分为热催化(热效)式、热导式及半导体气敏元件式 3 大类。便携式瓦斯检测报警器的测量瓦斯浓度范围一般在 0～4.0% 或 0～5.0%。当瓦斯浓度在 0～1.0% 时,测量误差为 ±0.1%;当瓦斯浓度在 1.0%～2.0% 时,测量误差为 ±0.2%;当瓦斯浓度在 2.0%～4.0% 时,测量误差为 ±0.3%。

(1)热催化(热效)式瓦斯检测报警器

热催化(热效)式瓦斯检测报警器是由热催化元件、电源、放大电路、警报电路、显示电路等部分构成。其中热催化元件是仪器的主要部分,它直接与环境中的瓦斯相接触,当甲烷等可燃气体在元件表面发生氧化反应时,放出的热使元件的温度上升,改变其金属丝的电阻值,测量电路有电压输出,以此电压的大小来表示瓦斯浓度的高低。

热催化元件是用铂丝按一定的几何参数绕制的螺旋圈,外部涂以氧化铝浆并经煅烧而成的一定形状的耐温多孔载体,如图 2-24 所示。其表面上浸渍一层铂、钯催化剂。这种检测元件表面呈黑色,称黑元件。除黑元件以外,在仪器中还有一个与黑元件结构相同,但表面没有涂催化剂的补偿元件,称白元件。黑白两个元件分别接在一个电桥的相邻桥臂上,电桥的另两个桥臂分别接入适当的电阻,测量电桥如图 2-25 所示。

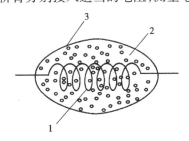

图 2-24　载体催化元件的结构
1—铂丝;2—氧化铝;3—催化剂

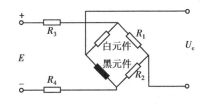

图 2-25　催化传感器测量电桥原理

使用时,一定的工作电流通过检测元件,其表面被加热到一定的温度,含有瓦斯的空气接触到黑元件表面时,便被催化燃烧,燃烧放出的热量又进一步使元件的温度升高,使铂丝的电阻值明显增加,于是电桥就失去平衡,输出一定的电压 U_c。在瓦斯浓度低于 4% 的情况下,电桥输出的电压与瓦斯浓度基本上呈直线关系,故可以根据测量电桥输出电压的大小测算出瓦

斯浓度的数值;当瓦斯浓度超过 4% 时,输出电压就不再与瓦斯浓度成正比关系。因此,按这种原理做成的甲烷检测报警器只能测低浓度的瓦斯。

（2）热导式瓦斯检测报警器

热导式瓦斯检测报警器与热催化瓦斯检测报警器的构造基本相同,也是由热导元件、电源、放大电路、显示及报警电路组成,区别在于两种仪器热敏元件的构造和原理不同。

热导式检测器是依据矿井空气的导热系数随瓦斯含量的变化而变化这一特性,通过测量这个变化来达到测量瓦斯含量的目的。通常仪器都是通过某种热敏元件将混合气体中待测成分含量变化引起的导热系数变化转变成为电阻值的变化,再通过平衡电桥来测定这一变化的。其原理图如图 2-26 所示。

图 2-26 中 r_1 和 r_2 为两热敏元件,分别置于同一气室的两个小孔腔中,它们和电阻 R_3, R_4 共同构成电桥的 4 个臂。放置 r_1 的小孔腔与大气连通,称为工作室;放置 r_2 的小孔腔充入清净空气后密封,称为比较室。工作室和比较室在结构上尺寸、形状完全相同。

在无瓦斯的情况下,由于两个小孔腔中各种条件皆相同,两个热敏元件的散热状态也相同,电桥就处于平衡状态,电表 G 上无电流通过,其指示为零。

当含有瓦斯的气体进入气室与 r_1 接触后,由于瓦斯

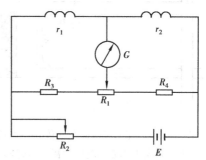

图 2-26　热导式瓦斯传感器电路原理

比空气的导热系数大、散热好,故使其温度下降,电阻值减小,而被密封在比较室内的 r_2 阻值不变,于是电桥失去平衡,电表 G 中便有电流通过。瓦斯含量越高,电桥就越不平衡,输出的电流就越大。根据电流的大小,便可得出矿井空气中瓦斯含量值。利用这种原理制成的检定器,一般用于检定高浓度瓦斯。

（3）便携式瓦斯检测报警器的使用

便携式瓦斯检测报警器在每次使用前都必须充电,以保证其可靠工作。使用时首先在清洁空气中打开电源,预热 15 min,观察指示是否为零,如有偏差,则需调整调零电位器使其归零。

测量时,用手将仪器的传感器部位举至或悬挂在测点处,经十几秒的自然扩散,即可读取瓦斯浓度的数值;也可由工作人员随身携带,在瓦斯超限发出声、光报警时,再重点监视环境瓦斯或采取相应措施。使用仪器时应当注意:

①要保护好仪器,在携带和使用过程中严禁摔打、碰撞,严禁被水浇淋或浸泡。

②使用中发现电压不足时,应立即停止使用,否则将影响仪器的正常工作,缩短电池使用寿命。

③热催化式瓦斯测定器不适宜在含有 H_2S 的地区以及瓦斯浓度超过仪器允许值的场所中使用,以免仪器产生误差或损坏。

④对仪器的零点、测试精度及报警点应 1 周或 1 旬进行校验,以便使仪器测量准确、可靠。

3. 瓦斯传感器的设置

瓦斯传感器也称甲烷自动检测报警装置,在井下它像哨兵一样能连续检测瓦斯浓度并能在瓦斯超限时发出警报。瓦斯传感器应垂直悬挂在巷道顶板（顶梁）下距顶板不大于 300 mm,距巷道侧壁不小于 200 mm 处,该巷道顶板要坚固、无淋水;在有风筒的巷道中,不得悬挂在风

筒出风口和风筒漏风处。下面说明瓦斯传感器在主要地点的设置。

（1）采煤工作面瓦斯传感器的设置

①低瓦斯矿井的采煤工作面中，瓦斯传感器按如图2-27所示设置。

报警浓度：大于等于1.0%；

断电浓度：大于等于1.5%；

复电浓度：小于1.0%；

断电范围：工作面及其回风巷内全部非本质安全型电器设备。

②高瓦斯矿井的采煤工作面中，瓦斯传感器按如图2-28所示设置。

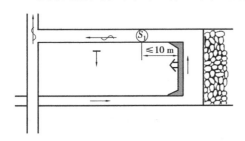 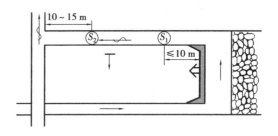

图2-27 低瓦斯工作面瓦斯传感器设置 　　　图2-28 高瓦斯工作面瓦斯传感器设置
S_1—采煤工作面风流中的瓦斯传感器 　　　　　S_1—采煤工作面风流中的瓦斯传感器；
　　　　　　　　　　　　　　　　　　　　　　　S_2—采煤工作面回风流中的瓦斯传感器

报警浓度：S_1 和 S_2 均大于等于1.0%；

断电浓度：S_1 大于等于1.5%，S_2 大于等于1.0%；

复电浓度：S_1 和 S_2 均小于1.0%；

断电范围：S_1 和 S_2 均为工作面及回风巷内全部非本质安全型电气设备。

③煤与瓦斯突出矿井的采煤工作面中，瓦斯传感器按如图2-29所示设置。

S_1 和 S_2 的规定与高瓦斯矿井采煤工作面的设置相同，其中，S_2 的断电范围扩大到进风巷内全部非本质安全型电气设备，如果不能实现断电，则应增设 S_3。

S_3 的报警浓度和断电浓度均大于等于0.5%，复电浓度小于0.5%，断电范围为采煤工作面及进回风巷内全部非本质安全型电气设备。

采煤工作面采用串联通风时，被串联工作面的进风巷必须设置瓦斯传感器。瓦斯传感器的报警浓度和断电浓度均大于等于0.5%，复电浓度小于0.5%，断电范围为被串采煤工作面及其进回风巷内全部非本质安全型电气设备。

装有矿井安全监控系统的采煤工作面，符合条件且经批准，回风巷风流中瓦斯浓度提高到1.5%时，回风巷（回风流）瓦斯传感器的报警浓度和断电浓度均大于等于1.5%，复电浓度小于1.5%。

采煤工作面的采煤机应设置机载式瓦斯断电仪或便携式瓦斯检测报警器。其报警浓度大于等于1.0%，断电浓度大于等于1.5%，复电浓度小于1.0%，断电范围为采煤机电源。

（2）掘进工作面瓦斯传感器的设置

①高瓦斯矿井和煤与瓦斯突出矿井的煤巷、半煤岩巷和有瓦斯涌出的岩巷掘进工作面，瓦斯传感器按如图2-30所示设置。

低瓦斯矿井的掘进工作面，可不设 S_2。

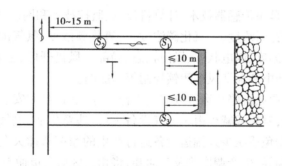

图 2-29　煤与瓦斯突出工作面瓦斯传感器设置

S_1—采煤工作面风流中的瓦斯传感器；

S_2—采煤工作面回风流中的瓦斯传感器；S_3—采煤工作面进风流中的瓦斯传感器

报警浓度：S_1 和 S_2 均大于等于 1.0%；

断电浓度：S_1 大于等于 1.5%，S_2 大于等于 1.0%；

复电浓度：S_1 和 S_2 均小于 1.0%；

断电范围：S_1 和 S_2 均为掘进巷道内全部非本质安全型电气设备。

②掘进工作面与掘进工作面串联通风时，被串掘进工作面增加瓦斯传感器 S_3，按如图 2-31 所示设置。

报警浓度和断电浓度：S_3 大于等于 0.5%；

复电浓度：S_3 小于 0.5%；

断电范围：被串掘进巷道内全部非本质安全型电气设备。

掘进工作面的掘进机应设置机载式瓦斯断电仪或便携式瓦斯检测报警器。其报警浓度大于等于 1.0%，断电浓度大于等于 1.5%，复电浓度小于 1.0%，断电范围为掘进机电源。

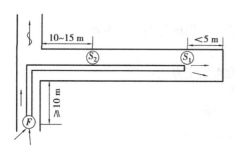

图 2-30　掘进工作面瓦斯传感器设置图

S_1—掘进工作面风流中的瓦斯传感器；

S_2—掘进工作面回风流中的瓦斯传感器

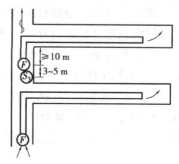

图 2-31　串联风掘进工作面瓦斯传感器设置

S_1—被串联工作面风流中的瓦斯传感器；

F—局部通风机

4. 煤矿安全监控系统简介

随着科学技术的进步，生产自动化和管理现代化的矿井日益增多，传统的人工检测和一般的检测装备及其监测技术，已无法适应现代化矿井生产发展的需要。于是，系统监控技术和各种类型的安全监控系统装备相继问世，并逐步取代各种简单的监测手段。

煤矿安全监控系统是煤矿安全生产的重要保障，在瓦斯防治、遏制超能力生产、加强井下作业人员管理等多方面发挥着重要作用。

煤矿安全监控系统是集传感器技术、计算机技术、监控技术和网络技术于一体的现代化综合系统。它主要有监测瓦斯浓度、一氧化碳浓度、二氧化碳浓度、氧气浓度、硫化氢浓度、矿尘浓度、风速、风压、湿度、温度、馈电状态、风门状态、局部通风机开停、主要通风机开停等,并实现瓦斯超限声光报警、断电和瓦斯风电闭锁控制等功能的。

当瓦斯超限或局部通风机停止运行或掘进工作面停风时,煤矿安全监控系统会自动切断相关区域的电源并闭锁,避免或减少由于电气设备失爆、违章作业、电气设备故障电火花或危险温度引起瓦斯爆炸;避免或减少采掘运设备运行产生的摩擦碰撞火花及危险温度等引起瓦斯爆炸;提醒矿井各级领导、生产调度等及时通知,将相关区域人员撤至安全地点。

同时,还可以通过煤矿安全监控系统监控瓦斯抽放系统、矿井通风系统、煤炭自然发火、煤与瓦斯突出、煤矿井下人员等。

当前国产矿井安全监控系统型号达80多种,其工作原理和结构大致相同,只存在个别差异,常用KJ4、KJ80、KJ83、KJ95、KJ90、KJ90NA、KJ2000等型号,其技术已达到国际先进水平。

巩固提高

1. 名词解释:瓦斯爆炸、瓦斯的最低点燃温度、瓦斯的最小点燃能量、瓦斯的爆炸界限、瓦斯积聚、"三专两闭锁"、采煤工作面进风流、掘进工作面风流、煤矿安全监控系统。

2. 瓦斯爆炸的条件有哪些? 其危害性主要表现在哪些方面?

3. 影响瓦斯爆炸发生的因素有哪些?

4. 矿井瓦斯积聚的原因有哪些?

5. 简述处理局部积聚的瓦斯的方法有哪些?

6. 预防瓦斯爆炸的措施有哪些?

7. 如何实施排放瓦斯的分级管理? 排放瓦斯的安全措施包括哪些内容?

8. 检查矿井瓦斯的目的是什么?

9. 巷道、采掘工作面、盲巷风流中瓦斯浓度的检查测定方法。

10. 简述光学瓦斯检测仪的构造、原理及使用方法。

11. 《煤矿安全规程》对专用排放瓦斯巷有哪些规定?

12. 编制矿井灾害预防和处理计划应当遵循哪些原则?

情境 **3**

瓦斯抽采技术

学习目标

☞熟悉瓦斯抽采方法分类；

☞熟悉人工增加煤层透气系数的措施；

☞熟悉不同条件下的瓦斯抽采方法；

☞熟悉瓦斯的综合利用方法；

☞熟悉抽采瓦斯的设备；

☞掌握瓦斯抽采的必要性分析方法；

☞掌握抽采瓦斯参数的监测方法；

☞掌握瓦斯抽采钻孔参数设计方法。

任务 3.1　瓦斯抽采

一、煤层气(瓦斯)

煤层气是指赋存于煤层及其围岩中与煤炭资源伴生的非常规天然气,是一种在含煤岩层中,以腐植性有机物质为主的成煤物质在成煤过程中自生、自储式非常规的天然气,主要成分为 CH_4 占90%以上,也称矿井瓦斯。煤层气在煤层中生成,并以吸附、游离状态储存在煤层及邻近岩层之中。

煤层气一直以来被看做是对煤矿开采造成严重安全威胁的有害气体,在煤炭开采史中,由于煤层气导致了多起瓦斯、煤尘爆炸事故和煤与瓦斯的突出事故。煤层气的主要成分甲烷是具有强烈温室效应的气体,其温室效应要比二氧化碳大20倍,散发到大气中的甲烷污染环境,导致气候异常,同时大气中的甲烷消耗平流层中的臭氧,而臭氧减少使照射到地球上的紫外线增加、形成烟雾,还可诱发某些疾病,危害人类健康。

另一方面,瓦斯作为煤层气主要成分,其常温下的发热量 $3.43 \sim 3.71$ MJ/Nm³,其热值与天然气相当,是一种高效、洁净的非常规天然气,可以用作民用燃料,也可以用于发电和汽车燃料,还是化工产品的上等原料,具有很高的经济价值,应加以回收利用。

国务院办公厅关于加快煤层气(煤矿瓦斯)抽采利用的若干意见(国办发[2006]47号)明确规定,加快煤层气抽采利用是贯彻以人为本、落实科学发展观、建设节约型社会的重要体现。必须坚持先抽后采、治理与利用并举的方针,采取各种鼓励和扶持措施,防范煤矿瓦斯事故,充分利用能源资源,有效保护生态环境。煤层气抽采利用项目经各省(区、市)煤炭行业管理部门会同同级人民政府资源综合利用主管部门认定后,可享受有关鼓励和扶持政策。其主要包括:井下抽采系统项目,地面钻探、泵站项目,输配气管网项目,煤层气压缩、提纯、储存和销售站点项目,利用煤层气发电、供民用燃烧及生产化工产品项目,等等。

二、矿井瓦斯抽采

瓦斯抽采是指采用专用设备和管路把煤层、岩层和采空区中的瓦斯抽出或排出的措施。就是采用通过打钻,利用钻孔或巷道、管道和真空泵等设施,把煤层、岩层中和采空区内的瓦斯抽出送至地面综合利用。抽采瓦斯可使涌入井巷风流的瓦斯量减少,从而降低矿井风流中的瓦斯浓度,实现矿井安全生产,同时将瓦斯作为一种清洁能源加以开发利用,变害为利。

在一些高瓦斯矿井,如阳泉矿务局综采工作面的瓦斯涌出量为 40 m³/min,国外个别工作面高达 $80 \sim 100$ m³/min。在此情况下,单纯采用通风的方法难以把工作面的瓦斯浓度控制在允许的范围内时,必须采取瓦斯抽采措施有效地解决开采区瓦斯浓度超限问题。目前,很多高瓦斯矿井都建立了瓦斯抽采设施,据2007年统计,全国200多个矿井共抽出瓦斯44亿 m³。2009年全国煤矿共抽出瓦斯 71.82亿 m³。在瓦斯抽采方面,我国已经积累了比较丰富的经验,还可以用来发电等。

抽出的瓦斯量少、浓度低时,一般直接排到大气中去。当具有稳定的、较大的抽出量时,可将抽出瓦斯作为制造炭黑、甲醛等工业原料与民用燃料,还可以用来发电等。

三、瓦斯抽采方法分类

抽采瓦斯的方法,按瓦斯的来源分为开采煤层的抽采、邻近层抽采和采空区抽采3类;按抽采的机理分为未卸压抽采和卸压抽采两类;按汇集瓦斯的方法分为钻孔抽采、巷道抽采和巷道与钻孔综合法3类。抽采方法的选择必须根据矿井瓦斯涌出来源的调查,考虑自然与采矿因素和各种抽采方法所能达到的抽采率。

瓦斯抽采方法分类如图3-1所示。

四、瓦斯抽采的必要性分析

衡量一个瓦斯矿井是否有必要抽采,可以根据以下几点:对于生产矿井,由于矿井的通风能力已经确定,故矿井瓦斯涌出量超过通风所能稀释瓦斯量时,即应考虑抽采瓦斯;对于新建矿井,当采煤工作面瓦斯涌出量大于 5 m³/min,掘进工作面瓦斯涌出量大于 3 m³/min,采用通风方法解决瓦斯问题不合理时,应该抽采瓦斯;对于全矿井,一般认为,绝对瓦斯涌出量大于30 m³/min,或相对瓦斯涌出量大于 $15 \sim 25$ m³/t 时应抽采瓦斯;开采保护层时应考虑抽采保护层瓦斯;对于突出煤层,可以考虑用预抽瓦斯的方法防止突出。

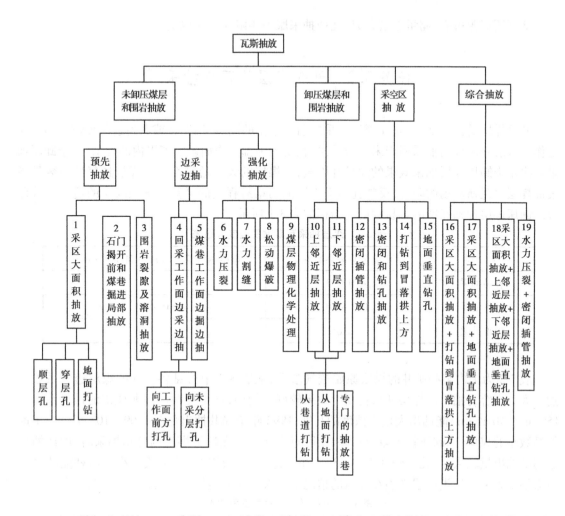

图 3-1　瓦斯抽采方法分类

《煤矿安全规程》第 145 条规定,有下列情况之一的矿井,必须建立地面永久抽采瓦斯系统或井下临时抽采瓦斯系统:

(1)一个采煤工作面的瓦斯涌出量大于 5 m^3/min 或一个掘进工作面瓦斯涌出量大于 3 m^3/min,用通风方法解决瓦斯问题不合理的。

(2)矿井绝对瓦斯涌出量达到以下条件的:

①大于或等于 40 m^3/min。

②年产量 1.0~1.5 Mt 的矿井,大于 30 m^3/min。

③年产量 0.6~1.0 Mt 的矿井,大于 25 m^3/min。

④年产量 0.4~0.6 Mt 的矿井,大于 20 m^3/min。

⑤年产量小于或等于 0.4 Mt 的矿井,大于 15 m^3/min。

(3)开采有煤与瓦斯突出危险煤层的。

《煤矿瓦斯抽采规范》规定,凡符合建立抽采系统条件,并同时具备下列两个条件的矿井,应建立地面永久瓦斯抽采系统:

①瓦斯抽采系统的抽采量可稳定在 2 m^3/min 以上。

②瓦斯资源可靠、储量丰富,预计瓦斯抽采服务年限在 5 年以上。

任务 3.2　开采煤层的瓦斯抽采

　　开采煤层的瓦斯抽采,是在煤层开采之前或采掘的同时,用钻孔或巷道进行该煤层的抽采工作。煤层开采前的抽采属于未卸压抽采,在受到采掘工作面影响范围内的抽采,属于卸压抽采。决定未卸压煤层抽采效果的关键性因素,是煤层的天然透气系数。煤层透气性系数是指表征煤层对瓦斯流动的阻力,反映瓦斯沿煤层流动难易程度的系数。按照煤层的透气系数评价未卸压煤层预抽瓦斯的难易程度的指标如表 3-1 所示。

表 3-1　煤层抽采瓦斯难易程度分级表

类　别	钻孔流量衰减系数/d^{-1}	煤层透气系数/$(m^2 \cdot MPa^{-2} \cdot d^{-1})$
容易抽采	< 0.003	>10
可以抽采	0.003 ~ 0.05	10 ~ 0.1
较难抽采	>0.05	<0.1

　　表 3-2 为国内某些矿井的煤层原始透气参数,从表 3-2 中可见各矿井的煤层透气系数差别很大。在容易抽采的煤层抽采瓦斯时效果较好。例如,辽宁抚顺煤田龙凤矿的透气系数为 150 $m^2/(MPa^2 \cdot d)$ 能抽出大量高浓度的瓦斯,1992 年全局共抽出瓦斯 1.09×10^8 m^3。对于透气系数小的煤层,未卸压抽采效果很差,实际意义不大。在这类煤层内打钻抽采时,即使抽采之初的抽出量较大,每孔达到 0.1 ~ 0.3 m^3/min,但是衰减很快,几天或几小时后就能减少到失去抽采意义。这类煤层必须在卸压的情况下或人工增大透气系数后,才能抽出瓦斯。

表 3-2　一些矿井的煤层透气系数

矿　井	煤层	透气系数/$(m^2 \cdot MPa^{-2} \cdot d^{-1})$	矿　井	煤层	透气系数/$(m^2 \cdot MPa^{-2} \cdot d^{-1})$
抚顺龙凤矿		150	北票冠山矿		0.008 ~ 0.228
抚顺胜利矿		31 ~ 39.2	红卫坦家冲井	6	0.24 ~ 0.72
包头河滩沟矿		11.2 ~ 17.2	涟邵蛇形山矿	4	0.2 ~ 1.08
天府磨心坡矿	9	0.004 ~ 0.04	淮南谢一矿	B116	0.228

1. 未卸压抽采瓦斯

　　未卸压抽采瓦斯是指抽采未受采动影响和未经人为松动卸压煤(岩)层的瓦斯,也称为预抽。本法适用于透气系数较大的开采煤层预抽瓦斯。按钻孔与煤层的关系分为穿层钻孔和沿层钻孔;按钻孔角度分为上向孔、下向孔和水平孔。我国多采用穿层上向钻孔。

　　穿层钻孔是在开采煤层的顶板或底板岩巷或煤巷,每隔一段距离开一 10 m 长的钻场。从钻场向煤层打 3 ~ 5 个穿透煤层的钻孔,封孔或将整个钻场封闭起来,装上抽瓦斯管并与抽采系统连接。抚顺预抽瓦斯钻孔布置如图 3-2 所示。

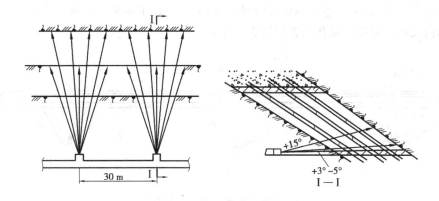

图 3-2　抚顺预抽瓦斯钻孔布置图

中梁山矿底板茅口巷道预抽瓦斯钻孔布置如图 3-3 所示。

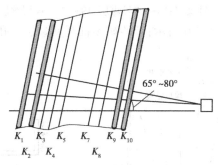

图 3-3　中梁山矿茅口巷道预抽瓦斯穿层孔布置图

芦岭煤矿底板穿层钻孔布置如图 3-4 所示。

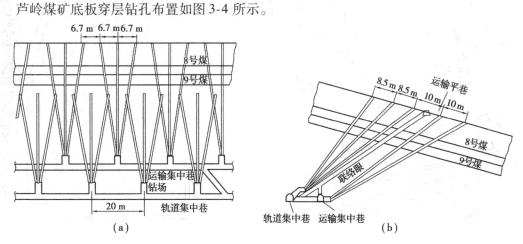

图 3-4　芦岭煤矿底板穿层钻孔布置图
（a）平面图　（b）剖面图

该方法的优点是施工方便,可以预抽的时间较长。如果是厚煤层下行分层开采,第一分层开采后,还可在卸压的条件下,抽采未采分层的瓦斯。

沿层钻孔适用于赋存稳定的中厚或厚煤层。由运输平巷沿煤层倾斜打钻,或由上、下山沿煤层走向打水平孔。这类抽采方法常受采掘接替的限制,抽采时间不长,影响了抽采效果。国外采用的可弯曲钻,能由岩巷或地面打沿层钻孔,大大延长了抽采的时间。

芙蓉白皎矿底板穿层钻孔布置如图3-5所示。

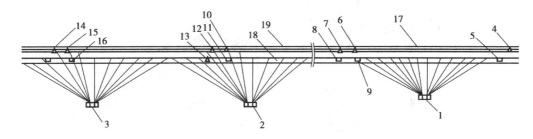

图3-5　芙蓉白皎矿底板穿层钻孔布置图

1,2,3—221,223,225底板岩巷;4—2212机巷;6,10,15—2212,2232,2252风巷;

7,12,14—2212,2232,2252瓦斯巷;5,8,9,11,13,16—四号煤层巷道;

17—二号煤层;18—四号煤层;19—二号煤层顺层钻孔

联络眼沿层钻孔布置如图3-6所示;芦岭矿预抽瓦斯顺层钻孔布置如图3-7所示。

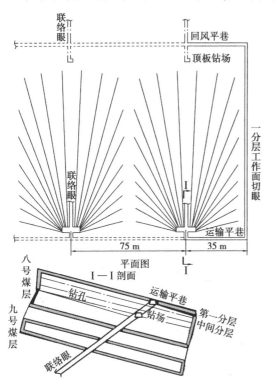

图3-6　联络眼沿层钻孔布置

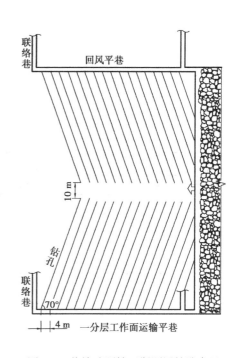

图3-7　芦岭矿预抽瓦斯顺层钻孔布置

我国1987年开始了有关研究工作,着重于井下水平长钻孔的打钻工艺。

(1)钻孔方向

我国多为上向孔。在含水较大的煤层内打下向孔时必须及时排除孔内的积水。孔内水静压大于煤层的瓦斯压力时,就难以抽出瓦斯。

（2）孔间距

孔间距是决定抽采效果的重要参数。抽采瓦斯开始后,钻孔周围的瓦斯含量和瓦斯压力逐渐降低,随着时间的延长影响范围逐渐达极限值,其影响半径称极限抽采半径。钻孔的间距应小于极限抽采半径。由此可知,在极限半径范围内,抽采的时间长,钻孔的间距就可以大些;抽采的时间短,钻孔的间距就应该小些。预抽前应根据可能抽采的时间,通过试抽确定合理的孔间距,一般为 30 ~ 50 m。

（3）抽采负压

抽采负压与抽出量的关系,国内外都有不同的看法。瓦斯在煤层内流动的快慢,虽然决定于压差和透气系数。但是煤层内的瓦斯压力为几个到几十大气压,而钻孔内的瓦斯压力变化不可能超过 1 个大气压。因此,提高抽采负压对瓦斯的抽出量影响不大,反而增加了孔口和管道系统的漏气,管内放水也更困难。一般情况下,钻孔口负压不超过 14 kPa 为宜。

（4）钻孔直径

抽采瓦斯钻孔直径一般为 70 ~ 100 mm。钻孔直径对瓦斯的抽出量影响随煤层不同而异。例如,辽宁抚顺龙凤矿 -400 m 水平、直径 100 mm 钻孔的每米孔长的瓦斯涌出量为 0.005 1 ~ 0.017 7 $m^3/(min \cdot m)$,直径为钻孔 20 倍的巷道仅为 0.005 3 ~ 0.025 2 $m^3/(min \cdot m)$,只增加了 1.2 ~ 1.4 倍;山西阳泉矿务局的试验表明,预抽瓦斯钻孔直径由 73 mm 增大至 300 mm,抽出瓦斯量约增大 3 倍;河北开滦矿务局历时 3 年的试验研究结果表明,大直径钻孔（180 mm）是普通钻孔（89 ~ 108 mm）抽采瓦斯量的 2.3 ~ 2.23 倍（在一年时间内）。

河南焦作矿务局科研所研制的自动变径扩孔钻具,与 MYZ-150 型瓦斯抽采坑道钻机相匹配,外径 90 mm,可扩孔直径 150 mm。

2. 卸压钻孔抽采

卸压抽采瓦斯是指抽采受采动影响和经人为松动卸压煤（岩）层的瓦斯。在受开采或掘进的采动影响下,引起煤层和围岩的应力重新分布,形成卸压区和应力集中区。在卸压区内煤层膨胀变形,透气系数大大增加。如果在这个区域内打钻抽采瓦斯,可以提高抽出量,并阻截瓦斯流向工作空间。这类抽采方法现场称为边掘边抽和边采边抽。

（1）边掘边抽

边掘边抽是指掘进巷道的同时,抽采巷道周围卸压煤体内瓦斯。如图 3-8 所示,在掘进巷道的两帮,随掘进巷道的推进,每隔 10 ~ 15 m 开一钻孔窝,在巷道周围卸压区内打钻孔 1 ~ 2 个,孔径 45 ~ 60 mm,封孔深 1.5 ~ 2.0 m,封孔后连接于抽采系统进行抽采。孔口负压不宜过高,一般为 5.3 ~ 6.7 kPa。巷道周围的卸压区一般为 5 ~ 15 m,个别煤层可达 15 ~ 30 m。河北开滦赵各庄矿在掘进工作面后面 15 ~ 20 m 处,用煤电钻打孔,孔深 4 ~ 9 m,孔距 4 ~ 6 m。封孔后抽采,降低了煤帮的瓦斯涌出量,保证了煤巷的安全掘进。

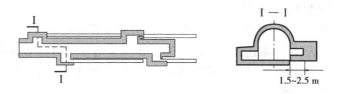

图 3-8　煤巷掘进抽采瓦斯孔布置图

（2）边采边抽

边采边抽是指抽采采煤工作面前方卸压煤体的瓦斯或厚煤层开采时抽采未采分层卸压煤体的瓦斯。它是在采煤工作面前方由机巷或风巷每隔20～60 m的距离，沿煤层倾斜方向、平行于工作面打钻、封孔、抽采瓦斯。孔深应小于工作面斜长的20～40 m。工作面推进到钻孔附近，当最大集中应力超过钻孔后，钻孔附近煤体就开始膨胀变形，瓦斯的抽出量也因而增加，工作面推进到距钻孔1～3 m时，钻孔处于煤面的挤出带内，大量空气进入钻孔，瓦斯浓度降低到30%以下时，应停止抽采。在下行分层工作面，钻孔应靠近底板，上行分层工作面靠近顶板。如果煤层厚超过6～8 m，在未采分层内打的钻孔，当第一分层开采后，仍可继续抽采。采区边采边抽瓦斯钻孔布置如图3-9所示。

这类抽采方法只适用于赋存平稳的煤层，有效抽采时间不长，每孔的抽出量不大。

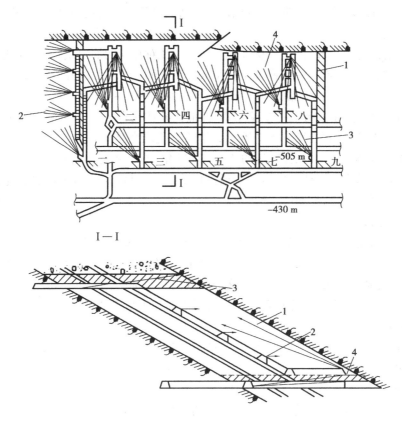

图3-9　采区边采边抽瓦斯钻孔布置图

1—反斜钻孔；2—隔离式钻孔；3—上抽钻孔；4—下截钻孔

3. 人工增加煤层透气系数的措施

透气系数低的单一煤层，或者虽为煤层群，但是开采顺序上必须先采瓦斯含量大的煤层，则上述抽采瓦斯的方法，就很难达到预期的目的。必须采用专门措施增加了煤层的透气系数以后，才能抽出瓦斯。国内外已试验过的措施有煤层注水、水力压裂、水力割缝、深孔爆破、交叉钻孔和煤层的酸液处理等。

煤层卸压方法如图3-10所示。

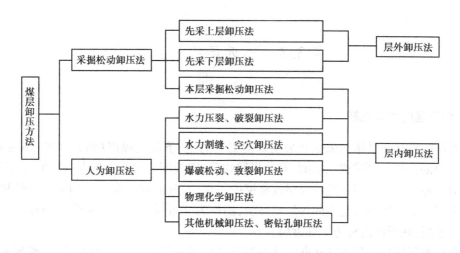

图 3-10 煤层卸压方法分类图

（1）水力压裂

水力压裂是指在钻孔内以水作为动力，在无自由面的情况下使煤体裂隙畅通的一种措施。通常是将大量含砂的高压水或其他溶液注入煤层，迫使煤层破裂，产生裂隙后沙子作为支撑剂停留在缝隙内，阻止它们的重新闭合，从而提高煤层的透气系数。注入的液体排出后，就可进行瓦斯的抽采工作。辽宁龙凤矿北井、山西阳泉、湖南红卫等矿都曾做过这种方法的工业试验。例如，湖南红卫里王庙矿四层煤，一般钻孔的涌出量最大为 $0.3~\mathrm{m^3/min}$，压裂后增至 $0.44\sim4.8~\mathrm{m^3/min}$。

（2）水力割缝

水力割缝是指在钻孔内运用高压水射流对钻孔两侧的煤体进行切割，形成一定深度的扁平缝槽的一种措施。通常是用高压水射流切割孔两侧煤体，形成大致沿煤层扩张的空洞与裂缝。增加煤体的暴露面，造成割缝上、下煤体的卸压，提高它们的透气系数。这种方法是煤炭科学研究总院抚顺研究院与河南鹤壁矿务局合作进行的研究。鹤壁四矿在硬度为 0.67 的煤层内，用 8 MPa 的水压进行割缝时，在钻孔两侧形成深 0.8 m、高 0.2 m 的缝槽，钻孔百米瓦斯涌出量由 $0.01\sim0.079~\mathrm{m^3/min}$，增加到 $0.047\sim0.169~\mathrm{m^3/min}$。

（3）深孔预裂爆破

深孔预裂爆破是指在钻孔内利用炸药爆破作为动力，使煤体裂隙增大，提高煤层透气性的一种措施。

（4）酸液处理

酸液处理是向含有碳酸盐类或硅酸盐类的煤层中，注入可溶解这些矿物质的酸性溶液。

（5）交叉钻孔

交叉钻孔是指平行钻孔与斜交钻孔交替布置的钻孔。除沿煤层打垂直于走向的平行孔外，还打与平行钻孔呈 15°～20°夹角的斜向钻孔，形成互相连通的钻孔网。其实质相当于扩大了钻孔直径，同时斜向钻孔延长了钻孔在卸压带的抽采时间，也避免了因钻孔坍塌而对抽采效果的影响。在河南焦作矿务局九里山煤矿的试验结果表明，这种布孔方式较常规的布孔方式相比，相同条件下提高抽采量 0.46～1.02 倍。

任务 3.3　邻近层的抽采瓦斯

一、邻近层的抽采瓦斯

邻近层抽采瓦斯是指抽采受开采层采动影响的上、下邻近煤层（可采煤层、不可采煤层、煤线、岩层）的瓦斯。开采煤层群时,开采煤层的顶、底板围岩将发生冒落、移动、龟裂和卸压,透气系数增加。开采煤层附近的煤层或夹层中的瓦斯,就能向开采煤层的采空区转移。这类能向开采煤层采空区涌出瓦斯的煤层或夹层,则称为邻近层。位于开采煤层顶板内的邻近层称为上邻近层,底板内的称为下邻近层。

邻近层的瓦斯抽采是在有瓦斯赋存的邻近层内预先开凿抽采瓦斯的巷道,或预先从开采煤层或围岩大巷内向邻近层打钻,将邻近层内涌出的瓦斯汇集抽出。前一方法称巷道法,后一方法称钻孔法。不论采用哪种方法,都可以抽出瓦斯。至于抽出量、抽出瓦斯中的甲烷浓度、可抽采的时间等安全经济效益,则有赖于所选择的方法和有关参数。

为什么邻近层抽采总能抽出瓦斯呢?一般认为,煤层开采后,在其顶板形成3个受采动影响的地带:冒落带、裂隙带和变形带,在其底板则形成卸压带。在距开采煤层很近、冒落带内的煤层,将随顶板的冒落而冒落,瓦斯完全释放到采空区内,这类煤层很难进行邻近层抽采。裂隙带内的煤层发生弯曲、变形,形成采动裂隙,并由于卸压,煤层透气系数显著增加。瓦斯在压差作用下,大量流向开采煤层的采空区。因此,邻近层距开采煤层越近,流向采空区的瓦斯量越大。如果在这些煤层内开凿抽瓦斯的巷道,或者打抽瓦斯的钻孔。瓦斯就向两个方向流动:一是沿煤层流向钻孔或巷道;二是沿层间裂隙流向开采煤层的采空区。因为抽采系统的压差总是大于邻近层与采空区的,故瓦斯将主要沿邻近层流向抽采钻孔或巷道。但是瓦斯流向开采煤层采空区的阻力,随层间距的减小而降低,因此,抽出的瓦斯量也就将随之减少。与上述邻近层向开采煤层涌出瓦斯的情况相反,邻近层距开采层越远,抽采率越大,抽出的瓦斯浓度越高。

变形带远离开采煤层,可以直达地表。呈平缓下沉状态,岩层的完整性未遭破坏,无采动裂隙与采空区相通,瓦斯一般不能流向开采煤层的采空区。但是由于煤层透气系数的增加,瓦斯也可以被抽采出来,不过必须进行经济比较,确定是否值得抽采这类邻近层的瓦斯。

二、钻孔法抽采

国内外都广泛采用钻孔法,由开采煤层进、回风巷道或围岩大巷内,向邻近层打穿层钻孔抽瓦斯。当采煤工作面接近或超过钻孔时,岩体卸压膨胀变形,透气系数增大,钻孔瓦斯的流量有所增加,就可开始抽采。钻孔的抽出量随工作面的推进而逐渐增大,达到最大值后能以稳定的抽出量维持一段时间(几十天到几个月)。由于采空区逐渐压实,透气系数逐渐恢复,抽出量也将随之减少,直到抽出量减小到失去抽采意义,便可停止抽采。

三、巷道法抽采

巷道法抽采可以采用倾斜高抽巷和走向高抽巷抽采上邻近层中的瓦斯。20 世纪 80 年代试验成功的倾斜高抽巷,是在工作面尾巷开口,沿回风及尾巷间的煤柱平走 5 m 起坡,坡度 30°~50°,打至上邻近层后顺煤层走 20~40 m,施工完毕后,在其坡底打密闭墙穿管抽采。倾斜高抽巷间距 150~200 m。这种抽采方式在山西阳泉矿务局一矿、五矿和贵州盘江矿务局山脚树煤矿的实际应用中都取得了很好的效果,邻近层抽采率最高可达到 85%。走向高抽巷是 1992 年在阳泉矿务局 15 号煤层首次使用的,其施工地点在采区回风巷,沿采区大巷间煤柱先打一段平巷,然后起坡至上邻近层,顺采区走向全长开巷,施工完毕后,在其坡底打密闭墙穿管抽采,抽采率高达 95%。

1. 邻近层的极限距离

邻近层抽采瓦斯的上限与下限距离,应通过实际观测,按上述 3 带的高度来确定。上邻近层取冒落带高度为下限距离,裂隙带的高度为上限距离。下邻近层不存在冒落带,故不考虑上部边界,至于下部边界,一般不超过 60~80 m。

2. 钻场位置

钻场位置应根据邻近层的层位、倾角、开拓方式以及施工方便等因素确定,要求能用最短的钻孔,抽出最多的瓦斯,主要有下列 5 种:

(1)钻场位于开采煤层的运输平巷内。

(2)钻场位于开采煤层的回风巷内。

(3)钻场位于层间岩巷内。

(4)钻场位于开采煤层顶板,向裂隙带打平行于煤层的长钻孔。

(5)混合钻场,上述方式的混合布置。

钻场位于回风巷的优点是钻孔长度比较短,因为工作面上半段的围岩移动比下半段好,再加上在瓦斯的浮力作用下,抽出的瓦斯比较多;可减少工作面上隅角的瓦斯积聚;打钻与管路铺设不影响运输;抽采系统发生故障时,对开采影响较小,回风巷内气温较稳定,瓦斯管内凝结的水分比较少。缺点是打钻时供电、供水和钻场通风都比运输巷内困难,巷道的维护费用增大等。

3. 钻场或钻孔的间距

决定钻场或钻孔间距的原则是工程量少、抽出瓦斯多,不干扰生产。阳泉一矿以采煤工作面的瓦斯不超限、钻孔瓦斯流量在 0.005 m³/min 左右、抽出瓦斯中甲烷浓度为 35% 以上作为确定钻孔距离的原则。煤层的具体条件不同,钻孔的距离也不同,有的 30~40 m,有的可达 100 m 以上。应该通过试抽,然后确定合理的距离。一般来说,上邻近层抽采钻孔距离大些,下邻近层抽采的钻孔距离应小些;近距离邻近层钻孔距离小些,远距离的大些。通常采用钻孔距离为 1~2 倍层间距。根据国内外抽采情况,钻场间距多为 30~60 m。一个钻场可布置一个或多个钻孔。

不同钻孔间距的抽采效果如图 3-11 所示。

如果一排钻孔不能达到抽采要求,应在运输水平和回风水平同时打钻抽采,在长的工作面内,还可由中间平巷打钻。

4. 钻孔角度

钻孔角度是指它的倾角(钻孔与水平线的夹角)和偏角(钻孔水平投影线和煤层走向或倾向的夹角)。钻孔角度对抽采效果关系很大。抽采上邻近层时的仰角,应使钻孔通过顶板岩石的裂隙带进入邻近层充分卸压区,仰角太大,进不到充分卸压区,抽出的瓦斯浓度虽然高,但

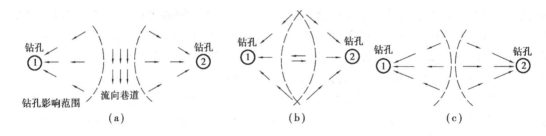

图 3-11 不同钻孔间距的抽采效果

(a)钻孔间距太大,瓦斯流入巷道中   (b)钻孔太密、间距太小,每米钻孔瓦斯抽采量太小

(c)最佳钻孔间距

流量小;仰角太小钻孔中段将通过冒落带,钻孔与采空区沟通,必将抽进大量空气,也大大降低抽采效果。下邻近层抽采时的钻孔角度没有严格要求,因为钻孔中段受开采影响而破坏的可能性较小。

5. 钻孔进入的层位

对于单一的邻近层,钻孔应当穿透该邻近层。

对于多邻近层,如果符合下列条件时,也可以只用一个钻孔穿透所有邻近层:

(1)30 倍采高以内的邻近层,且各邻近层间的间距小于 10 m。

(2)30 倍采高以外的邻近层,且互相间的距离小于 15 ~ 20 m。

否则应向瓦斯涌出量大的各层分别打钻。

对于距离很近的上邻近层,一般应单独打钻,因为这类邻近层抽采要求孔距小,抽采时间也短,而且容易与采空区相通。对于下邻近层,应该尽可能用一个钻孔多穿过一些煤层。

6. 孔径和抽采负压

与开采煤层抽采不同,孔径对瓦斯抽出量影响不大,多数矿井采用 57 ~ 75 mm 孔径。同样抽采负压增加到一定数值后,也不可能再提高抽采效果,我国一般为几千帕,国外多为 13.3 ~ 26.6 kPa。

任务 3.4 采空区及围岩瓦斯抽采

一、采空区抽采

采空区抽采瓦斯是指抽采现采工作面采空区和老采空区的瓦斯。前者称现采空区(半封闭式)抽采,后者称老采空区(全封闭式)抽采。

采煤工作面的采空区或老空区积存大量瓦斯时,往往因漏风带入生产巷道或工作面造成瓦斯超限而影响生产。例如,河北峰峰矿区厚度为 10 m 的大煤顶分层开采时,采煤工作面上隅角瓦斯积聚经常达 2.5% ~ 10%,进行工作面采空区的抽采后,解决了该处的瓦斯积聚问题。

采空区瓦斯抽采可分为全封闭式抽采和半封闭式抽采两类。全封闭式抽采又可分为密闭式抽采、钻孔式抽采和钻孔与密闭相结合的综合抽采等方式。半封闭式抽采是在采空区上部开掘一条专用瓦斯抽采巷道,如黑龙江鸡西矿务局城子河煤矿,在该巷道中布置钻场向下部采空区打钻,同时封闭采空区入口,以抽采下部各区段采空区中从邻近层涌入的瓦斯。抽采的采空区可以是一个采煤工作面,如重庆松藻矿务局打通一矿;或一两个采区的局部范围,如重庆天府矿务局磨心坡煤矿;也可以是一个水平结束后的大范围抽采,如重庆中梁山矿务局。插管法抽采采空区瓦斯如图 3-12 所示。

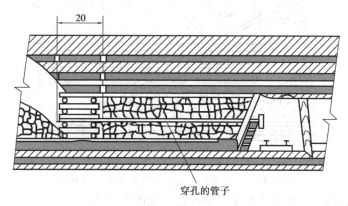

图 3-12 插管法抽采采空区瓦斯示意图

采空区预留管道抽采瓦斯-双埋管法如图 3-13 所示。

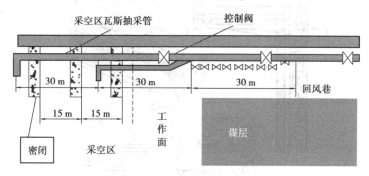

图 3-13 采空区预留管道抽采瓦斯-双埋管法

采空区预留管道抽采瓦斯-气动阀门控制法如图 3-14 所示。

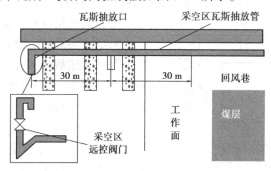

图 3-14 采空区预留管道抽采瓦斯-气动阀门控制法

采煤工作面采空区瓦斯抽采,除上隅角排放瓦斯的方法外,如果冒落带内有邻近层或基本顶冒落瓦斯涌出量明显增加现象时,可由回风巷或上阶段运输巷,每隔一段距离(20~30 m)向采空区冒落带上方打钻抽采瓦斯,钻孔平行煤层走向或与走向间有一个不大的夹角。如果采空区内积存高浓度瓦斯,可以通过回风巷密闭接管抽采。向冒落拱上方打钻孔抽采采空区瓦斯如图 3-15 所示。

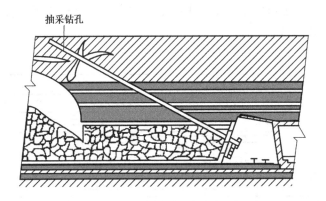

图 3-15　向冒落拱上方打钻孔抽采采空区瓦斯

布置在基本顶岩石中水平孔抽采采空区瓦斯如图 3-16 所示。

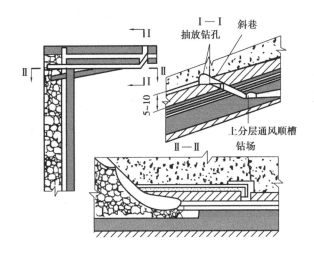

图 3-16　布置在基本顶岩石中水平孔抽采采空区瓦斯

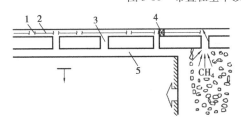

图 3-17　尾巷抽采瓦斯布置图
1—尾巷抽采瓦斯;2—瓦斯带;
3—联络巷;4—密闭;5—回风巷

尾巷抽采瓦斯布置如图 3-17 所示。

采空区抽采前应将有关的密闭墙修整加固,减少漏风。然后在采空区上部靠近抽采系统的密闭墙外再加砌一道密闭墙,两墙之间填以砂土,接管进行抽采。

采空区抽采时要及时检查抽采负压、流量、抽出瓦斯的成分与浓度。抽采负压与流量应与采空区的瓦斯量相适应,才能保证抽出瓦斯中的甲烷浓度。如果煤层有自燃危险,更应经常检查抽出瓦斯的成分,一旦发现有 CO,煤炭自燃的异常征兆,应立即停止抽采,采取防止自燃的措施。

二、围岩瓦斯抽采

围岩瓦斯抽采是指抽采开采层围岩内的瓦斯。煤层围岩裂隙和溶洞中存在的高压瓦斯会对岩巷掘进构成瓦斯喷出或突出危险。为了施工安全,可超前向岩巷两侧或掘进工作面前方的溶洞裂隙带打钻,进行瓦斯抽采(如四川广旺矿务局唐家河煤矿)。用钻孔引抽裂缝瓦斯方式如图 3-18 所示。

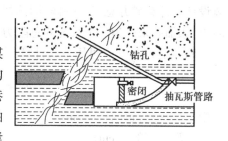

图 3-18　用钻孔引抽裂缝瓦斯方式

任务 3.5　瓦斯抽采设备

抽采瓦斯的设备主要有钻机、封孔装置、管道、瓦斯泵、安全装置及检测仪表。钻机根据钻孔深度选择,可用装有排放瓦斯装置专用于打抽采钻孔的钻机,也可以用一般钻机。ZSM-250型顺层强力钻机如图 3-19 所示;KY-300 型全液压钻机如图 3-20 所示。

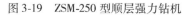

图 3-19　ZSM-250 型顺层强力钻机　　　　图 3-20　KY-300 型全液压钻机

钻孔打好后,将孔口段直径扩大到 100～120 mm,插入直径 70～80 mm 的钢管,用水泥砂浆封孔,也可以用胶圈封孔器或聚氨酯封孔。封口深度视孔口附近围岩性质而定,围岩坚固时 2～3 m,围岩松软时 6～7 m,甚至 10 m。封孔后,必须在抽采前用弯管、自动放水器、流量计、铠装软管或抗静电塑料软管、闸门等将钻孔与抽采管路连接起来。

一、抽采瓦斯的管道

一般用钢管或铸铁管。管道直径是决定抽采投资和抽采效果的重要因素之一。管道内径 $D(\mathrm{m})$ 应根据预计的抽出量,可计算为

$$D = \left[(4Q_c)/(60\pi v) \right]^{\frac{1}{2}} \tag{3-1}$$

式中　Q_c——管内气体流量,$\mathrm{m^3/min}$;

　　　v——管内气体流速,m/s。

管内瓦斯流速应大于 5 m/s 且小于 20 m/s,一般取 $v = 10～15$ m/s。这样才能使选择的管径有足够的通过能力和较低的阻力。大多数矿井抽采瓦斯的管道内径为:采区的 100～150 mm,大巷的 150～300 mm,井筒和地面的 200～400 mm。

管道铺设路线选定后,进行管道总阻力的计算,用来选择瓦斯泵。管道阻力计算方法和通

风设计时计算矿井总阻力一样,即选择阻力最大的一路管道,分别计算各段的摩擦阻力和局部阻力,累加起来即为整个系统的总阻力。

摩擦阻力 $h_f(\text{Pa})$ 可用下式计算:

$$h_f = (1 - 0.004\ 46C)\frac{LQ_c^2}{kD^5} \tag{3-2}$$

式中　L——管道的长度,m;

　　　　D——管径,cm;

　　　　Q_c——管内混合气体的流量,m^3/h;

　　　　k——系数,见表3-3;

　　　　C——混合气体中的瓦斯浓度。

表3-3　k 系数的选取

管径/cm	3.2	4.0	5.0	7.0	8.0	10.0	12.5	15.0	>15.0
k	0.05	0.051	0.053	0.056	0.058	0.063	0.068	0.071	0.072

局部阻力一般不进行个别计算,而是以管道总摩擦阻力的10%~20%作为局部阻力。

管道的总阻力为

$$h_R = (1.1 \sim 1.2)\sum h_{fi} \tag{3-3}$$

式中　h_{fi}——i 段管道的摩擦阻力,Pa。

二、瓦斯泵

常用的瓦斯泵有水环式真空泵、离心式鼓风机和回转式鼓风机。

水环式真空泵的结构如图3-21所示,其特点是真空度高、负压大、流量小、安全性好。它适用于抽出量不大,要求抽采负压高的矿井。

离心式鼓风机的结构如图3-22所示,适用于瓦斯抽出量为 20~1 200 m^3/min,管道阻力在 4~5 kPa 以内的瓦斯抽采。

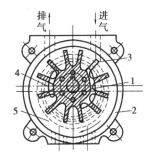

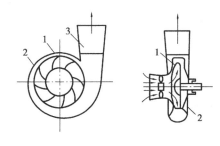

图3-21　水环式真空泵结构图　　　　　　图3-22　离心式鼓风机的结构图
1—叶轮;2—工作室;3—叶轮;　　　　　　1—叶轮;2—机壳;3—扩散器
4—空间;5—水环

回转式鼓风机的特点是,管道阻力变化时,风机的流量几乎不变,故供气均匀,效率高。其缺点是噪声大,检修复杂。

回转式鼓风机包括罗茨鼓风机和叶式鼓风机,罗茨鼓风机的结构如图 3-23 所示。

叶式鼓风机的结构如图 3-24 所示。

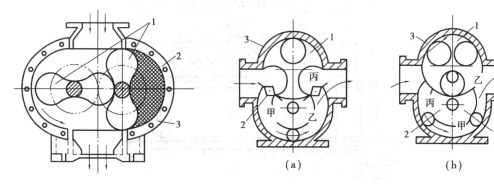

图 3-23　罗茨鼓风机的结构图　　　　　图 3-24　叶式鼓风机的结构图
1—叶轮;2—可输送气体的体积;3—机壳　　1—阻风翼;2—鼓风翼;3—外壳

三、储气罐

为了能够连续和稳定地向用户供应瓦斯以及充分利用瓦斯资源,一般应建造储气罐。储气罐按其压力大小分为中压和低压两种,按其密封方式分为干式和湿式两种。根据煤矿瓦斯利用的特点,通常选用低压、湿式储气罐,其升降方式有外导架直升式、螺旋导轨式和无外导架直升式 3 种类型。

低压湿式储气罐升降方式如图 3-25 所示。

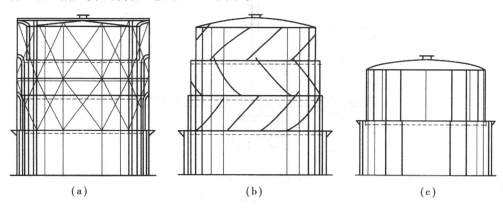

图 3-25　低压湿式储气罐升降方式
（a)外导架直升式　（b)螺旋导轨式　（c)无外导架直升式

低压湿式储气罐结构如图 3-26 所示。

四、流量计

为了全面掌握与管理井下瓦斯抽采情况,需要在总管、支管和各个钻场内安设测定瓦斯流量的流量计。目前,井下一般采用孔板流量计,如图 3-27 所示。

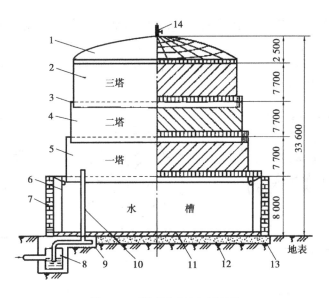

图 3-26 低压湿式储气罐结构
1—罐顶盖帽;2—钟罩;3—水封环;4—活动塔节;5——塔;6—钢水槽;7—保温墙;8—水封器;
9—闸门间;10—进、出瓦斯管;11—底座;12—细砂层;13—水泥基础环;14—放空闸门

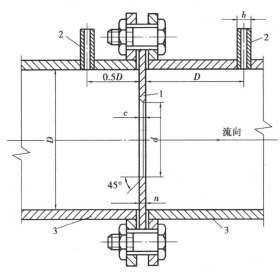

图 3-27 孔板流量计
1—孔板;2—测量嘴;3—钢管

孔板两端静压差 Δh(可用水柱计测出)与流过孔板的气体流量有如下关系式:

$$Q = 9.7 \times 10^{-4} \times K\{h \times P/[0.716 \times C + 1.293(1 - C)]\}^{\frac{1}{2}} \tag{3-4}$$

式中 Q——温度为 20 ℃,压力为 101.3 Pa 时的混合气体流量,$\mathrm{m^3/min}$;

h——孔板两端静压差,Pa;

P——孔板出口端绝对静压,Pa;

C——瓦斯浓度,%;

K——孔板流量系数,$K = 60K_t \cdot C_1 \cdot S_k(2g)^{1/2}$,$\mathrm{m^{2.5}/min}$;

C_1——流速收缩系数,取 0. 65;

K_t——孔板系数(加工精度好时取 1);

S_k——孔板孔口面积,m^2。

加工孔板流量计,孔口面积大小应由流量大小而定,孔口大,流量小,则 h 值很小,难以量出;流量大,孔口阻力损失太大。可参照表 3-4 所示选择。

表 3-4　孔板流量计特性系数

孔板孔径/mm	流量/($m^3 \cdot min^{-1}$)		孔板特性系数/($m^{2.5} \cdot min^{-1}$)
	$\Delta = 98\ Pa$	$\Delta = 980\ Pa$	
2	0. 001 6	0. 005	$5. 20 \times 10^{-4}$
4	0. 006	0. 02	$2. 08 \times 10^{-3}$
6	0. 015	0. 046	$4. 73 \times 10^{-3}$
8	0. 025	0. 080	$8. 30 \times 10^{-3}$
10	0. 040	0. 127	$1. 32 \times 10^{-2}$
12. 7	0. 064	0. 203	$2. 10 \times 10^{-2}$
25. 4	0. 256	0. 812	$8. 40 \times 10^{-2}$
50. 8	1. 024	3. 248	$3. 36 \times 10^{-1}$
76. 2	2. 304	7. 308	$7. 58 \times 10^{-1}$
101. 6	4. 096	12. 992	1. 345

孔板的安装应保证孔板中心与管道中心相重合,注意方向要正确,法兰盘的垫片不能伸出到管内,孔口上沉积的污物应及时清理掉。

五、其他装置

1. 放水器

放水器是指用于储存和放出抽采管路中积水的专用装置。为了及时放出管道内的积水,以免堵塞管道,在钻孔附近和管路系统中都要安装放水器。它主要包括人工放水器、U 形管自动放水器、负压自动放水器、正压人工放水器、正压自动放水器。最简单的放水器为 U 形管自动放水器,如图 3-28 所示。当 U 形管内积水超过开口端的管长时,水则自动流出。这种放水器多用于钻孔附近,管的有效高度必须大于安装地点的管道内负压。

人工放水器结构图如图 3-29 所

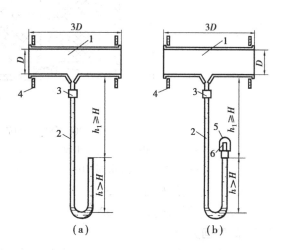

图 3-28　U 形管自动放水器结构

1—瓦斯管;2—U 形管;3—放水管接头;4—活动法兰盘;
5—放水管保护龙头;6—放水管口胶皮阀

示,正常抽采时打开放水器的 1 号阀门,关闭 2 号和 3 号阀门,管道里的水流入水箱。放水时,关闭 1 号阀门,打开 2 号和 3 号阀门将水放出。

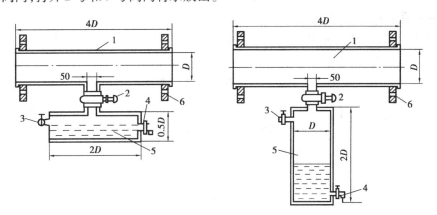

图 3-29 人工放水器结构

1—瓦斯管;2—放水罐阀门;3—空气入口阀门;4—放水口阀门;5—集水罐;6—活法兰盘

负压自动放水器结构如图 3-30 所示。

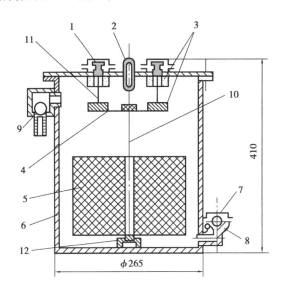

图 3-30 负压自动放水器结构

1—通大气阀门;2—负压平衡管;3—磁铁;4—托盘;5—浮漂;6—外壳;
7—保护罩;8—进水阀;10—中心导向杆;11—侧向导向杆;12—导向座

正压人工放水器结构如图 3-31 所示。

正压自动放水器结构如图 3-32 所示。

2. 防爆、防回火装置

抽采系统正常工作状态遭到破坏,管内瓦斯浓度降低时,遇到火源,瓦斯就有可能燃烧或爆炸。防回火装置是指在抽采瓦斯管路中,阻止火焰蔓延的安全装置;水封防爆箱是指在抽采瓦斯管路中,用以隔爆的一种水箱式安全装置。为了防止火焰沿管道传播,《煤矿安全规程》规定,瓦斯泵吸气侧管路系统中,必须装设防回火、防回气和防爆炸作用的安全装置。水封式防爆、防回

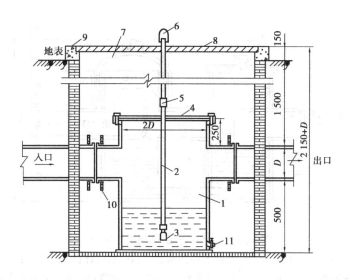

图 3-31　正压人工放水器结构

1—积水罐;2—抽水管;3—吸水龙头;4—集水罐盖;5—外接头;6—丝堵帽;
7—暗井;8—暗井水泥盖板;9—水泥槽座;10—活法兰盘;11—水罐放水口

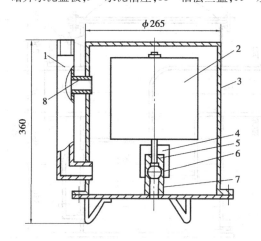

图 3-32　正压自动放水器结构

1—进水管;2—浮漂;3—外筒;4—导向套;5—导向杆;
6—密封球;7—阀座;8—压力平衡管

火装置如图 3-33、图 3-34 所示。正常抽采时,瓦斯由进气口进入,经水封器由出口排出。管内发生瓦斯燃烧或爆炸时,火焰被水隔断、熄灭、爆炸波将防爆盖冲破而释放于大气中。

防回火网多由 4~6 层导热性能好而不易生锈的铜网构成,网孔约 0.5 m,如图 3-35、图 3-36 所示。

瓦斯火焰与铜网接触时,网孔能阻止火焰的传播。

3. 瓦斯抽采管道参数测定仪

煤炭科学研究总院重庆研究院研制出了 WGC 瓦斯抽采管道参数测定仪,用于井下或地面抽采泵站对瓦斯抽采管中的甲烷浓度、温度、抽采负压、抽采瓦斯的混合流量和纯流量进行流动检测和连续监测。

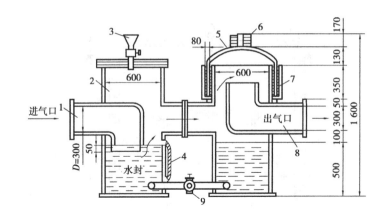

图3-33 水封式防爆、防回火装置(1)

1—入口瓦斯管;2—水罐;3—注水管口;4—水位计;5—防爆盖;
6—防爆盖加重配块;7—水封环形槽;8—排出瓦斯管;9—水封装置放水管

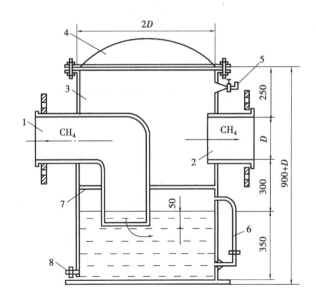

图3-34 水封式防爆、防回火装置(2)

1—入口瓦斯管;2—出口瓦斯管;3—水封罐;4—防爆盖;5—注水管口;
6—水位计;7—支承柱;8—放水管

六、瓦斯泵房

1. 对抽采瓦斯设施的要求

(1)地面泵房必须用不燃性材料建筑,并必须有防雷电装置。其距进风井口和主要建筑物不得小于50 m,并用栅栏或围墙保护。

(2)地面泵房和泵房周围20 m范围内,禁止堆积易燃物和有明火。

(3)抽采瓦斯泵及其附属设备,至少应有1套备用。

(4)地面泵房内电气设备、照明和其他电气仪表都应采用矿用防爆型;否则必须采取安全

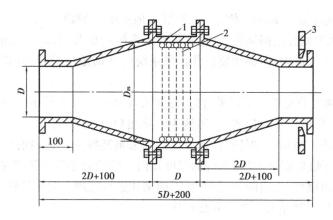

图 3-35　铜网式防爆、防回火装置(1)
1—挡圈;2—铜丝网;3—活法兰盘

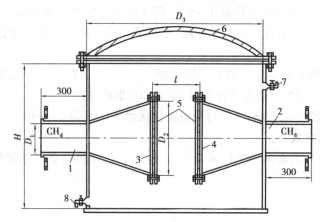

图 3-36　铜网式防爆、防回火装置(2)
1—入口瓦斯管;2—出口瓦斯管;3—入口瓦斯管铜网;4—出口瓦斯管铜网;
5—铜丝网;6—防爆胶皮板;7—测压孔;8—放水管

措施。

(5)泵房必须有直通矿调度室的电话和检测管道瓦斯浓度、流量、压力等参数的仪表或自动监测系统。

(6)干式抽采瓦斯泵吸气侧管路系统中,必须装设有防回火、防回气和防爆炸作用的安全装置,并定期检查,保持性能良好。瓦斯泵站放空管的高度应超过泵房房顶 3 m。

泵房必须有专人值班,经常检测各参数,做好记录。当抽采瓦斯泵停止运转时,必须立即向矿调度室报告。如果利用瓦斯,在瓦斯泵停止运转后和恢复运转前,必须通知使用瓦斯的单位,取得同意后,方可供应瓦斯。

2. 设置井下临时抽采瓦斯泵站的规定

(1)不具备建立地面永久瓦斯抽采系统条件的,对高瓦斯区应建立井下移动泵站瓦斯抽采系统。

(2)建立井下移动泵站瓦斯抽采系统时,由企业技术负责人负责组织编制设计和安全技术措施。井下移动泵站瓦斯抽采工程设计可按地面永久瓦斯抽采工程设计的相关内容进行。

（3）井下移动瓦斯抽采泵站应安装在瓦斯抽采地点附近的新鲜风流中。抽出的瓦斯必须引排到地面、总回风道或分区回风道；已建永久抽采系统的矿井，移动泵站抽出的瓦斯可直接送至矿井抽采系统的管道内，但必须使矿井抽采系统的瓦斯浓度符合《煤矿安全规程》第148条规定。

（4）移动泵站抽出的瓦斯排至回风道时，在抽采管路出口处必须采取安全措施，包括设置栅栏、悬挂警戒牌。栅栏设置的位置，上风侧为管路出口外推5 m，上下风侧栅栏间距不小于35 m。两栅栏间禁止人员通行和任何作业。移动抽采泵站排到巷道内的瓦斯，其浓度必须在30 m以内被混合到《煤矿安全规程》允许的限度以内。栅栏处必须设警戒牌和瓦斯监测装置，巷道内瓦斯浓度超限报警时，应断电、停止瓦斯抽采并进行处理。监测传感器的位置设在栅栏外1 m以内。两栅栏间禁止人员通行和任何作业。

（5）井下移动瓦斯抽采泵站必须实行专用变压器、专用开关、专用线路供电。

3. 抽采瓦斯必须遵守的规定

（1）利用瓦斯时，瓦斯浓度不得低于30%，且在利用瓦斯的系统中必须装设有防回火、防回气和防爆炸作用的安全装置。不利用瓦斯、采用干式抽采瓦斯设备时，抽采瓦斯浓度不得低于25%。

（2）抽采容易自燃和自燃煤层的采空区瓦斯时，必须经常检查一氧化碳浓度和气体温度等有关参数的变化，发现有自然发火征兆时，应立即采取措施。

（3）井上下敷设的瓦斯管路，不得与带电物体接触并应有防止砸坏管路的措施。

4. 瓦斯泵站布置方式

瓦斯泵站的布置方式必须满足技术上可行、经济上合理和安全可靠的要求。瓦斯泵房的布置如图3-37所示。

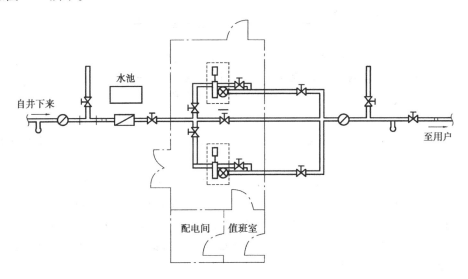

图3-37　瓦斯泵房的布置

任务 3.6 瓦斯的综合利用

一、瓦斯是清洁能源

1. 瓦斯是清洁能源

瓦斯是一种优质和清洁能源,其主要成分是甲烷,不同浓度甲烷的发热量如表 3-5 所示。从表中可以看到 1 m^3 的甲烷的发热量相当于 1~2 kg 煤的发热量。我国国有煤矿每天涌出的瓦斯高达 10 Mm^3,如能完全得到利用,相当于年产煤 3.7~7.3 Mt;同时,瓦斯还是一种强烈的温室效应气体,在过去 20 年中其强度比 CO_2 高 6.3 倍。瓦斯综合利用能减少排向大气的瓦斯量,起到减少环境、缓慢地球变暖的重要作用。因此,抽采瓦斯并加以综合利用将可以得到保证矿井安全生产、开发清洁能源和减少环境污染的 3 种效果。

表 3-5 不同浓度甲烷的发热量

甲烷浓度/%	30	40	50	60	70	80	90	100
发热量/($MJ \cdot m^{-3}$)	10.47	14.23	17.79	21.35	24.91	28.47	31.82	35.19

2. 主要产煤国家瓦斯抽采和利用状况

在当今世界各国需要大量能源的情况下,把煤矿瓦斯(煤层气)作为一种能源与煤炭同时开发,已越来越引起各主要产煤国家的高度重视。世界主要产煤国家 1986 年煤矿瓦斯抽采和利用情况如表 3-6 所示。

表 3-6 世界主要产煤国家 1986 年煤矿瓦斯抽采和利用情况

国家名称	井工煤矿数量	井工矿产量/(Mt·a⁻¹)	年瓦斯涌出量/Mm³	年瓦斯抽采量 Mm³	排名	每采1t煤抽采量 m³·t⁻¹	排名	年瓦斯利用量 Mm³	排名	瓦斯利用率 %	排名
前苏联	631	430	7 500	2 120	1	4.93	6	64.5	1	30.4	9
美国	1 630	275	4 200	260	7	0.44	11	0		0	
中国	550	772	3 500	310	4	0.40	15	150	8	48.4	8
波兰	67	192	540	280	8	1.30	9	220	5	88.0	4
英国	209	127.5	2 770	510	3	4.00	7	306	3	60.0	7
南非	87	106.7	439	80	11	0.75	12	8	11	105.0	11
澳大利亚	94	8	500	105	10	1.81	8	20	10	19.0	10
捷克	28	41.9	890	265	6	6.32	4	240	4	90.6	1
加拿大	29	22.5	145	26	13	1.16	10	0		0	
保加利亚	26	30	168	9	15	0.30	17	0		0	
匈牙利	44	25.7	195	8	16	0.31	16	0		0	

续表

国家名称	井工煤矿数量	井工矿产量/(Mt·a^{-1})	年瓦斯涌出量/Mm^3	年瓦斯抽采量		每采1 t煤抽采量		年瓦斯利用量		瓦斯利用率	
				Mm^3	排名	m^3·t^{-1}	排名	Mm^3	排名	%	排名
法国	25	19.7	918	303	5	15.38	1	220	6	72.6	6
罗马尼亚	7	18.9	109	14	14	0.74	13	0		0	
日本	11	18	300	225	9	12.50	2	200	7	88.9	2
比利时	7	5.8	390	34	12	5.86	5	29	9	85.30	5
土耳其	11	5	170	3	17	0.6	14	0		0	

其中,1986年世界上瓦斯抽采量最高的是苏联,达到7 500 Mm^3;1986年世界上每采1 t煤瓦斯抽采量最高的是法国,达到15.38 m^3/t;1986年世界上瓦斯利用量最高的是苏联,达到64.5 Mm^3;1986年世界上瓦斯抽采利用率最高的是捷克,达到90.6%。1986年中国瓦斯抽采量达到310 Mm^3;瓦斯利用量达到150 Mm^3;每采1 t煤瓦斯抽采量达到0.40 m^3/t;瓦斯抽采利用率为48.4%。

二、民用燃料

1. 民用瓦斯量

民用瓦斯量的确定,有两种方法:

(1)按生活用气量指标计算

$$Q_R = Q_Z \cdot n \cdot K/365Q_W \qquad (3-5)$$

式中　Q_R——每户日耗瓦斯量,m^3/d;

　　　Q_Z——城镇居民生活用气量指标,MJ/(a·人),见表3-7;

　　　N——平均每户人口数,人;

　　　K——日用气高峰系数,1.15;

　　　Q_W——瓦斯的低热值,40%浓度的甲烷为14.65 MJ/m^3。

表3-7　城镇居民生活用气量指标/[MJ·(a·人)$^{-1}$]

地　区	有集中采暖的用户	无集中采暖的用户
东　北	2 303 ~ 2 721	1 884 ~ 2 303
华东、中南		2 093 ~ 2 303
北　京	2 721 ~ 3 140	2 512 ~ 2 931
成　都		2 512 ~ 2 931

根据原煤炭工业部大量调查研究,确定煤炭系统瓦斯利用居民日用气量(纯量)为1 m^3/(户·d)。如果按每户3.5人计算,折合用气量指标为3 735 MJ/(人·a),高于《城镇燃气设计规范》推荐数字。较长期统计数字表明,日用气量为0.8 ~ 0.85 m^3/(户·d)即可以满

足需要。

（2）按燃气灶具额定耗气量计算

$$Q_R = q_D \cdot n \cdot t \tag{3-6}$$

式中　Q_R——每户日耗气量，m^3/d；

q_D——灶具额定耗气量，m^3/d；

n——每户用灶具数，一般为 2 个；

t——用户日用气时间，一般为 4 h。

2. 民用燃气具

民用燃气具的规格与技术参数，各厂家的产品大同小异。北京市煤气用具厂生产的可使用煤矿瓦斯的燕山牌家用燃气具的技术参数见表 3-8、表 3-9。

表 3-8　可使用煤矿瓦斯的部分民用燃气具技术参数

型　号	TZ1C 型单眼灶	TZ2C 型双眼灶
额定工作压力/Pa	2 000	2 000
额定热负荷/($kJ \cdot h^{-1}$)	$2\,800 \times 4.18$	$2\,800 \times 4.18 \times 2$
额定耗气量/($m^3 \cdot h^{-1}$)	0.33	0.66
进气管连接胶管内径/mm	11	11

表 3-9　可使用煤矿瓦斯的部分快速热水器技术参数

型　号	JST5 型快速热水器
额定工作压力/Pa	2 000
额定耗气量/($m^3 \cdot h^{-1}$)	1.01
额定热负荷/kW	9.88
热水量率/($L \cdot min^{-1}$)	5.1($\Delta t = 25$ ℃)；3.1($\Delta t = 40$ ℃)； 2.2($\Delta t = 55$ ℃)

三、瓦斯的工业利用

1. 工业燃料

工业用瓦斯作燃料主要是烧锅炉。锅炉的热水和蒸汽可供建筑物取暖、冬季井口进风预热、洗浴等用途，也可以用蒸汽驱动设备。燃气锅炉的瓦斯消耗量应按其耗气定额确定。

2. 生产炭黑

炭黑是瓦斯在高温下燃烧和热分解反应的产物，它是橡胶、涂料等的添加剂。瓦斯浓度为 40% ～90% 均可生产炭黑，瓦斯浓度越高，炭黑的产率越高，质量越好。实践证明，1 m^3 纯瓦斯可以生产炭黑 0.12 ～0.15 kg。我国曾经使用过炉法、槽法和混合气法适用矿井瓦斯生产炭黑，其中炉法适用较为普遍。

炉法生产炭黑工艺流程如图 3-38 所示。

槽法生产炭黑工艺流程如图 3-39 所示。

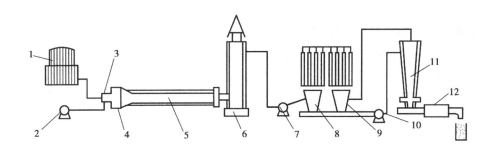

图 3-38　炉法生产炭黑工艺流程图

1—储气罐;2—鼓风机;3—火嘴箱;4—反应炉;5—烟道;6—冷却塔;7—引风机;

8—收集过滤箱;9—过滤箱;10—抽风机;11—旋风分离器;12—成粒机

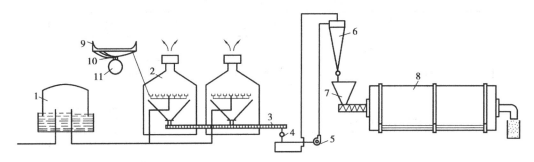

图 3-39　槽法生产炭黑工艺流程图

1—储气罐;2—火房;3—输送机;4—气密阀;5—送风机;6—分离器;7—漏斗;

8—成粒机;9—槽钢沉积面;10—燃管;11—燃烧气管

混合气法生产炭黑工艺流程如图 3-40 所示。

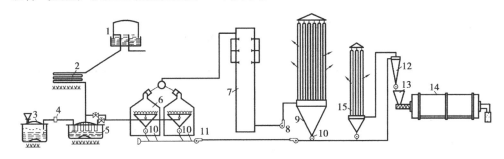

图 3-40　混合气法生产炭黑工艺流程图

1—储气罐;2—瓦斯预热器;3—熔化釜;4—齿轮泵;5—气化釜;6—火房;7—冷却塔;

8—烟气通风机;9—袋滤收集器;10—气密阀;11—送风通风机;12—旋流分离器;

13—漏斗;14—炭黑成粒机;15—小袋滤器

3. 生产甲醛

甲醛广泛用于合成树脂、纤维及医药等部门。用瓦斯制取甲醛可用一步法和二步法两种:一步法是将瓦斯直接氧化成甲醛,如图 3-41 所示;二步法是先将瓦斯制成甲醇,再氧化生成甲醛。

4. 煤层气发电

煤层气发电是一项多效益型瓦斯利用项目。它能有效地将矿区采抽的煤层气变成电能，可以方便地输送到各地。不同型号的煤层气发电设备可以利用不同浓度的煤层气。井下抽采煤层气不需要提纯或浓缩可直接作为发电厂燃料，对于降低发电成本，就地解决矿井煤层气是非常重要的。

煤层气发电可以使用直接燃用煤层气的往复式发动机、燃气轮机，也可以使用煤层气锅炉，利用蒸汽透平发电。新的发展趋势是建立联合循环系统，有效利用发电余热。

煤层气发电与其他火电相比，具有以下明显优点：

（1）对环境的污染小。煤层气由于经过了净化处理，含硫量极低，每亿千瓦时电能排放的二氧化硫为 2 t，是普通燃煤电厂的千分之一。耗水量小，只有燃煤发电厂的 1/3，因而废水排放量减少到最低程度。同时无灰渣排放。

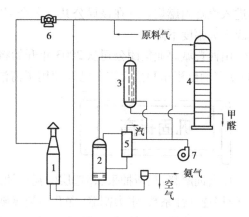

图 3-41　瓦斯直接氧化法制取甲醛流程图
1—预热炉；2—催化反应器；3—冷却器；
4—甲醛吸收筛板塔；5—速冷装置；
6—鼓风机；7—软水泵

（2）热效率高。普通燃煤蒸汽电厂热效率高限为 40%，而燃气-蒸汽联合循环电厂的热效率目前已经达到 56%，还用继续提高的可能。

（3）占地少、定员少。燃气-蒸汽联合循环电厂占地只有燃煤蒸汽电厂的 1/4，同时由于电厂布置紧凑，自动化程度高，用人少。

（4）投资省。由于单机容量大型化，辅助设备少，燃气-蒸汽联合循环电厂投资不断下降。据美国壳牌公司称，国外联合循环电厂每千瓦投资在 400 美元左右，而燃煤带脱硫装置的电厂每千瓦投资为 800 ~ 850 美元。

5. 汽车燃料

以压缩天然气作汽车燃料的车辆，称为 CNG 汽车，将汽油车改装，在保留原车供油系统的前提下，增加一套专用压缩天然气装置，形成 CNG 汽车。CNG 汽车开始于 20 世纪 30 年代的意大利，至今已有近 70 年的历史。由于天然气汽车在环境保护、高效节能、使用安全等方面有显著优点，同时它使用灵活，可以切换使用汽油，发展迅速。由于煤层气成分与天然气基本相同，杂质含量甚至更低，因此完全可以作为汽车燃料。

根据政府权威部门提供数据，以天然气代替汽油作为汽车燃料有以下明显优点：

（1）清洁环保。与燃油汽车相比，天然气汽车排放的尾气中一氧化碳减少 97%，碳氢化合物减少 72%，氮氧化物减少 39%。

（2）技术成熟。天然气汽车技术包括气体净化处理、汽车改装、加气站、天然气储存、汽车检测，国内外完善配套。

（3）安全可靠。天然气储气瓶技术是保障天然气汽车安全可靠的关键，在生产过程经过水压爆破、枪击、爆炸、撞击等多项特殊试验，其他管阀安全系数都在 4 左右。

（4）经济效益显著。与让燃油汽车相比，天然气汽车可以节约燃料费用 30% ~ 50%，还可以降低 30% ~ 50% 的维修费用。

　　1987年河南焦作矿务局利用西南化工研究所的变压吸附技术,建设了瓦斯浓缩装置,将煤矿井下抽采的低浓度煤层气浓缩到含甲烷80%以上,再利用高浓度煤层气作汽车燃料,比燃油费用大为降低。

　　四川芙蓉矿务局科技人员研究用35%~40%的中等浓度煤层气作汽车燃料也取得了成功。通过改造汽油机的化油器,直接将35%~40%中等浓度煤层气送入化油器,与空气混合后进入汽缸内燃烧。现在该局公共汽车全部实现了以煤层气代替汽油的改造,公共汽车的运营成本大幅度下降。

　　山西晋城煤业集团公司从2003年开始将井下抽采的煤层气用于汽车燃料,目前晋城市有2 000多辆出租车和公交汽车已经使用了清洁的煤层气,经济效益和环境效益显著。

巩固提高

　　1.名词解释:瓦斯抽采、邻近层的瓦斯抽采、未卸压抽采瓦斯、卸压抽采瓦斯、围岩瓦斯抽采、煤层透气性系数、水力割缝、深孔预裂爆破、水力压裂、防回火装置、水封防爆箱。

　　2.建立地面永久抽采瓦斯系统或井下临时抽采瓦斯系统的前提条件是什么?

　　3.瓦斯抽采方法如何分类?

　　4.人工增加煤层透气系数的措施有哪些?

　　5.邻近层的瓦斯抽采钻场位置有哪几种?

　　6.开采煤层的抽采、邻近层抽采和采空区抽采钻孔如何布置?

　　7.决定钻场或钻孔间距的原则是什么?

　　8.抽采瓦斯的设备有哪些?

　　9.瓦斯的综合利用方法有哪些?

情境 **4**

瓦斯喷出及煤与瓦斯突出防治

学习目标

☞ 熟悉煤(岩)与瓦斯(二氧化碳)突出预兆;

☞ 熟悉煤与瓦斯突出的外部特征;

☞ 熟悉煤与瓦斯突出的机理;

☞ 熟悉瓦斯喷出前的预兆;

☞ 熟悉常用的"四位一体"局部防突措施;

☞ 熟悉"四位一体"区域防突措施;

☞ 掌握煤与瓦斯突出的基本规律;

☞ 掌握瓦斯喷出防治方法;

☞ 掌握保护层的保护范围的划定方法;

☞ 掌握防治煤与瓦斯突出措施的编制方法;

☞ 掌握煤与瓦斯突出避灾与自救的方法。

任务4.1 瓦斯喷出及预防措施

一、瓦斯喷出

瓦斯(二氧化碳)喷出是指从煤体或岩体裂隙、孔洞或炮眼中大量涌出瓦斯(二氧化碳)的异常现象。在 20 m 巷道范围内,涌出瓦斯量大于或等于 $1.0\ \mathrm{m^3/min}$,且持续时间在 8 h 以上时的区域被确定为瓦斯(二氧化碳)喷出危险区域。

瓦斯喷出是瓦斯特殊涌出中的一种形式。其特点是瓦斯在短时间内从煤、岩层的某一特定地点突然涌向采矿空间,而且涌出量可能很大,风流中的瓦斯突然增加。由于喷出瓦斯在时间上的突然性和空间上的集中性,可能导致喷出地点人员的窒息,高浓度瓦斯在流动过程中遇

145

高温热源有可能发生爆炸,有时强大的喷出还可以产生动力效应,并导致破坏作用。

二、瓦斯喷出的分类

产生瓦斯喷出的原因是天然的或因采掘工作形成的孔洞、裂隙内,积存着大量高压游离瓦斯,当采掘工作接近或沟通这样的地区时,高压瓦斯就能沿裂隙突然喷出,如同喷泉一样。因此,根据喷出瓦斯裂缝呈现原因的不同,可把瓦斯喷出分成地质来源的和采掘卸压形成的两大类。

例如,重庆中梁山矿务局南矿在茅口石灰岩中掘进 +390 m 水平北运输大巷过程中,当掘进工作面接近一处积聚着大量游离瓦斯的溶洞,爆破时与两条各宽 10 ~ 100 mm 连通溶洞的裂隙沟通引发了瓦斯喷出。当时,随炮声响起一轰鸣声,像压气管破裂似地从裂缝中大量喷出瓦斯,雾气弥漫,充满整个运输大巷,两小时后测得瓦斯流量为 486 m³/min,喷出时间持续两周,共喷出瓦斯 3.6×10^5 m³。

又如,重庆南桐煤矿距地表 310 m 的三号煤层 0307 工作面,煤厚 0.4 m,倾角 27°,回采了 346 m² 时出现瓦斯涌出的嘶嘶声,随后出现底板破裂,裂缝宽达 100 mm,底板上鼓最高达 0.6 m,支柱折断,瓦斯突然大量喷出。喷出的瓦斯使供风量为 200 m³/min 的风流逆转距离达 180 m,瓦斯浓度在 50% 以上,初期瓦斯喷出量为 500 m³/min,4 h 后为 26 m³/min,喷出持续 109 h,总喷出量为 75 100 m³。这是典型的由卸压产生裂隙及原有构造裂隙张开,形成卸压瓦斯喷出的通道而引发的瓦斯喷出。

南桐矿务局东林煤矿 4 号煤层煤巷突然倾出如图 4-1 所示。

南桐矿务局东林煤矿 4 号煤层煤巷突然压出如图 4-2 所示。

南桐矿务局南桐煤矿一井 4 号煤层工作面突然挤出如图 4-3 所示。

喷出时的瓦斯涌出量和持续时间,决定于积存的瓦斯量和瓦斯压力,瓦斯涌出量从几立方米到几十万立方米,持续时间从几分钟到几年,甚至几十年。

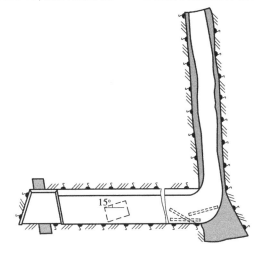

图 4-1 南桐矿务局东林煤矿 4 号
煤层煤巷突然倾出

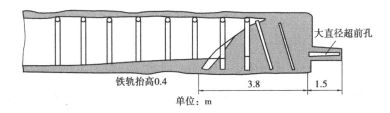

图 4-2 南桐矿务局东林煤矿 4 号煤层煤巷突然压出

瓦斯喷出前常有预兆,如风流中的瓦斯浓度增加,或忽大忽小,嘶嘶的喷出声,顶底板来压的轰鸣声,煤层变湿、变软,等等。

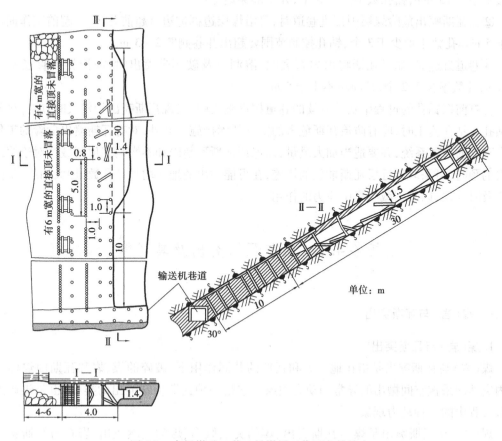

图 4-3　南桐煤矿一井 4 号煤层工作面突然挤出

三、瓦斯喷出的预防

预防瓦斯喷出,首先要加强地质工作,查清楚施工区域的地质构造、断层、溶洞的位置、裂隙的位置和走向,以及瓦斯储量和压力等情况,采取相应的预防或处理措施。一般分为以下两种情况:

(1)当瓦斯喷出量和压力都不大时,用黄泥或水泥砂浆等充填材料堵塞喷出口。井筒和巷道底板的小型喷出,多采用这种防治措施。例如,山西阳泉矿务局三矿立井井筒掘进时,工作面岩层喷出瓦斯。工作面积水深 0.3 m 时,离水面 0.3 ~ 0.5 m 处的瓦斯浓度为 3% ~ 4%。采用了在工作面覆盖黄泥夯实、加大风量、全断面一次爆破的措施,安全地通过了这段岩层。

(2)当瓦斯压力和喷出量较大时,在可能的喷出地点附近打前探钻孔,查明瓦斯的积存范围和瓦斯压力。如果瓦斯压力不大,积存量不多,可以通过钻孔,让瓦斯自然排放到回风流中。如果瓦斯自然排放量较大,有可能造成风流中瓦斯超限时,应将钻孔或巷道封闭,经过瓦斯管路,将瓦斯抽采到地面,加以综合利用。经过抽放措施后,瓦斯压力下降到规定值后,再进行正常掘进。

前探钻孔的要求如下:

①立井和石门掘进揭开有喷出危险的煤层时,在该煤层 10 m 以外开始向煤层打钻。钻孔

直径不小于 75 mm,钻孔数不少于 3 个,并全部穿透煤层。

②在瓦斯喷出危险煤层中掘进巷道时,可沿煤层边掘进边打超前孔,钻孔超前工作面不得少于 5 m。孔数不得少于 3 个,钻孔控制范围要超出井巷侧壁 2~3 m。

③巷道掘进时,如果瓦斯将由岩石裂隙、溶洞以及破坏带喷出时,前探钻孔直径不小于 75 mm,孔数不少于 2 个,超前距不小于 5 m。

在打前探钻孔的过程中及其后续的巷道掘进施工中,发现瓦斯喷出量较大时,应打排放瓦斯钻孔。钻孔施工时,应有防治瓦斯危害的安全技术措施。此外,对有瓦斯喷出危险的工作面要有独立的通风系统,并要适当加大风量,以保证瓦斯不超限和不影响其他区域。对于第二类喷出的预防,可采取邻近层瓦斯抽放的措施,在可能喷出的地区增加钻孔数,加大抽放量,同时还应及时放顶,以起到减少集中应力的作用。

任务 4.2　煤与瓦斯突出及其规律

一、煤(岩)与瓦斯突出

1. 煤(岩)与瓦斯突出

煤(岩)与瓦斯突出是指在地应力和瓦斯的共同作用下,破碎的煤、岩和瓦斯由煤体或岩体内突然向采掘空间抛出的异常的动力现象。它是一种瓦斯特殊涌出的类型,也是煤矿地下开采过程中的一种动力现象。

煤(岩)与瓦斯突出是煤与瓦斯突出、煤的突然倾出、煤的突然压出、岩石与瓦斯突出的总称。

2. 突出煤层

突出煤层是指在矿井范围内发生过突出的和经鉴定有突出危险的煤层。

3. 突出矿井

突出矿井是指在开拓、生产范围内有突出煤层的矿井。

4. 煤矿动力现象国际分类

煤矿动力现象国际分类如图 4-4 所示。

二、煤与瓦斯突出的危害性

(1)煤(岩)与瓦斯突出所产生的含煤粉或岩粉的高速瓦斯流能够摧毁巷道设施,破坏通风系统,甚至造成风流逆转。

(2)喷出的瓦斯由几百到几百万立方米,能使井巷充满瓦斯,造成人员窒息,引起瓦斯燃烧和瓦斯煤尘爆炸。

(3)喷出的煤、岩数量由几千吨到万吨以上,能够造成煤流埋人。

(4)猛烈的动力效应可能导致冒顶和火灾等事故的发生。

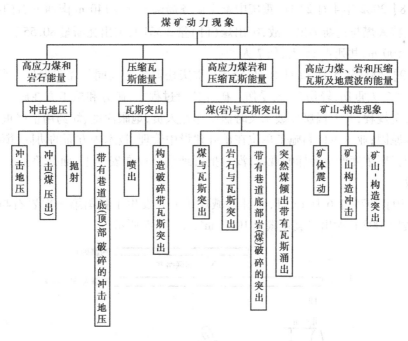

图 4-4　煤矿动力现象国际分类

三、煤与瓦斯突出案例

【案例 1】1834 年世界上的一次煤与瓦斯突出发生在法国鲁阿雷煤田伊阿克矿。

【案例 2】世界上最大的煤与瓦斯突出发生在苏联加加林矿石门揭开煤厚仅 1.03 m 煤层过程中,突出煤(矸)量 14 000 t,瓦斯 25 万 m^3。

【案例 3】1975 年 8 月 8 日,重庆天府矿务局三汇一矿主平硐采用震动性爆破揭开 K_1 煤层时,发生煤与瓦斯突出,突出煤岩 12 780 t,瓦斯量 140 万 m^3,其突出强度居中国第一,世界第二大突出。

【案例 4】重庆南桐矿务局南桐煤矿 +150 m 运输石门自顶板方向揭开 4 号煤层,该处距地表垂深 325 m,倾角 30°,煤厚 2.4 m,顶板正常,底板有小错动。第 1 次揭穿煤层时,爆破引起煤与瓦斯突出,突出煤粉 86 t,岩石 20 t,瓦斯约 4 500 m^3。突出后瓦斯浓度降低恢复掘进,放底帮炮破 4 号煤层底板时,引起第 2 次突出,突出煤量 1 473 t,岩石量 80 m^3。

【案例 5】1960 年 5 月 10 日,重庆松藻矿务局同华煤矿 +352 m 水平二石门由 K_4 煤层向 K_3 煤层掘进过程中发生特大煤与瓦斯突出事故,突出煤(矸)量 1 000 t,突出瓦斯量 180 万 m^3,突出使风流逆转 900 m,造成窒息死亡 125 人,伤 16 人。

【案例 6】1988 年 10 月 16 日,重庆南桐矿务局鱼田堡煤矿在 +20 m 水平三采区三段回风石门揭开 K_4 煤层实施震动性炮眼过程中发生特大煤与瓦斯突出事故,突出煤(矸)量 8 765 t,突出瓦斯量 200 万 m^3,突出使风流逆转 1 846 m,造成死亡 15 人,伤 28 人。

【案例 7】2002 年 4 月 22 日,重庆南桐矿务局南桐煤矿在 6408E 采煤工作面作业过程中发生特大煤与瓦斯突出事故,突出煤量 1 780 t,突出瓦斯量 19.99 万 m^3,突出风流逆转

1 500 m,造成死亡 21 人,伤 6 人,直接经济损失 72 万元。

【案例 8】2002 年 4 月 22 日,重庆中梁山矿务局南矿在 +140 m 南西五石门揭开 K_1 掘进过程中发生特大煤与瓦斯突出事故,突出煤(矸)量 2 551 t,突出瓦斯量 80.55 万 m^3,突出造成风流逆转 1 500 m,共死亡 15 人,伤 7 人。

【案例 9】2009 年 5 月 30 日 10 点 55 分,重庆松藻矿务局同华煤矿发生瓦斯突出事故造成 30 人死亡,7 人重伤,轻伤 52 人受伤。矿井建设过程中,矿方和施工方在施工过程中,没有严格遵守安全规程,井下揭煤爆破未及时撤出作业人员,炮眼深度、炸药用量严重超标,是造成事故的根本原因;业主单位和施工单位在矿井建设中管理、技术等方面的协同、衔接不够,施工中经常出现瓦斯浓度严重超标的现象;没有把管理重点放在安全上,而是争抢工程进度,最后引发了事故。

【案例 10】1975 年 6 月 13 日,吉林营城煤矿五井发生了我国第一次岩石与二氧化碳突出,突出砂岩 1 005 t,喷出二氧化碳 1.10 万 m^3,如图 4-5 所示。

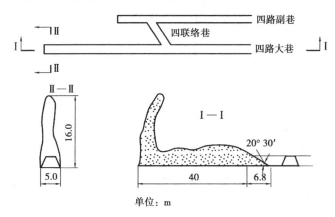

图 4-5　吉林营城煤矿五井岩石与二氧化碳突出

四、煤与瓦斯突出的特征

1. 煤与瓦斯突出区域分布

据不完全统计,世界上发生煤与瓦斯突出总次数已超过 4.5 万次,主要分布在中国、法国、乌克兰、俄罗斯、日本、匈牙利、美国、印度、南非等 22 个国家。

随着矿井开采深度增加和产量的提高,我国突出次数逐渐增多,突出强度逐渐增大。到 2008 年底全国已有 312 个突出矿井,截至 2008 年底共发生了 17 000 多次突出。其中,突出强度在 1 000 t 以上的特大型突出共有 200 多次。根据重庆市煤炭行业协会 2008 年煤矿瓦斯等级鉴定结果,全市共有突出矿井 68 个。

我国主要突出矿区有松藻、中梁山、天府、南桐、芙蓉、白沙、涟邵、六枝、英岗岭、焦作、郑州、北票、平顶山等。

2. 煤与瓦斯突出的物质类型

突出的瓦斯主要为甲烷,但在法国、波兰和我国营城煤矿等个别矿井都发生过煤与二氧化碳突出。突出的固体物主要是煤或煤与岩石,钾盐矿井则为盐或盐与岩石。煤矿内单纯的岩石(主要为砂岩)与瓦斯突出发生于井田深部开采时,近年有逐渐增多的趋势。

3. 煤与瓦斯突出的外部特征

（1）突出的煤、岩在高压气流搬运过程中,呈现分选性堆积,即近处块度大,远处粒度小,堆积坡度小于煤的自然安息角,一般为40°。

（2）突出过程中煤岩进一步被粉碎,产生极细的粉尘,有时突出的堆积物好似风力充填一样密实。

（3）突出孔洞口小肚大,呈梨形、倒瓶形,其轴线往往沿煤层倾斜向上延伸,或与倾向线成不大的夹角。

（4）突出的相对瓦斯涌出量可以大于煤层的瓦斯含量。

湖南红卫煤矿里王庙井主井车场揭6号煤层时突出如图4-6所示。

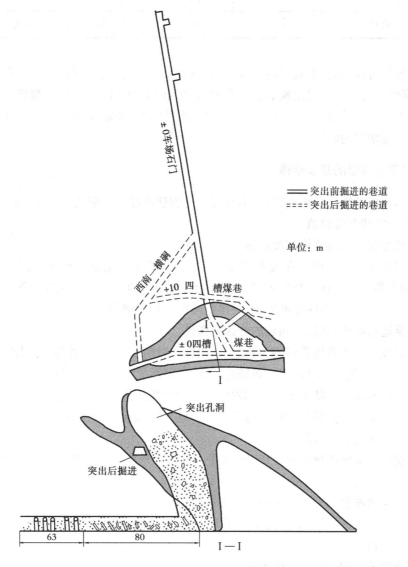

图 4-6　红卫煤矿里王庙井主井车场揭6号煤层时突出

4. 煤与瓦斯突出的发生地点分析

我国煤与瓦斯突出发生的地点统计数据如表4-1所示。

表 4-1　我国煤与瓦斯突出发生地点统计

巷道类别	突出次数	比例/%	最大强度/t	平均强度/(t·次$^{-1}$)
石门	567	5.8	12 780	317.1
煤层平巷	4 652	47.3	5 000	55.6
煤层上山	2 455	24.9	1 267	50.0
煤层下山	375	3.8	369	86.3
采煤工作面	1 556	15.8	900	35.9
大直径钻孔及其他	240	2.4	420	31.5
合计	9 845	100	12 780	69.6

从突出次数可知,煤层平巷、煤层上山和下山发生的突出占总次数的 76%,但突出强度较小;石门揭穿煤层时发生的突出次数虽少但强度大,我国 80% 以上的特大型突出均发生在石门揭穿煤层工作面。采煤工作面发生的突出占总次数的 15.8%,但近几年采煤工作面发生突出的次数有明显增多的趋势。

五、煤与瓦斯突出的基本规律

大量突出资料的统计分析表明,突出具有一定的规律性。了解这些规律,对于制定防治突出的措施,有一定的参考价值。

1. 突出发生在一定的采掘深度以后

每个煤层开始发生突出的深度差别很大,最浅的矿井是湖南白沙矿务局里王庙煤矿仅 50 m,始突深度最大的是辽宁抚顺矿务局老虎台煤矿达 640 m。始突深度以下突出频率与开采深度呈正相关关系,随着深度的增加,突出危险程度相应增加。

2. 突出受地质构造影响,呈明显的分区分带性

突出大都发生在地质构造带内,特别是压扭性构造断裂带、向斜轴部、背斜倾伏端、扭转构造、帚状构造收敛部位、层滑构造带、煤层光滑面、煤层倾角突变地带及煤层厚度突变地带等。

重庆天府矿务局 3 次特大型突出都发生在这类地质构造地带;重庆南桐矿区地质构造与突出分布具有集中控制和局部控制的内在规律。辽宁北票矿务局统计,90% 以上的突出发生在地质构造区和火成岩侵入区。

重庆南桐矿务局鱼田堡煤矿 +150 m 水平八石门 6 号层突出点分布如图 4-7 所示。

南桐矿务局南桐煤矿突出点分布如图 4-8 所示。

3. 突出受巷道布置和开采集中应力的影响

在巷道密集布置区、采场周边的支承压力区、邻近层应力集中区域等进行采掘作业,容易发生煤与瓦斯突出。

华蓥山南段矿区构造如图 4-9 所示。

南桐矿区构造应力场及突出点分布如图 4-10 所示。

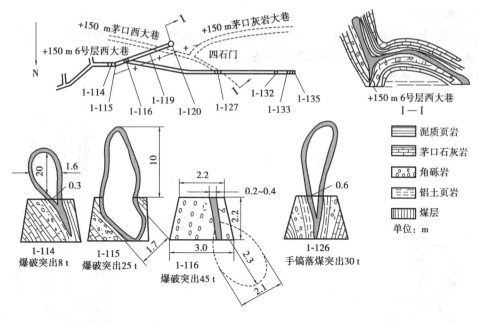

图 4-7　南桐鱼田堡煤矿 +150 m 水平八石门 6 号层突出点分布图

4. 突出主要发生在各类巷道掘进过程中

平巷掘进发生的突出次数最多,上山掘进在重力作用下发生突出的几率最高,石门揭煤发生突出的强度和危害性最大。突出次数和强度,随煤层厚度、特别是软分层厚度的增加而增加。煤层倾角越大,突出的危险性越大。

5. 突出煤层大都具有较高的瓦斯压力和瓦斯含量

一般情况下突出煤层的瓦斯压力大于 0.74 MPa,瓦斯含量大于 8 m^3/t。据统计,我国 30 处特大型突出矿井的煤层瓦斯含量都大于 20 m^3/t。

6. 突出煤层强度低,软硬相间

突出煤层的特点是强度低,而且软硬相间,透气系数小,瓦斯的放散速度高,煤的原生结构遭到破坏,层理紊乱,无明显节理,光泽暗淡,易粉碎。如果煤层的顶板坚硬致密,突出危险性增大。

煤的构造结构如图 4-11 所示。

非突出煤显微镜照片如图 4-12 所示。

突出煤显微镜照片如图 4-13 所示。

7. 大多数突出发生在爆破和破煤工序

重庆地区 132 次突出中,破煤时 124 次,占 95%。爆破后没有立即发生的突出,称为延期突出。延迟的时间由几分钟到十几小时,它的危害性更大。

8. 突出前常有预兆发生

(1)声响预兆

煤体发生的闷雷声、爆竹声、机枪声、嗡瓮声。这些由煤体内部发出的声响统称为响煤炮。在统计的 5 029 次案例中,有 1 415 次突出前有响煤炮预兆,是各种预兆中发生最为频繁的。

（2）瓦斯预兆

风流逆转、瓦斯异常、瓦斯浓度忽大忽小、打钻喷孔及出现哨叫声、蜂鸣声等。统计表明，许多大强度突出前,常常有瓦斯忽大忽小预兆。

（3）煤体结构预兆

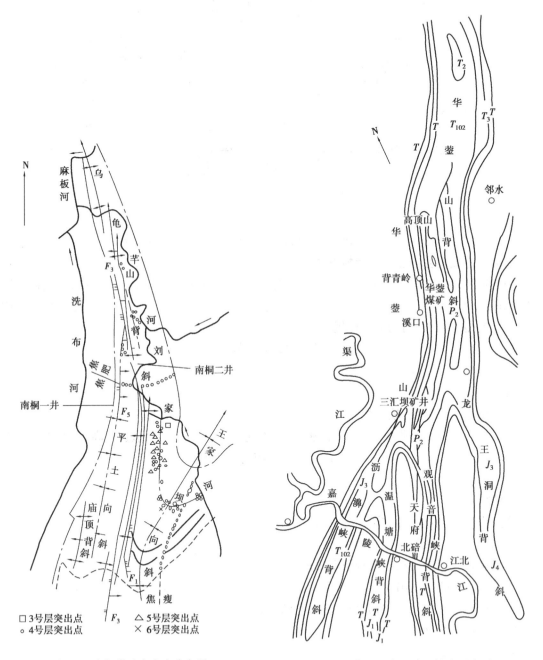

□3号层突出点　　△5号层突出点
。4号层突出点　　×6号层突出点

图4-8　南桐煤矿突出点分布图　　　　图4-9　华蓥山南段矿区构造示意图

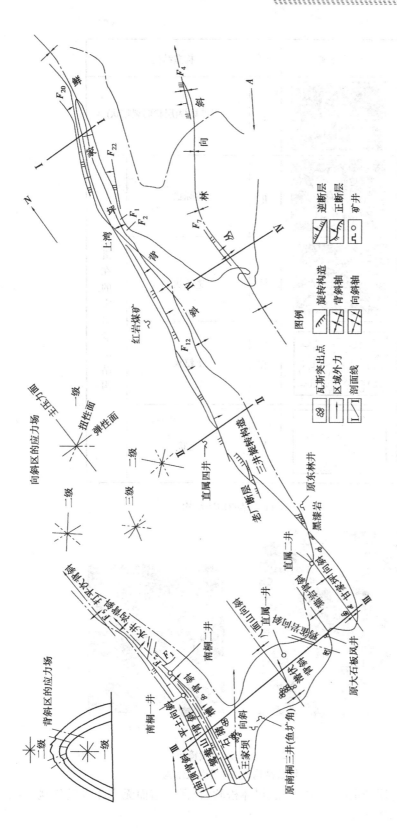

图4-10　南桐矿区构造应力场及突出点分布

煤的外观	类型	构造结构
	I	未破坏煤(层状弱裂隙状)
	II	角砾状
	III	透镜状
	IV	土粒状
	V	土状

注：II～V 类为潜在的突出危险结构

图4-11　煤的构造结构

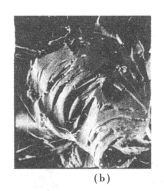

（a）　　　　　　　　（b）

图4-12　非突出煤显微镜照片
（a）块状结构　（b）贝壳状结构

煤体结构预兆有层理紊乱、煤体干燥、煤体松软、色泽变暗而无光泽、煤层产状急剧变化、煤层波状隆起及层理逆转等。

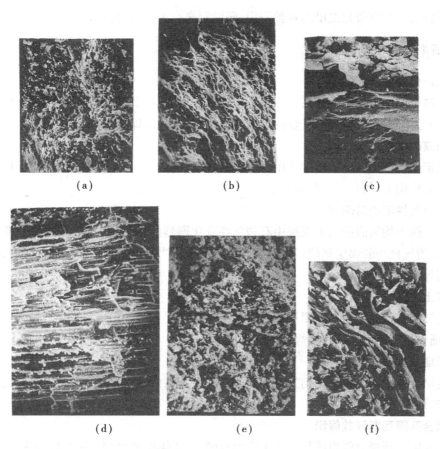

图 4-13　突出煤显微镜照片

(a)粒状结构　(b)网状结构　(c)片状结构

(d)定向排列结构　(e)鳞片状结构　(f)压扭性结构

(4)矿压显现预兆

如支架来压、煤壁开裂、掉碴、片帮、工作面煤壁外鼓、巷道底鼓、钻孔顶夹钻、钻孔严重变形、垮孔及炮眼装不进炸药等。

(5)其他预兆

一些突出发生前,有出现工作面温度降低、煤墙发凉、特殊气味等预兆。

9. 其他因素诱发煤与瓦斯突出

在突出危险区域内,回拆巷道支架和工作面支架时容易诱发煤与瓦斯突出,清理瓦斯突出孔洞及回拆支架也会导致再次发生煤与瓦斯突出。重庆南桐矿务局东林煤矿在回拆报废石门揭煤层处的金属骨架时,发生煤与瓦斯突出事故,造成多人伤亡。

任务 4.3　煤与瓦斯突出机理

煤与瓦斯突出机理是指煤与瓦斯突出的原因、条件及其发生、发展过程。煤与瓦斯突出是十分复杂的自然现象,它的机理还没有统一的见解,迄今尚未得到根本解决,大部分是根据现

场统计资料及实验室研究提出的各种假说,归纳起来有 4 个大类:

一、瓦斯为主导作用的假说

1. 瓦斯包假说

瓦斯包假说认为煤层内存在着积聚高压瓦斯空洞,其压力超过煤层强度减弱地区煤的强度极限,当工作面接近这种瓦斯包时,煤壁会产生破坏,抛出煤炭。

2. 粉煤带假说

粉煤带假说认为因地质构造作用,把煤粉碎成粉状,当巷道接近这一地带时,粉煤在不大的瓦斯压力作用下,与瓦斯一起喷出。

3. 煤透气性不均匀假说

煤透气性不均匀假说认为煤层中有透气性变化剧烈的区域,在该区域边缘瓦斯流动速度变化很大,透气性小的煤层坚硬,透气性大的煤层松软,当巷道接近两种煤层边界时,瓦斯的潜能释放将煤喷出。

4. 突出波假说

突出波假说认为瓦斯潜能要比煤的弹性变形潜能大 10 余倍,当巷道接近煤强度低的地区时,在瓦斯作用下产生连续破碎煤体的突出波。

5. 裂缝堵塞假说

裂缝堵塞假说认为由于均匀排放瓦斯的裂缝系统被封闭和堵塞,在煤层中形成增高的瓦斯压力带,从而引起突出。

6. 闭合孔隙瓦斯释放假说

闭合孔隙瓦斯释放假说认为接近工作面地带,由于煤层吸收和解析瓦斯的周期性,使其强度降低,包含在闭合孔隙中的瓦斯在孔隙壁的闭合面和敞开面之间产生很大压力差,当煤体破坏时,便被解析瓦斯抛向巷道。

7. 瓦斯膨胀应力假说

瓦斯膨胀应力假说认为在煤层中存在瓦斯含量增高带,因而引起煤体的膨胀应力增高,该处煤层透气性接近为零。当巷道掘进时,其应力急剧降低,造成煤的破碎和突出。

8. 火山瓦斯假说

火山瓦斯假说认为由于火山活动,煤受到二次热力变质,产生热力变质瓦斯和岩浆瓦斯,在煤体内形成高压瓦斯区,当进入该地带进行采掘作业时,就可能引起突出。

9. 瓦斯解析假说

瓦斯解析假说认为卸压时煤的微孔隙扩张,孔隙吸附潜能降低,吸附瓦斯的内能转化为游离瓦斯压力,使瓦斯压力升高,破坏松软煤层引起突出。

10. 瓦斯水化物假说

瓦斯水化物假说认为在某些地质构造活动地区,在一定的温度压力下,有可能生成瓦斯水化物($CH_4 \cdot H_2O$),以稳定状态存在,具有很大潜能,受到采掘工作影响后,会迅速分解成高压瓦斯,破坏煤体而造成突出。

11. 瓦斯-煤固溶体假说

瓦斯-煤固溶体假说认为处于未受到采动影响自然条件下煤的有机物质,是一种特殊的瓦斯-煤固溶体。瓦斯-煤固溶体处于稳定状态,在压力和温度变化时发生分解,并以气态涌出,在支撑压力带有可能形成具有增高瓦斯含量的次生固溶体。煤与瓦斯突出可以看成是瓦斯-煤固溶体的转化,固溶体的分解伴随着形成完整性的破坏和涌出气态产物。

二、地压为主导作用假说

1. 岩石变形潜能假说

岩石变形潜能假说认为突出时煤层因变形的弹性岩石所积聚的潜能引起的,潜能是以往的地质构造运动所造成的,当巷道掘到该处时,弹性岩石便像弹簧一样伸张,从而破坏和粉碎煤体而引起突出。

2. 应力集中假说

应力集中假说认为在采煤工作面前方的支撑压力带,由于后期弹性顶板的悬顶和突然下沉引起附加应力,煤体受集中应力作用产生移动和破坏,导致突出。

3. 剪应力假说

剪应力假说认为煤在突出前的破碎始于最大应力集中处,是在剪应力作用下发生的。

4. 振动波动假说

振动波动假说认为突出过程的发展是外力震动引起煤体和围岩的震动波动过程的发展。由于岩石的潜能和煤体的破坏而维持和发展了这一过程。

5. 冲击式移近假说

冲击式移近假说认为突出中起主导作用的是顶底板的冲击式移近,冲击式移近发生的可能性和大小,取决于岩体的性质、巷道参数、掘进方式和速度。突出的条件是煤层边缘有脆性破坏,从破坏的煤中涌出的瓦斯有一定压力。

6. 顶板位移不均匀假说

顶板位移不均匀假说认为突出是由于煤层顶底板不规则和不连续移动而引起的一种动力,突出发生在顶底板移近速度值增加后而又下降。

7. 应力叠加假说

应力叠加假说认为突出是由于地质构造应力、火山与岩浆活动的热力变形应力、自重应力、采掘压力和放顶动压等叠加而引起的。突出危险煤层具有特殊的"分枝性裂隙"显微结构。

三、化学本质假说

1. "爆炸的煤"假说

"爆炸的煤"假说认为突出是由于煤在地下深处变质时发生的化学反应而引起的。由于煤的变质,在爆炸性转化的物质的介温区,能呈现链锁反应过程,迅速形成大量的二氧化碳和瓦斯,从而引起煤与瓦斯突出。

2. 重煤假说

重煤假说认为煤在形成时由重碳(原子量13)及带氢的同位素(原子量2)重水参加,形成煤的重同位素称为"重煤原子",当进行采掘时,能发生突出。

3. 地球化学假说

地球化学假说认为瓦斯突出时煤层中不断进行的地球化学过程——煤层的氧化-还原过程。由于活性氧及射气的存在而加剧,生成一些活性中间物,导致瓦斯高速形成。中间产物和煤中有机物质的相互作用,使煤分子遭到破坏。

4. 硝基化学物假说

硝基化学物假说认为突出煤中积蓄有硝基化合物,只要有不大的活化能量,就能产生发热反应。当其热量超过分子键或性能时,反应将自发地加速进行,从而发生突出。

四、综合假说

1. 能量假说

能量假说认为突出是由煤的变形潜能和瓦斯内能引起的。当煤层应力状态发生突出变形时,潜能释放引起煤层高速破碎,在潜能和煤中瓦斯压力作用下煤体发生移动,瓦斯由已破碎的煤中解吸、涌出,形成瓦斯流,把已粉碎的煤抛向巷道。引起煤层应力状态突然变化的原因是巷道从硬煤进入软煤体,顶板岩石对煤层动力加载,爆破时煤体突然向深部推进,石门揭开煤层,巷道进入地质破坏区。该假说认为无论游离瓦斯,还是吸附瓦斯都参与突出的发展。瓦斯对煤体有3个方面的作用:全面压缩煤的骨架,增加煤的强度;吸附在微孔表面的瓦斯对微孔起楔子作用,同时降低煤的强度;存在瓦斯压力梯度,引起作用于梯度方向的力。

2. 应力分布不均匀假说

应力分布不均匀假说认为在突出煤层的围岩中具有较高的不均匀分布的应力,其主要原因是地质构造运动,个别情况下是由于采掘过程中引起的。由于煤体深部应力分布不均匀,就会产生围岩的不均匀移动,围岩位移减缓或停滞,从而建立了不稳定平衡状态。

突出前,由于工作面的机械作用,破坏了围岩的不稳定平衡,引起围岩的移近和伸直,使含瓦斯的煤暴露和破碎。在煤体破坏时,在暴露面附近形成瓦斯压力梯度,引起很薄的分层分离并破坏,饱含瓦斯的分层又重新暴露,破坏过程反复进行,并以突出波的形式向深部传播,释放出的大量瓦斯把碎煤抛出。

3. 分层分离假说

分层分离假说认为当突出危险带煤体表面急剧暴露时,由于瓦斯压力梯度作用使用分层承受拉伸力,拉伸力大于分层强度时,发生分层从煤体上的分离。突出通常是重复的破坏组合,一部分是瓦斯参与下的分层分离而破坏,另一部分是地压破坏。在急倾斜煤层,还有自重作用下分离。

从煤体分离的煤粒和瓦斯急速冲向巷道,随着混合物运动,瓦斯进一步膨胀,速度加快。当起遇到阻碍时,速度降低而压力升高,直到增高的压力不能超过破坏条件,过程才停止。

4. 破坏区假说

破坏区假说认为突出煤层是不均质的,各点强度不等。在高压力作用下,有强度最小的点发生,在其周围造成应力集中,如邻点的强度小于这个集中应力,就会形成破坏区,区内的吸着瓦斯由于煤破坏时释放的弹性能供给热量而解吸,瓦斯使得煤层的内摩擦力下降,变成一流动状态,瓦斯粉煤流喷出便形成突出。

任务4.4　防治煤与瓦斯突出的技术措施

一、《防治煤与瓦斯突出规定》的颁布

我国有关专家和现场工程技术人员,经过60年的不断探索、发展和完善使我国的防突技术走在了世界的前列。国家安全生产监督管理总局在系统地总结我国防突工作经验和教训的基础上,于2009年5月颁发了《防治煤与瓦斯突出规定》,对防治突出的各个环节都做出具体规定。该规定分为总则、一般规定、区域综合防突措施、局部防突措施、防治岩石与二氧化碳(瓦斯)突出措施、罚则、附则共7章,124条,自2009年8月1日起施行。

根据《防治煤与瓦斯突出规定》的要求,有突出矿井的煤矿企业应当建立防突工作体系,突出矿井应当健全防突机构、管理制度及各级岗位责任制。突出矿井的防突工作应坚持"区域防突措施先行、局部防突措施补充"的原则。未经采取区域综合防突措施并达到要求指标的严禁进行采掘活动,做到不掘突出头,不采突出面。区域防突工作应当做到多措并举、可保必保、应抽尽抽、效果达标。煤矿企业、突出矿井应根据突出矿井的实际状况和条件制定具体的区域综合防突措施和局部综合防突措施,建立区域和局部两个"四位一体"的综合防突技术体系。

二、防突措施分类

开采有突出危险的矿井,必须采取防治突出的措施。防突措施分为两大类,在突出煤层进行采掘前,对突出煤层较大范围采取的防突措施,称为区域防突措施;区域防突措施主要包括开采保护层和预抽煤层瓦斯两类。实施以后可使局部区域消除突出危险性的措施称为局部防突措施。防突措施分类系统图如图4-14所示。

防突综合措施实施系统图如图4-15所示。

1."四位一体"的区域综合防突措施

"四位一体"的区域综合防突措施包括区域突出危险性预测、区域防突措施、区域措施效果检验和区域验证。突出矿井应对突出煤层进行区域突出危险性预测(简称区域预测)。区域预测分为新水平、新采区开拓前的区域预测(简称开拓前区域预测)和新采区开拓完成后的区域预测(简称开拓后区域预测)两个阶段。

开拓前区域预测结果仅用于指导新水平、新采区的设计和新水平、新采区开拓工程的揭煤作业。开拓后区域预测结果用于指导工作面的设计和采掘生产作业。经区域预测后,突出煤层划分为突出危险区和无突出危险区。未进行区域预测的区域视为突出危险区。

2."四位一体"的局部综合防突措施

"四位一体"的局部综合防突措施,又称工作面综合防突措施,包括工作面突出危险性预测、工作面防突措施、工作面措施效果检验和安全防护措施。

石门揭煤工作面的防突措施包括预抽瓦斯、排放钻孔、水力冲孔、金属骨架、煤体固化或其他经试验证明有效的措施,立井揭煤工作面则可以选用其中除水力冲孔外的各项措施。金属骨架、煤体固化措施,应在采用了其他防突措施并检验有效后方可在揭开煤层前实施。

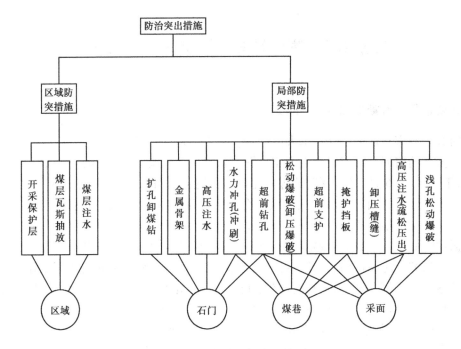

图 4-14 防突措施分类系统图

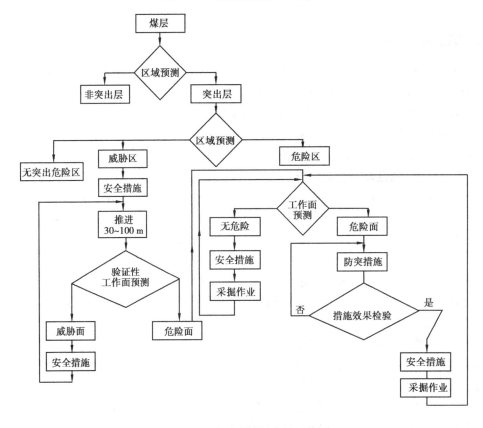

图 4-15 防突综合措施实施系统图

三、突出矿井的巷道布置应符合的要求和原则

(1)运输和轨道大巷、主要风巷、采区上山和下山(盘区大巷)等主要巷道必须布置在岩层或非突出煤层中。

(2)应减少井巷揭穿突出煤层的次数。

(3)井巷揭穿突出煤层的地点应合理避开地质构造破坏带。

(4)突出煤层的巷道应优先布置在被保护区域或其他卸压区域。

四、突出矿井的通风系统应符合的要求

(1)井巷揭穿突出煤层前,必须具有独立的、可靠的通风系统。

(2)突出矿井、有突出煤层的采区、突出煤层工作面都必须有独立的回风系统,采区回风巷必须是专用回风巷。

(3)在突出煤层中,严禁任何两个采掘工作面之间串联通风。

(4)煤(岩)与瓦斯突出煤层采区回风巷及总回风巷必须安设高低浓度甲烷传感器。

(5)突出煤层采掘工作面回风侧严禁设置调节风量的设施。易自燃煤层的回采工作面确需设置调节设施的,须经煤矿企业技术负责人批准。

(6)严禁在井下安设辅助通风机。

(7)突出煤层掘进工作面的通风方式必须采用压入式。

五、突出矿井各类人员的培训要求

突出矿井的管理人员和井下工作人员必须接受防突知识的培训,经考试合格后方准上岗。各类人员的培训要求如下:

(1)突出矿井的井下职工必须接受防突基本知识和规章制度的培训。

(2)突出矿井的区(队)长、班组长和有关职能部门的工作人员,应培训的主要内容包括突出的危害及发生的规律、区域和局部综合防突措施、防突的规章制度等。

(3)突出矿井的防突员是特殊工种人员,必须每年接受一次煤矿三级及以上安全培训机构组织的防突知识、操作技能的专项培训;培训的主要内容为防突的理论知识、突出发生的规律、区域和局部综合防突措施以及有关防突的规章制度等。

(4)有突出矿井的煤矿企业和突出矿井的主要负责人、技术负责人应当接受煤矿二级及以上培训机构组织的防突专项培训。培训的主要内容为防突的理论知识和实践知识、突出发生的规律、区域和局部综合防突措施以及防突的规章制度等。

六、突出煤层的采掘作业要求

(1)突出煤层的采掘作业应符合以下要求:

①严禁采用水力采煤法、倒台阶采煤法及其他非正规采煤法。

②急倾斜煤层宜采用伪倾斜正台阶、掩护支架采煤法。

③急倾斜煤层掘进上山时,应采用双上山或伪倾斜上山等掘进方式,并应加强支护。

④掘进工作面与煤层巷道交叉贯通前,被贯通的煤层巷道必须超过贯通位置,其超前距不得小于 5 m,并且贯通点周围 10 m 内的巷道应加强支护,在掘进工作面与被贯通巷道距离小

于 60 m 的作业期间,被贯通巷道内不得安排作业,并保持正常通风,且在爆破时不得有人。

⑤采煤工作面应尽可能采用刨煤机或浅截深采煤机采煤。

⑥煤、半煤岩炮掘和炮采工作面,必须使用安全等级不低于三级的煤矿许用含水炸药(二氧化碳突出煤层除外)。

(2)突出煤层任何区域的任何工作面进行揭煤和采掘作业前,均必须执行安全防护措施。突出矿井的入井人员必须随身携带隔离式自救器。

(3)所有突出煤层外的巷道(包括钻场等)距突出煤层的最小法向距离小于 10 m 时(地质构造破坏带为小于 20 m 时),必须边探边掘,确保最小法向距离不小于 5 m。

(4)同一突出煤层正在采掘的工作面应力集中范围内,不得安排其他工作面回采或者掘进。具体范围由煤矿技术负责人确定,但不得小于 30 m。

突出煤层的掘进工作面应当避开邻近煤层采煤工作面的应力集中范围。

在突出煤层的煤巷中安装、更换、维修或回收支架时,必须采取预防煤体垮落而引起突出的措施。

任务 4.5　区域防突措施

区域防突措施是指在突出煤层进行采掘前,对突出煤层较大范围采取的防突措施。区域防突措施主要包括开采保护层和预抽煤层瓦斯两类。其中,开采保护层是预防煤与瓦斯突出最有效、最经济的措施。我国现有 1/2 以上的突出矿井采用开采保护层来解决突出危险煤层的开采问题。

一、开采保护层

在突出矿井中,预先开采、能使其他相邻有突出危险煤层受到采动影响而减少或丧失突出危险的煤层称为保护层,后开采的煤层称为被保护层。保护层位于被保护层上方的称为上保护层,位于下方的称为下保护层。

1. 选择保护层应当遵守的规定

(1)在突出矿井开采煤层群时,如在有效保护垂距内存在厚度 0.5 m 及以上的无突出危险煤层的,除因突出煤层距离太近而威胁保护层工作面安全的或可能破坏突出煤层开采条件的以外,必须首先开采保护层。有条件的矿井也可将软岩层作为保护层开采。

(2)当煤层群中有几个煤层都可作为保护层时,应综合比较分析,择优开采保护效果最好的煤层。

(3)当矿井中所有煤层都有突出危险时,应选择突出危险程度较小的煤层作保护层先行开采,但采掘前必须按规定的要求采取预抽煤层瓦斯区域防突措施并进行效果检验。

(4)应优先选择上保护层。在选择开采下保护层时,不得破坏被保护层的开采条件。

2. 开采保护层区域防突措施应符合的要求

(1)开采保护层时应同时抽采被保护层的瓦斯。

(2)开采近距离保护层时,必须采取措施防止被保护层初期卸压瓦斯突然涌入保护层采掘工作面或误穿突出煤层。

（3）正在开采的保护层工作面必须超前于被保护层的掘进工作面，其超前距离不得小于保护层与被保护层层间垂距的 3 倍，并不得小于 100 m。

（4）开采保护层时，采空区内不得留有煤（岩）柱。特殊情况需留煤（岩）柱时，应经煤矿企业技术负责人批准，并做好记录，将煤（岩）柱的位置和尺寸准确地标在采掘平面图上。每个被保护层的瓦斯地质图应标出煤（岩）柱的影响范围，在这个范围内进行采掘工作前，必须首先采取预抽煤层瓦斯区域防突措施。

当保护层留有不规则煤柱时，必须按照其最外缘的轮廓划出平直轮廓线，并根据保护层与被保护层之间的层间距变化，确定其有效影响范围。在被保护层进行采掘工作时，还应根据采掘瓦斯动态及时修改。

3. 开采保护层防治煤与瓦斯突出原理

开采保护层防治煤与瓦斯突出原理如图 4-16 所示。

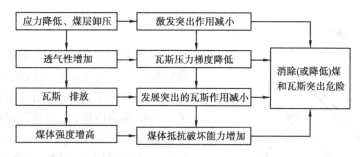

图 4-16　开采保护层防治煤与瓦斯突出原理

现以重庆天府矿务局磨心坡煤矿 K_2 煤层保护层开采后，有突出危险的 K_9 煤层内与突出有关的若干参数的变化，来说明保护层的作用。其保护作用机理如图 4-17 所示。

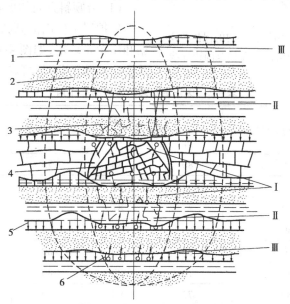

图 4-17　保护作用机理

Ⅰ—混乱移动带；Ⅱ—岩石完整性被破坏的移动带；Ⅲ—弯曲带；

1—正常应力带；2—集中应力带；3—卸压带；4—裂隙带；5—应力分布曲线；6—卸压瓦斯

保护层 K_2 煤层采到距离测点 0 m 处时，被保护层 K_9 煤层已经开始膨胀，透气系数增大。采过测点 20 m 后，瓦斯流量开始上升，采过 40 m 后的瓦斯压力开始下降，并稳定地保持很长时间。保护层开采后，由于采空区的顶底板岩石冒落、移动，引起开采煤层周围应力的重新分布，采空区上、下形成应力降低区，出现卸压。在这个区域内的未开采煤层将发生下述变化：

（1）地压减少，弹性潜能得以缓慢释放。

（2）煤层膨胀变形，形成裂隙与孔道，透气系数增加。因此，被保护层内的瓦斯能大量排放到保护层的采空区内，瓦斯含量和瓦斯压力都将明显下降。

（3）煤层瓦斯涌出后，煤的强度增加。据测定，开采保护层后，被保护层的煤硬度系数由 0.3 ~ 0.5 增加到 1.0 ~ 1.5。

因此，保护层开采后，不但消除或减少了引起突出的两个重要因素：地压和瓦斯，而且增加了煤的机械强度，增强了抵御突出的能力。这就使得在卸压区范围内开采被保护层时，不再会发生煤与瓦斯突出。

4. 保护范围的确定

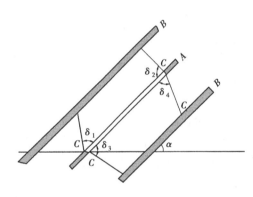

图 4-18 保护层工作面沿倾斜方向的保护范围
A—保护层；B—被保护层；C—保护范围边界线

保护范围是指保护层开采后，在空间上使危险层丧失突出危险的有效范围。在这个范围内进行采掘工作，按无突出危险对待，不需要再采取其他预防措施；在未受到保护的区域，必须采取防治突出的措施。但是厚度等于或小于 1.5 m 的保护层开采时，它的效果必须实际考察，如果效果不好，被保护层开采后，还必须采取其他的防治措施。

（1）沿倾斜方向的保护范围

保护层工作面沿倾斜方向的保护范围应根据卸压角 δ 划定，如图 4-18 所示。在没有本矿井实测的卸压角时，可参考表 4-2 的数据。

表 4-2 保护层沿倾斜方向的卸压角

煤层倾角 α/(°)	卸 压 角 δ/(°)			
	δ_1	δ_2	δ_3	δ_4
0	80	80	75	75
10	77	83	75	75
20	73	87	75	75
30	69	90	77	70
40	65	90	80	70
50	70	90	80	70
60	72	90	80	70
70	72	90	80	72
80	73	90	78	75
90	75	80	75	80

（2）沿走向方向的保护范围

若保护层采煤工作面停采时间超过 3 个月且卸压比较充分，则该保护层采煤工作面对被保护层沿走向的保护范围对应于始采线、采止线及所留煤柱边缘位置的边界线可按卸压角 $\delta_5 = 56° \sim 60°$ 划定，如图 4-19 所示。

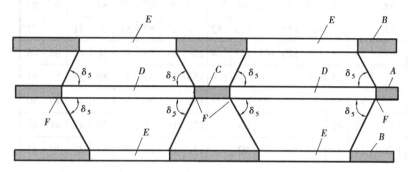

图 4-19　保护层工作面始采线、采止线和煤柱的影响范围

A—保护层；B—被保护层；C—煤柱；D—采空区；

E—保护范围；F—始采线、采止线

（3）最大保护垂距

保护层与被保护层之间的最大保护垂距可参照表 4-3 选取或用式（4-1）、式（4-2）计算确定。

表 4-3　保护层与被保护层之间的最大保护垂距

煤层类别	最大保护垂距/m	
	上保护层	下保护层
急倾斜煤层	<60	<80
缓倾斜和倾斜煤层	<50	<100

下保护层的最大保护垂距：

$$S_{\text{下}} = S'_{\text{下}}\beta_1\beta_2 \tag{4-1}$$

上保护层的最大保护垂距：

$$S_{\text{上}} = S'_{\text{上}}\beta_1\beta_2 \tag{4-2}$$

式中　$S'_{\text{下}}$，$S'_{\text{上}}$——下保护层和上保护层的理论最大保护垂距，m。它与工作面长度 L 和开采深度 H 有关，可参照表 4-4 取值。当 $L > 0.3H$ 时，取 $L = 0.3H$，但 L 不得大于 250 m；

β_1——保护层开采的影响系数，当 $M \leqslant M_0$ 时，$\beta_1 = M/M_0$；当 $M > M_0$ 时，$\beta_1 = 1$；

M——保护层的开采厚度，m；

M_0——保护层的最小有效厚度，m。M_0 可参照图 4-20 确定；

β_2——层间硬岩（砂岩、石灰岩）含量系数，以 η 表示在层间岩石中所占的百分比，当 $\eta \geqslant 50\%$ 时，$\beta_2 = 1 - 0.4\eta/100$，当 $\eta < 50\%$ 时，$\beta_2 = 1$。

表 4-4 $S'_下$ 和 $S'_上$ 与开采深度 H 和工作面长度 L 之间的关系

开采深度 H/m	$S'_下$/m								$S'_上$/m						
	工作面长度 L/m								工作面长度 L/m						
	50	75	100	125	150	175	200	250	50	75	100	125	150	200	250
300	70	100	125	148	172	190	205	220	56	67	76	83	87	90	92
400	58	85	112	134	155	170	182	194	40	50	58	66	71	74	76
500	50	75	100	120	142	154	164	174	29	39	49	56	62	66	68
600	45	67	90	109	126	138	146	155	24	34	43	50	55	59	61
800	33	54	73	90	103	117	127	135	21	29	36	41	45	49	50
1 000	27	41	57	71	88	100	114	122	18	25	32	36	41	44	45
1 200	24	37	50	63	80	92	104	113	16	23	30	32	37	40	41

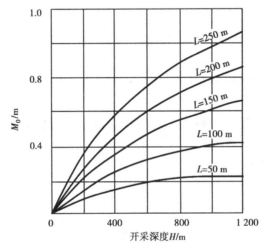

图 4-20 保护层工作面始采线、采止线和煤柱的影响范围

(4) 开采下保护层的最小层间距

开采下保护层时，不破坏上部被保护层的最小层间距离可按式(4-3)式(4-4)确定：

当 $\alpha < 60°$ 时：

$$H = KM \cos \alpha \qquad (4-3)$$

当 $\alpha \geqslant 60°$ 时：

$$H = KM \sin \left(\frac{\alpha}{2} \right) \qquad (4-4)$$

式中 H——允许采用的最小层间距，m；

M——保护层的开采厚度，m；

α——煤层倾角，(°)；

K——顶板管理系数；冒落法管理顶板时，K 取 10；充填法管理顶板时，K 取 6。

5. 开采保护层的保护效果检验

《防治煤与瓦斯突出规定》第 51 条规定,开采保护层的保护效果检验主要采用残余瓦斯压力、残余瓦斯含量、顶底板位移量及其他经试验证实有效的指标和方法,也可结合煤层的透气性系数变化率等辅助指标。

当采用残余瓦斯压力、残余瓦斯含量检验时,应根据实测的最大残余瓦斯压力或最大残余瓦斯含量对预计被保护区域的保护效果进行判断。若检验结果仍为突出危险区,保护效果为无效。

二、预抽煤层瓦斯

对于无保护层或单一突出危险煤层的矿井,可以采用预抽煤层瓦斯作为区域防突措施。这种措施的实质是通过一定时间的预先抽放瓦斯,降低突出危险煤层的瓦斯压力和瓦斯含量,并由此引起煤层收缩变形、地应力下降、煤层透气系数增加和煤的强度提高等效应,使被抽放瓦斯的煤体丧失或减弱突出危险性。预抽煤层瓦斯可采用的方式有地面井预抽煤层瓦斯以及井下穿层钻孔或顺层钻孔预抽区段煤层瓦斯、穿层钻孔预抽煤巷条带煤层瓦斯、顺层钻孔或穿层钻孔预抽回采区域煤层瓦斯、穿层钻孔预抽石门(含立、斜井等)揭煤区域煤层瓦斯、顺层钻孔预抽煤巷条带煤层瓦斯等。

预抽煤层瓦斯区域防突措施应按各类方式的优先顺序选取,或一并采用多种方式的预抽煤层瓦斯措施。

1. 预抽瓦斯防治突出的效果检验

《煤矿安全规程》第 190 条规定,预抽煤层瓦斯后,必须对预抽瓦斯防治突出效果进行检验,其有效性指标应根据矿井实测资料确定。如无实测数据,可依据下列指标之一确定:

①预抽煤层瓦斯后,突出煤层的残存瓦斯含量小于该煤层始突深度的原始瓦斯含量。

②煤层瓦斯预抽率大于 30%。

采用煤层瓦斯预抽率作为有效性指标的突出煤层,在进行采掘作业时,必须采用工作面预测方法对预抽效果进行经常复验。

2. 预抽瓦斯防治突出的要求

《防治煤与瓦斯突出规定》第 49 条规定,采取各种方式的预抽煤层瓦斯区域防突措施时,应符合以下要求:

(1)穿层钻孔或顺层钻孔预抽区段煤层瓦斯区域防突措施的钻孔应控制区段内的整个开采块段和整条顺槽及其外侧一定范围内的煤层。要求钻孔控制顺槽外侧的范围是:近水平、缓倾斜煤层巷道两侧轮廓线外至少各 15 m;倾斜、急倾斜煤层巷道上帮轮廓线外至少 20 m,下帮至少 10 m;均为沿层面的距离。

(2)穿层钻孔预抽煤巷条带煤层瓦斯区域防突措施的钻孔应控制整条煤层巷道及其两侧一定范围内的煤层。该范围与第(1)项中顺槽外侧的要求相同。

(3)顺层钻孔或穿层钻孔预抽回采区域煤层瓦斯区域防突措施的钻孔应控制整个开采块段的煤层。

(4)穿层钻孔预抽石门(含立、斜井等)揭煤区域煤层瓦斯区域防突措施应在揭煤工作面距煤层的最小法向距离 7 m 以前实施(在构造破坏带应适当加大距离)。钻孔的最小控制范围是:石门和立井、斜井揭煤巷道轮廓线外 12 m(急倾斜煤层底部或下帮 6 m),同时还应保证控制范围的外边缘到巷道轮廓线的最小距离不小于 5 m,且当钻孔不能一次穿透煤层全厚时,应保持煤孔最小超前距 15 m。

(5)顺层钻孔预抽煤巷条带煤层瓦斯区域防突措施的钻孔应控制的条带长度不小于60 m,巷道两侧的控制范围与第(1)项中顺槽外侧的要求相同。

(6)当煤巷掘进和回采工作面在预抽防突效果有效的区域内作业时,工作面距未预抽或预抽防突效果无效范围的边界不得小于20 m。

(7)特厚煤层分层开采时,预抽钻孔应控制开采的分层及其上部至少20 m、下部至少10 m(均为铅垂距离,且仅限于煤层部分)。

任务4.6 局部防突措施

大型突出往往发生于石门揭开突出危险煤层时,故石门揭开突出危险煤层,以及有突出倾向的建设矿井或突出矿井开拓新水平时,井巷揭开所有这类煤层都必须采取防治突出的措施,编制防突专项设计。

我国大多数突出发生在煤巷掘进时。例如,重庆南桐矿务局煤巷突出约占突出总数的74%;湖南立新煤矿蛇形山井的一条机巷掘进时,平均每掘进8.9 m突出一次。因此,在突出危险煤层内掘进时,必须采取有效的预防突出的措施,不能因其费工费时而稍有松懈。

一、松动爆破

松动爆破是向掘进工作面前方应力集中区,打几个钻孔装药爆破,使煤体松动,集中应力区向煤体深部移动,同时加快瓦斯的排出,从而在工作面前方造成较长的卸压带,以预防突出的发生。松动爆破分为深孔和浅孔两种。深孔松动爆破一般用于煤巷或半煤岩巷掘进工作面,钻孔直径一般为40~60 mm,深度8~15 m(煤层厚时取大值)。浅孔松动爆破主要用于采煤工作面,黑龙江鸡西矿务局大通沟煤矿的施工参数为:孔径42 mm、孔深2.4 m、孔间距3.0 m。钻孔垂直煤壁,松动炮眼超前工作面1.2 m。在山西阳泉矿务局一矿3号煤层试验工作面的条件下,采用长钻孔控制松动爆破,在采煤工作面顺槽打平行于工作面的爆破孔也取得了较好效果。其参数为:爆破孔长度30 m、直径73 mm、钻孔倾角1°~3°、封孔长度7~10 m、爆破孔距工作面距离13~15 m。工作面瓦斯涌出量由采取措施前的10 m³/min下降到7.5 m³/min。

深孔松动爆破钻孔布置如图4-21所示。

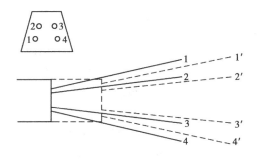

图4-21 深孔松动爆破钻孔布置
1,2,3,4—本次循环爆破孔;1′,2′,3′,4′—下次循环爆破孔

二、钻孔排放瓦斯

石门揭煤前,由岩巷或煤巷向突出危险煤层打钻,将煤层中瓦斯经过钻孔自然排放出来,待瓦斯压力降到安全压力以下时,再进行采掘工作。钻孔数和钻孔布置应根据断面和钻孔排放半径大小来确定,每平方米断面不得少于3.5～4.5孔。

钻孔排放半径是指经过规定的排瓦斯时间后,在排放半径内的瓦斯压力都降到安全值,通过实测确定。测定时由石门工作面向煤层打2～3个钻孔,测瓦斯压力。待瓦斯压力稳定后,打一个排瓦斯钻孔,观察测压孔的瓦斯压力变化,确定排放半径。

排放瓦斯后,采取震动性爆破揭开煤层时,瓦斯压力的安全值可取0.74 MPa,不采取其他预防措施时,应低于0.2～0.3 MPa。

排放瓦斯的范围,应向巷道周边扩大若干米。重庆天府矿务局磨心坡矿石门揭煤时,确定的钻孔排瓦斯范围为:石门断面上部为8 m,两帮为6 m。重庆南桐矿务局南桐一井均为5 m。排放瓦斯时间一般为3个月左右,煤层瓦斯压力降到0.74 MPa后,用震动性爆破揭开煤层,效果很好。

钻孔排放瓦斯适用于煤层厚、倾角大、透气系数大和瓦斯压力高的石门揭煤时,也大量应用于突出危险煤层的煤巷掘进。缺点是打钻工程量大,瓦斯压力下降慢,等待时间长。

三、水力冲孔

水力冲孔是在安全岩柱的防护下,向煤层打钻后,用高压水射流在工作面前方煤体内冲出一定的孔道,加速瓦斯排放。同时,由于孔道周围煤体的移动变形,应力重新分布,扩大卸压范围。此外,在高压水射流的冲击作用下,冲孔过程中能诱发小型突出,使煤岩中蕴藏的潜在能量逐渐释放,避免大型突出的发生。

水力冲孔主要用于石门揭煤和煤巷掘进。石门揭煤时,当掘进工作面接近突出危险煤层3～5 m时,停止掘进,安装钻机向煤层打钻,孔径90～110 mm。在孔口安装套管与三通管,将钻杆通过三通管直达煤层,钻杆末端与高压水管连接,冲出的煤和水与瓦斯则由三通管经射流泵加压后,送入采区沉淀池。钻冲孔法工艺流程如图4-22所示。

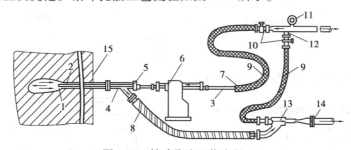

图4-22　钻冲孔法工艺流程

1—逆止钻头;2—套管;3—钻杆;4—三通;5—安全密封卡头;6—钻机;7—尾水管接头;8—排煤胶管;
9—胶管;10—阀门;11—压力表;12—供水管;13—射流管;14—排煤管;15—煤壁

穿层冲孔是由相邻的平巷向煤巷和煤巷上方打钻冲孔,冲孔后经过一段时间排放瓦斯,即可进行煤巷掘进。煤巷掘进水力冲孔后,由于瓦斯排放和煤炭湿润,不但预防了突出,而且瓦斯涌出量小,煤尘少,煤质变硬,不易垮落和片帮。

石门钻孔布置图如图4-23所示。

煤巷钻冲孔布置图如图4-24所示。

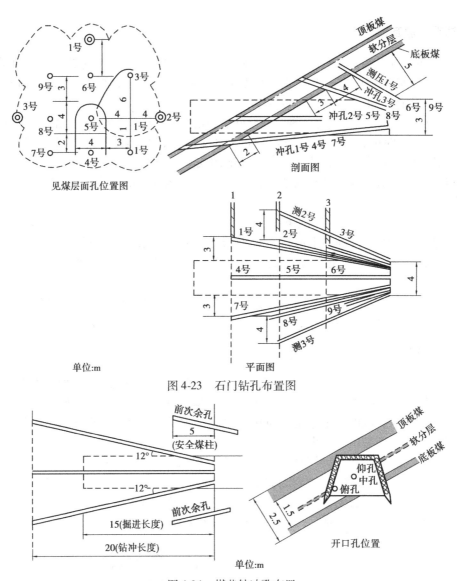

图 4-23 石门钻孔布置图

图 4-24 煤巷钻冲孔布置

采煤工作面钻冲孔布置如图 4-25 所示。

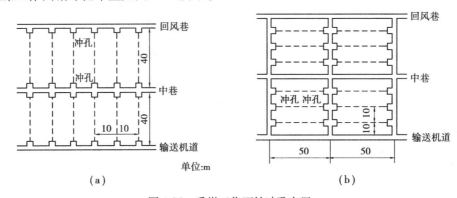

（a）　　　　　　　　　　　　　（b）

单位:m

图 4-25 采煤工作面钻冲孔布置

巷道工作面冲刷设备布置系统如图 4-26 所示。

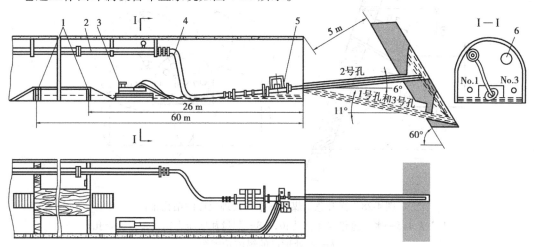

图 4-26 巷道工作面冲刷设备布置系统

1—沉淀池隔墙;2—给水管道;3—泵站;4—高压软管;5—回转机构;6—通风管

水力冲刷超前孔洞示意图如图 4-27 所示。

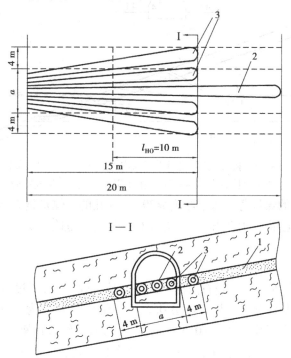

图 4-27 水力冲刷超前孔洞

1—破坏的煤分层;2—勘探空洞;3—槽状空间;l_{HO}—最小超前距

揭开急斜煤层前水力处理煤体的钻孔布置图如图 4-28 所示。

揭开缓斜、倾斜煤层前水力处理煤体的钻孔布置图如图 4-29 所示。

冲孔水压一般为 3.0 ~ 4.0 MPa,水量为 15 ~ 20 m³/h,射流泵水量为 25 m³/h,孔数一般为

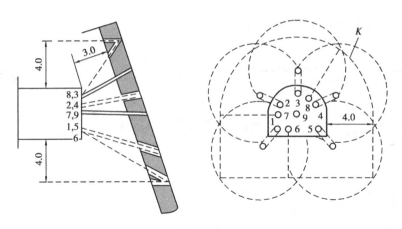

图 4-28 揭开急斜煤层前水力处理煤体的钻孔布置

1,2,3,4,5—水力疏松煤体钻孔;6,7,8—测量瓦斯压力钻孔;9—检查孔;

K—被处理过的煤体轮廓线

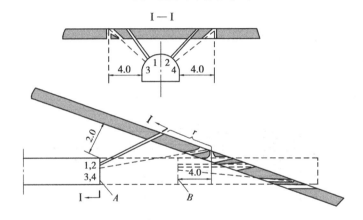

图 4-29 揭开缓斜、倾斜煤层前水力处理煤体的钻孔布置

1,2—水力疏松煤体钻孔;3,4—测量瓦斯压力钻孔;r—钻孔有效影响半径

$1.0 \sim 1.3$ 孔/m^2,冲出的煤量每米煤层厚度 ≥ 20 t。冲孔的喷煤量越大,效果就越好。

水力冲孔适用于地压大、瓦斯压力大、煤质松软的突出危险煤层。

四、金属骨架

金属骨架是一种超前支架。当石门掘进工作面接近煤层时,通过岩柱在巷道顶部和两帮上侧打钻,钻孔穿过煤层全厚,进入岩层 0.5 m。孔间距一般为 0.2 ~ 0.3 m,孔径 75 ~ 100 mm。然后将长度大于孔深 0.4 ~ 0.5 m 的钢管或钢轨,作为骨架插入孔内,再将骨架尾部固定,最后用震动爆破揭开煤层。重庆南桐矿务局东林矿金属骨架布置如图 4-30 所示。

重庆松藻矿务局打通一矿立井揭煤金属骨架布置如图 4-31 所示。

金属骨架适用于地压和瓦斯压力都不太大的急倾斜薄煤层或中厚煤层。在倾角小或厚煤层中,金属骨架长度大,易于挠曲,不能很好地阻止煤体移动,效果较差。辽宁北票矿务局采用在金属骨架掩护下,用扩孔钻具将石门断面内待揭穿的煤体钻出 30% ~ 40%,从而使其逐渐卸压并释放瓦斯;金属骨架承载上方煤体压力,达到降低和消除突出危险的目的。

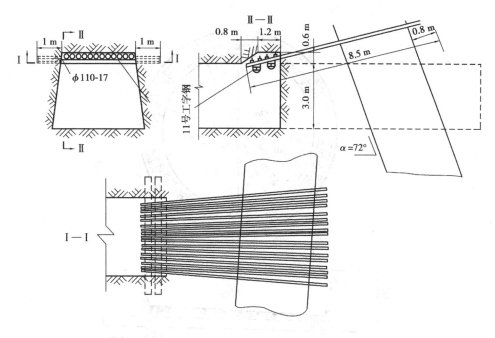

图 4-30　南桐矿务局东林矿金属骨架布置

五、超前钻孔

它是在煤巷掘进工作面前方始终保持一定数量的瓦斯排放钻孔。它的作用是排放瓦斯,增加煤的强度,在钻孔周围形成卸压区,使集中应力区移向煤体深部。

掘进工作面超前钻孔防突原理如图 4-32 所示。

超前钻孔孔数决定于巷道断面积和瓦斯排放半径。钻孔在软煤中的排放半径为 1 ~ 1.5 m,硬煤中可能只有几十厘米。平巷掘进工作面一般布置 3 ~ 5 个钻孔,孔径 200 ~ 300 mm。孔深应超前工作面前方的集中应力区,一般情况下它的数值为 3 ~ 7 m,故孔深应不小于 10 ~ 15 m。掘进时钻孔至少保持 5 m 的超前距离。

急倾斜中厚或厚煤层上山掘进时,可用穿透式钻机,贯穿全长后,再由上而下扩大断面,然后用人工修整到所需断面。

超前钻孔适用于煤层赋存稳定、透气系数较大的情况下。如果煤质松软,瓦斯压力较大,则打钻时容易发生夹钻、垮孔、顶钻,甚至出现孔内突出现象。

六、超前支架

多用于有突出危险的急倾斜煤层、厚煤层的煤层平巷掘进时。为了防止因工作面顶部煤体松软垮落而导致突出,在工作面前方巷道顶部事先打上一排超前支架,增加煤层的稳定性。架设超前支架的方法是先打孔,孔径 50 ~ 70 mm,仰角 8° ~ 10°,孔距 200 ~ 250 mm,深度大于一架棚距,然后在钻孔内插入钢管或钢轨,尾端用支架架牢,方可进行掘进,掘进时保持 1.0 ~ 1.5 m 的超前距。巷道永久支架架设后,钢材可回收复用。

七、卸压槽

近年来,在采掘工作面推广使用了卸压槽的方法,作为预防煤(岩)与瓦斯突出和冲击地

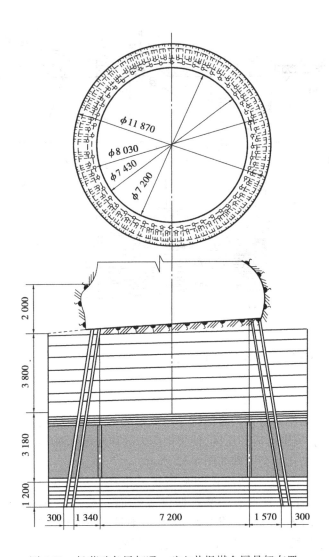

图 4-31 松藻矿务局打通一矿立井揭煤金属骨架布置

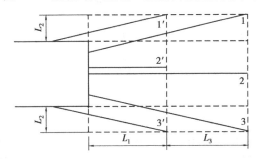

图 4-32 掘进工作面超前钻孔防突原理

1,2,3—本次措施循环措施孔;1′,2′,3′—上次措施循环措施残留孔;

L_1—5 m 超前距;L_2—两帮应控制的距离;L_3—本次措施循环应处理的范围

压的技术措施。它的实质是预先在工作面前方切割出一个缝槽,以增加工作面前方的卸压范围。没有卸压槽时,工作面前方的卸压区很小,巷道两帮的前方更小。巷道的两帮切割出卸压槽后,卸压范围扩大,在此范围内掘进,并保持一定的超前距就可避免突出或冲击地压的发生。煤巷长钻孔控制卸压爆破措施孔布置如图 4-33 所示。

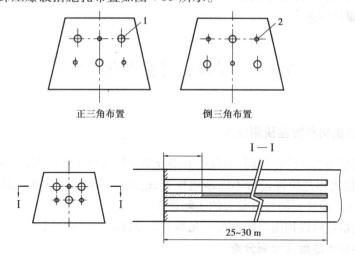

正三角布置　　　　倒三角布置

I—I

25~30 m

图 4-33　煤巷长钻孔控制卸压爆破措施孔布置
1—控制孔;2—爆破孔

八、煤层注水

煤层注水是通过钻孔向工作面前方煤体进行注水,以改变煤的力学性质、渗透性质以及煤层的应力状态,相应的改变突出的激发和发生的条件,达到采掘作业时防止或减少突出危险的目的。煤层注水既可以作为区域防突措施,也可作为局部防突措施,可用于石门揭煤,也可以用于煤巷和采煤工作面。

大面积湿润煤体注水钻孔布置如图 4-34 所示。

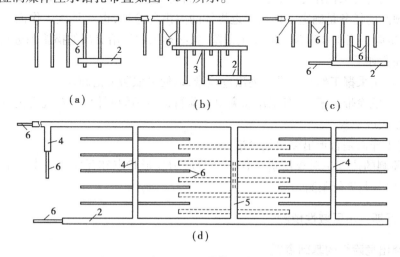

(a)　　　　　　　(b)　　　　　　　(c)

(d)

图 4-34　大面积湿润煤体注水钻孔布置
(a)沿煤层倾斜向下打钻穿过阶段全高　(b)沿煤层倾斜向下穿过亚阶段高
(c)沿煤层倾斜向上和向下打钻　(d)沿煤层走向打钻
1—回风巷;2—运输巷;3—中巷;4—采区边界上山;5—注水专用上山;6—注水钻孔

注水方式有水力疏松和低压湿润,两者的区别是注水压力不同。水力疏松适用于薄煤层及中厚煤层的石门揭煤、煤巷掘进和采煤工作面。低压湿润适用于大面积预先湿润煤体,厚煤层的石门揭煤、煤巷掘进。

任务4.7 煤与瓦斯突出危险性预测

一、煤与瓦斯突出危险性预测分类

进行煤与瓦斯突出危险性预测,不仅能够指导防突措施科学地运用,减少防突措施的工程量,而且对工作面突出危险性进行不间断地检查,还能保证突出层作业人员的人身安全。因此,煤与瓦斯突出危险性预测具有重大的实际意义。

煤与瓦斯突出危险性预测是防治煤与瓦斯突出综合措施的第一步。

1. 煤与瓦斯突出危险性预测分类

煤与瓦斯突出危险性预测分为区域性预测和工作面预测两类。

2. 区域性预测

区域性预测又分为矿井、煤层和水平(或采区、区段)3个层次。根据预测结果,分别将矿井、煤层和采区或区段划分为突出区和非突出区。

区域性预测的依据是查明突出区域性特征、各区域的突出主要因素与突出危险性之间的联系,同时考虑本井田或相邻井田突出的实际资料、围岩性质、地质构造类型及特征、水文地质情况、煤层赋存条件及结构特征、煤的变质程度、煤层瓦斯含量和瓦斯压力、开采深度等因素。

3. 工作面预测

在突出区内进行采掘作业时,还应进行工作面突出危险性预测。

工作面预测的任务是确定工作面附近煤体的突出危险性,也就是该工作面继续往前推进时,有无突出危险。当工作面预测有突出危险时,必须采取防治突出的措施和进行防突效果检验。其具体任务如下:

(1)预先确定采掘工作是否进入突出危险带,以便采取防突措施。

(2)在突出危险带采掘时,对工作面突出危险行进行不间断检查,发现突出危险到来之前及时撤出作业人员。

(3)确定工作面是否走出突出危险带。

工作面预测的依据是对煤层进工作面部分应力变形状态和瓦斯动力参数的测定研究结果,并结合突出预兆进行预测。

二、煤与瓦斯突出区域性预测

1. 煤层突出危险性的基础资料

煤与瓦斯突出区域性预测在地质勘探、新井建设和新水平开拓时进行。在地质勘探单位提供的井田地质报告中,应提供确定煤层突出危险性的基础资料。它主要包括煤层赋存条件及其稳定性、煤的结构破坏类型及工作分析、煤层围岩性质及厚度、地质构造、煤层瓦斯含量、煤层瓦斯压力、煤的瓦斯放散初速度指标、煤的坚固性系数、水文地质情况和火成岩侵入形态及分布等。

2. 煤与瓦斯突出区域性预测的方法

煤与瓦斯突出区域性预测的方法共有单项指标法、按照煤的变质程度、按照煤的变形特征、综合指标 D 与 K 法、地质指标、综合指标 B、地质统计法、多因素综合预测法、物探法预测突出构造带与危险区 9 种。

(1)单项指标法

采用煤的破坏类型、煤的瓦斯放散初速度指标 ΔP、煤的坚固性系数 f、煤层瓦斯压力 p 作为预测指标,各种指标的突出危险临界值应根据实测资料确定,无实测资料可参照表 4-5 所列数据。只有全部指标达到或超过其临界值时方可划为突出煤层。

表 4-5　预测突出危险性单项指标

煤层突出危险性	破坏类型	瓦斯放散初速度指标 ΔP	煤的坚固性系数 f	煤层瓦斯压力 p/MPa
突出危险	Ⅲ, Ⅳ, Ⅴ	≥10	≤0.5	≥0.74
无突出危险	Ⅰ, Ⅱ	< 10	> 0.5	< 0.74

主要预测指标:

①煤的瓦斯放散初速度 ΔP 是表示瓦斯从煤内放散出来快慢的相对指标,能反映煤的孔隙结构和微观破坏程度。

②煤的坚固性系数 f 是一个相对指标,反映煤的力学性质。

③煤层瓦斯压力 p 反映瓦斯含量、瓦斯释放强度和搬运突出物的能力。

(2)按照煤的变质程度

根据前苏联顿巴斯煤田开采实践经验,煤层的突出危险程度与其挥发分之间有密切的关系。挥发分在 36% ~40% 低变质程度的烟煤和高变质程度的无烟煤,突出危险程度低,而挥发分在 10% ~20% 中等变质程度的烟煤,突出危险程度最高。

(3)按照煤的变形特征

前苏联矿业研究机构研究了突出危险煤层与非突出危险煤层的变形特征,发现煤的变形特征与煤的变质程度之间有很好的线形关系。

(4)综合指标 D 与 K 法

由煤炭科学研究总院抚顺研究院和辽宁北票矿务局和湖南红卫煤矿提出用综合指标 D 与 K 来预测煤层的突出危险性,其临界值见表 4-6。

表 4-6　判断突出危险性的综合指标临界值

突出危险性的综合指标		突出危险性
D	K	
<0.25		无突出危险性
≥0.25	< 15	无突出危险性
≥0.25	≥15	突出危险性

综合指标 D 与煤层开采深度、煤层瓦斯压力、煤层软分层坚固性系数等因素有关。综合指标 K 与煤的瓦斯放散初速度及煤层软分层坚固性系数等因素有关。

（5）地质指标

由湖南省煤炭科学研究所提出用煤层围岩指标 R^5（5 m 含砂岩率）、地质构造指标 K_4、煤炭质量指标 K_d 和瓦斯压力 p 进行综合判断，各指标的临界值见表4-7。

表4-7　地质指标临界值

围岩指标 R^5	地质构造指标 K_4	煤质指标 K_d	瓦斯压力 p	危险性
>0.7	≤0.25	<1	≤0.4	无危险
0.7~0.45	0.25~0.75	1.0~1.5	0.4~1.0	过渡性
<0.45	≥0.75	≥1.5	≥1	危险

（6）综合指标 B

由俄罗斯矿业研究机构提出采用综合指标 B 作为预测指标。当 $B \geq 15$ 时，煤层有突出危险；当 $B < 15$ 时，煤层无突出危险。

综合指标 B 与煤层瓦斯含量、煤的挥发分、煤的强度、埋藏深度、煤层的复杂程度及围岩特性等因素有关。

（7）地质统计法

地质统计法的实质是根据已开采区域突出点分布与地质构造的关系，然后结合未采区的地质构造条件来大致预测突出可能发生的范围。不同的矿区控制突出的地质构造因素是不同的，某些矿区的突出主要受断层控制；另一些矿区主要受褶曲或煤层厚度变化的控制。因此，各矿区可以根据已开采区域主要控制突出的地质构造因素，来预测未采区域的突出危险性。

（8）多因素综合预测法

由煤炭科学研究总院抚顺研究院和河南平顶山煤业集团公司共同提出，具体方法是在预测区域范围内利用地质动力区划方法，测定岩体原始应力，推测出应力分布状态；测定瓦斯压力大小和分布状态；以始突深度、瓦斯压力、煤的突出危险性综合指标为主要区分指标，以煤层变异系数、泥岩厚度、砂岩厚度、含砂量、软煤厚度作为辅助区分指标，来预测煤层的区域危险性。

（9）物探法预测突出构造带与危险区

物探法预测突出构造带与危险区的关键技术是突出煤层电磁波透视数据处理技术，探测资料经计算机处理后，能在平面工程图上直接绘出瓦斯异常区域。

煤炭科学研究总院重庆研究院研制成功 BQT-E 型突出煤层电磁波透视系统，由便携式井下 WKT-E 型无线电波坑道透视仪、WKT-Z 型钻孔透视探头和数据系统组成。其特点是非接触测量方式，操作简单，费用低，无须辅助工程，探测精度高，探测仪的有效探测距离可达到300 m 以上。探测精度为：在厚度为 2 m 以下的煤层中，能分辨落差大于 1/2 煤层厚度的断层；在厚度为 2 m 以上的煤层中，能分辨落差大于 1.5 m 的断层；可对直径大于 20 m 范围的软分层、冲刷带、煤层厚度变化等地质构造进行平面分布分辨，能进行非突出危险区的划分。

三、煤与瓦斯突出工作面预测

1. 石门揭煤突出危险性预测

石门揭煤突出危险性预测的方法共有综合指标法、钻屑指标法、钻孔瓦斯涌出初速度结合瓦斯涌出衰减系数预测法 3 种。

（1）综合指标法

采用综合指标法时，在石门向煤层至少打两个测压孔，测定煤层瓦斯压力，在打钻过程中采样，测定煤的坚固性系数和瓦斯放散初速度，按综合指标进行突出危险性预测。

（2）钻屑指标法

采用钻屑指标法预测时，在工作面打两个（倾斜煤层和急倾斜煤层）或 3 个（缓倾斜煤层）直径 42 mm、长 6 ~ 12 m 的钻孔。钻孔每钻进 1 m 测定一次钻屑量，每钻进 2 m 测一次钻屑解析指标。根据每个钻孔沿孔深每米的最大钻屑量 S_{max} 和钻屑解析指标 K_1 或 Δh_2，预测工作面突出危险性。

常用仪器有 MD-1 型解析指标测定仪、MD-2 型煤钻屑瓦斯解吸仪、ATY 型突出预测仪、WTC 型突出预测仪。

（3）钻孔瓦斯涌出初速度结合瓦斯涌出衰减系数预测法

钻孔瓦斯涌出初速度，是评价突出危险性的综合指标，它反映了决定煤层突出危险性的全部因素。

钻孔瓦斯涌出初速度能综合地反映煤的破坏程度，瓦斯压力和瓦斯含量，煤体的应力状态及煤层透气性。

钻孔瓦斯涌出初速度结合瓦斯涌出衰减系数预测法是煤炭科学研究总院重庆研究院根据钻孔瓦斯涌出初速度预测法的基本原理，研制出来的新技术。试验证明，当测试地点透气性较高时，钻孔瓦斯涌出初速度值也较高时，但并无突出危险。为此引入瓦斯涌出衰减系数指标，瓦斯涌出衰减系数为第 5 min 涌出速度与第 1 min 涌出速度的比值。瓦斯涌出衰减系数值小，说明煤体透气性小，突出危险性高。

2. 煤巷突出危险性预测

煤巷突出危险性预测的方法共有钻孔瓦斯涌出初速度法、钻孔瓦斯涌出初速度结合钻屑量综合指标法、钻屑指标法、煤体温度预测法、V_{30} 特征值预测法、解吸指数 K_1 预测法、煤层瓦斯氡浓度预测法、微震声响预测法及电磁辐射法 9 种。

（1）钻孔瓦斯涌出初速度法

用钻孔瓦斯涌出初速度法进行煤巷突出危险性预测时，应在距巷道两帮 0.5 m 处，各打 1 个平行于巷道掘进方向、直径 42 mm、深度 3.5 m 的钻孔；用充气式胶囊封孔器封孔，封孔后测量室长度为 0.5 m；用 TWT 型突出危险性预报仪或其他型号的瞬时流量计测定钻孔瓦斯涌出速度，从打钻结束到开始测量的时间不应超过 2 min。

突出危险临界值，应根据现场实测资料确定，如无实测资料，可按表 4-8 数据确定。

表 4-8　煤巷钻孔瓦斯涌出初速度临界值

煤质分析 V_{daf}/%	5～15	15～20	20～30	>30
g_{HK}/(L·min^{-1})	5.0	4.5	4.0	4.5

（2）钻孔瓦斯涌出初速度结合钻屑量综合指标法

钻孔瓦斯涌出初速度结合钻屑量综合指标法是由前苏联煤矿科研机构 1969 年提出的日常预测方法，该方法综合考虑了工作面应力状态、物理力学性质和瓦斯含量等决定煤层突出危险的主要指标。

（3）钻屑指标法

采用钻屑指标法预测时，在倾斜煤层和急倾斜煤层工作面打两个或缓倾斜煤层工作面打 3 个直径 42 mm、长 6～12 m 的钻孔。钻孔每钻进 1 m 测定一次钻屑量，每钻进 2 m 测一次钻屑解析指标。根据每个钻孔沿孔深每米的最大钻屑量 S_{max} 和钻屑解析指标 K_1 或 Δh_2，预测工作面突出危险性。

各项指标的危险临界值，应根据现场实测资料确定，如无实测资料，可按表 4-9 数据确定。

表 4-9　煤巷钻屑指标法临界值

S_{max}		K_1	Δh_2	突出危险性
kg/m	L/m	mL/(g·min$^{1/2}$)	Pa	
≥6	≥5.4	≥0.5	≥200	有突出危险
<6	<5.4	<0.5	<200	无突出危险

（4）煤体温度预测法

该方法的原理是工作面前方煤体温度的变化特征决定于煤体应力变形状态和瓦斯动力状态。不仅煤体卸压降低煤体温度，煤体排放瓦斯（包括瓦斯解析、绝热膨胀和渗透）同样可以降低煤体温度。

采用煤体温度预测法时有两种测温方法来评价煤层的突出危险性：测量从每段炮眼采集的钻屑的温度；测量工作面新暴露面的温度。

乌克兰采用钻孔内距工作面 1，2，3 m 的煤体温度梯度作为评价突出危险性指标，其临界值规定为

$\Delta t_{(2-1)}$，$\Delta t_{(3-2)}$ < 2 ℃　　　　无突出危险

2 ℃ < $\Delta t_{(2-1)}$，$\Delta t_{(3-2)}$ < 2.5 ℃　　突出威胁

$\Delta t_{(2-1)}$，$\Delta t_{(3-2)}$ < 2.5 ℃　　　突出危险

（5）V_{30} 特征值预测法

德国在打眼爆破掘进煤层巷道时，V_{30} 特征值预测瓦斯突出危险性。V_{30} 特征值是指爆破前后 30 min 内的瓦斯涌出量与崩落煤量的比值，单位为 m^3/t。

对不同煤层的 V_{30} 特征值统计分析表明，再无瓦斯突出危险的煤层，这些值的分布非常接近于正态分布，中值位于可解吸瓦斯含量的 10%～17% 附近；一旦 V_{30} 特征值达到可解吸瓦斯含量的 40%，就有瓦斯突出的嫌疑；达到可解吸瓦斯含量的 60%，就存在瓦斯突出的危险。

(6)解吸指数 K_1 预测法

德国广泛采用解吸指数 K_1 预测煤层的突出危险性。研究表明,煤样中的解析瓦斯量与解析时间的关系式可用指数函数表示:

$$V_2 = V_1 (t_2/t_1)^{-K_t} \qquad (4\text{-}5)$$

式中　V_2——解析开始至 t_2 时瓦斯解析速度,$cm^3/min \cdot kg$;

V_1——解析开始至 t_1 时瓦斯解析速度,$cm^3/min \cdot kg$;

K_t——瓦斯解析指数,可用解吸仪测量。

对于无突出煤层,$K_t = 0.035 \sim 0.064\ 5$;有突出威胁煤层,$K_t = 0.70 \sim 0.74$;有突出煤层,$K_t \geqslant 0.75$。

(7)煤层瓦斯氡浓度预测法

近年来,波兰利用煤层瓦斯中氡浓度进行煤层突出危险性预测。研究表明,在突出前煤层瓦斯中氡浓度急剧降低,突出后又急剧上升。突出前瓦斯中氡浓度下降的原因可能是:开始突出时岩石发生强烈变形,工作面附近煤体中孔隙和裂隙闭合,使氡浓度下降。突出后原有裂隙张开并出现新的裂隙,氡浓度升高。

(8)微震声响预测法

煤层突出危险性的微震声响预测是根据对煤层和固岩噪声率变化的观测而进行的,噪声率的变化是煤体应力重新分布影响造成的。噪声率是单位时间记录到声波脉冲数量,每个声波脉冲都是煤层或围岩中形成裂隙是引起的,因此,噪声率的增高反映了煤的围岩开裂加剧,与具有低噪声率的相邻地带相比,煤与瓦斯突出均发生在高噪声率地带,划分高噪声率地带等效于划分突出危险带,把它们和实际上的安全带分开。根据这一原理,煤炭科学研究总院重庆研究院研制成功了 KJT 型煤与瓦斯突出预测系统、MSZH-1 型微震声响指标转换器、KJ-54 型矿井安全系统。

(9)电磁辐射法

国内外理论研究和实践表明,煤岩层受力破坏过程中会发生电磁辐射,电磁辐射强弱和脉冲数量取决于外加负载的大小和煤岩层的破坏特征,因此,可采用采掘工作面前方煤曾受力破坏产生的电磁辐射强度和电磁辐射脉冲数量预测突出危险。煤炭科学研究总院重庆研究院研制成功了 MTT-92 型煤与瓦斯探测仪,在四川芙蓉矿务局、河南平顶山煤业集团公司等单位井下试验应用,效果较好。

四、突出危险敏感指标及临界值

1. 突出危险敏感指标

突出危险敏感指标是针对某矿井某煤层的采掘工作面进行日常预测时,能明显地区分出危险和不危险的预测指标。也就是在突出危险工作面和不危险工作面实测的该指标值无相同值或相同值较小。

2. 突出危险不敏感指标

突出危险不敏感指标是在突出危险工作面与不危险工作面各测定值之间无明显区别的指标。

3. 敏感指标临界值

敏感指标临界值是指该指标划分突出危险与不危险的临界值。在煤巷工作面预测时,凡实际预测值等于或高于临界值的,属于突出危险工作面;凡实际预测值低于临界值的,属于不危险工作面。

4. 突出危险敏感指标及临界值的确定方法

鉴于各突出矿井的地质条件、生产条件、突出危险程度、防突经验以及防突人员素质方面的差异,因而在开展日常预测时,确定敏感指标及其临界值的方法也各不相同。目前,大多倾向于按预测或防突措施效果检验的实测数据统计分析加以确定。防突措施效果检验实质上是在防突措施保护范围内再进行一次突出危险性预测,因而所用的敏感指标及临界值与日常预测时相同。

在对突出预测技防突措施效果检验实测资料统计分析时,应将其中不可靠的资料剔除,以免得出错误结论。通常,不可靠资料是在以下 3 种情况下测得的:

(1)预测未能严格按照《防治煤与瓦斯突出规定》中预测循环要求进行,预测孔超前距离不够。

(2)只打了一个预测孔。

(3)测试装置、工具及操作不规范。

5. 确定敏感指标、临界值的程序

在进行日常预测时,可能出现下列 5 种情况,则敏感指标、临界值应根据不同情况进行判断确定:

(1)预测未超过《防治煤与瓦斯突出规定》规定的临界值不突出或虽超过《防治煤与瓦斯突出规定》规定的临界值,但采取防突措施后不突出。从实测资料看,绝大多数属于这种情况,可适当提高指标临界值,反复进行试验,直到发生突出,打预测钻孔喷孔或出现明显突出预兆,也可以判断出临界值。

(2)未超过《防治煤与瓦斯突出规定》规定的临界值发生了突出,则应降低指标临界值或选用其他指标。

(3)超过《防治煤与瓦斯突出规定》规定的临界值,未采取防突措施不突出,则应提高指标临界值。

(4)超过《防治煤与瓦斯突出规定》规定的临界值,未采取防突措施发生了突出,取最小的实测值为新的指标临界值。

(5)超过《防治煤与瓦斯突出规定》规定的临界值,采取防突措施后发生了突出,则以效果检验的最小实测值作为指标临界值。

任务4.8 防治煤与瓦斯突出的安全防护措施

一、远距离爆破

理论分析和生产实践都表明,在破煤过程中最容易发生煤与瓦斯突出,若破煤过程中有作

业人员在现场,发生突出最容易造成人员伤亡。因此,井巷揭穿突出煤层和突出煤层的炮采、炮掘工作面,为了减少人员伤亡,都必须采取远距离爆破安全防护措施。

1. 远距离爆破的目的

远距离爆破安全防护措施的目的是在爆破作业时,工作人员远距离爆破作业,突出物和突出时发生的瓦斯逆流波及不到发爆地点,以保证作业人员的安全。

2. 远距离爆破的作业要求

煤巷掘进工作面采用远距离爆破时,发爆地点必须设在进风侧反向风门外的全风压通风的新鲜风流中或避难所内,远距离工作面越远越好,但必须由矿井技术负责人根据现场情况确定,但不应小于 300 m;采煤工作面发爆地点到工作面的距离由矿井技术负责人根据现场情况确定,但不应小于 100 m。爆破作业人员发爆地点应当配备压风自救装置或自救器等生命保障系统。在生产实践中证明,远距离爆破措施可以有效地避免人员伤亡。远距离爆破时,回风系统的采掘工作面及其有人作业的地点都必须停电、撤人。爆破后进入工作面检查的时间由矿井技术负责人根据情况确定,但不得少于 30 min。

石门揭煤采用远距离爆破时,必须制定包括爆破地点、避灾路线及停电、撤人和警戒范围等的专项措施。

在矿井尚未构成全风压通风的建井初期,石门揭穿有突出危险煤层的全部作业过程中,由于揭煤工作尚未构成独立可靠畅通的回风系统,为避免突出的煤(岩)、瓦斯波及其他区域,与此石门有关的其他工作面都必须停止工作。在实施揭穿突出煤层的远距离爆破时,井下全部人员必须撤至地面,井下全部断电,立井口附近地面 20 m 范围内或斜井口前方 50 m、两侧 20 m 范围内严禁有任何火源,以免突出引起的瓦斯逆流遇火源发生瓦斯爆炸或燃烧事故。

远距离爆破必须和其他安全设施配合使用,如反向风门、避难硐室、压风自救装置、压缩氧自救器等。

3. 取消原用震动爆破安全措施的原因

(1)震动爆破与其他爆破有所不同,其炮眼数目与炸药的使用量都比正常掘进爆破炮眼数目与炸药的消耗量高 0.7 ~ 1.0 倍。它不仅要起到破煤作用,还要利用炸药爆炸产生的强烈震动波使煤体剧烈震动,对煤体结构产生破坏较大。若煤层已达到发生突出时的三大基本条件,就会诱导煤与瓦斯突出。因而,震动爆破工作面发生煤与瓦斯突出的几率很高。

(2)使用震动爆破的目的就是要在远距离撤人的情况下诱导突出。如果有突出危险,就在震动爆破的诱导下发生,此时由于远距离撤人,不至于造成人员伤亡;如果在震动爆破的诱导下没有发生突出,则说明煤层没有突出危险,接下来的作业将是安全的。

(3)《防治煤与瓦斯突出规定》的目标是不允许发生煤与瓦斯突出,树立突出就是事故的理念,而不致出现人员伤亡。而且,在石门震动爆破诱导突出、突出的规模难以估计的情况下,即使整出采区撤人都可以仍有人员伤亡的危险。

(4)《防治煤与瓦斯突出规定》已规定有较准确的突出危险性预测方法、有效的防突措施和较可靠的措施效果检验方法,在安全防护措施到位的前提下,利用远距离爆破将能更好地达到安全目标。

因此,《防治煤与瓦斯突出规定》要求,井巷揭穿突出煤层和突出煤层的炮掘、炮采工作面都必须采取远距离爆破安全防护措施,而不能使用震动爆破或其他方式揭煤。

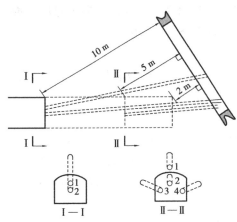

图 4-35 控制突出煤层前探钻孔布置
1,2,3,4—探煤钻孔

4.岩柱厚度的确定

我国煤矿石门和立井揭开突出危险煤层时常采用远距离爆破,它的效果取决于岩柱厚度、炮眼数、炮眼布置和装药量等参数。

岩柱厚度越大,爆破前突出的可能性越小,但越难一次揭开全煤层。《煤矿安全规程》规定,急倾斜煤层岩柱厚度不小于 1.5 m。缓倾斜和倾斜煤层,为了全断面一次揭开煤层,可将工作面做成台阶状或斜面,然后布置炮眼。

控制突出煤层前探钻孔布置如图 4-35 所示。

5.石门揭煤前瓦斯抽采钻孔布置

重庆天府矿务局磨心坡矿石门揭煤抽采钻孔布置如图 4-36 所示。

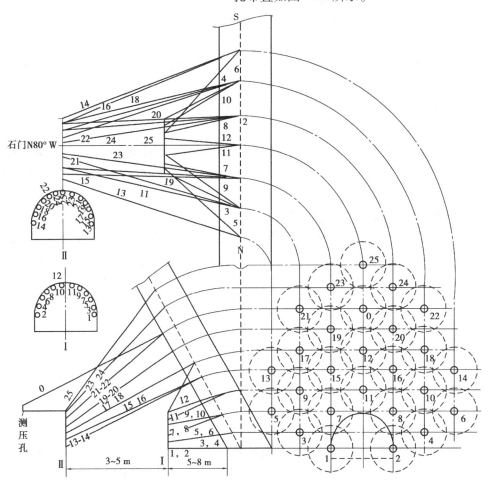

图 4-36 天府矿务局磨心坡矿石门揭煤抽采钻孔布置
1,2,3,…,25—钻孔编号

重庆中梁山矿务局北矿石门揭煤抽采钻孔布置如图4-37所示。

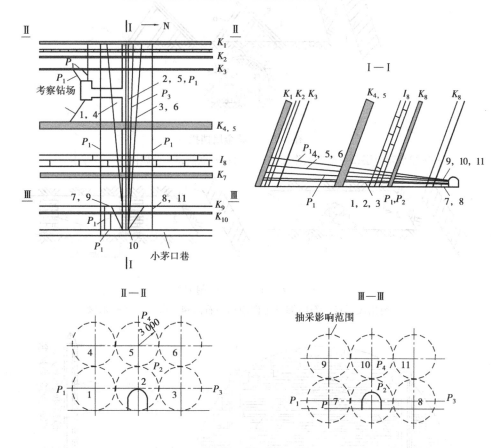

图4-37 中梁山矿务局北矿石门揭煤抽采钻孔布置

二、防护挡拦

防护挡拦是为了减低爆破诱发煤与瓦斯突出的强度,减少对生产的危害,而在炮掘工作面设立的栅栏。防护挡拦可用金属、矸石、木料等材料构成。金属挡栏一般是由槽钢排列成的方格框架,框架中槽钢的间隔为0.4 m,槽钢彼此用卡环固定,使用时在迎工作面的框架上再铺上金属网,然后用木支柱将框架撑成45°的斜面。一组挡拦通常由两架组成,间距为6~8 m。可根据预计的突出强度在设计中确定挡栏距工作面的距离。

棚状金属挡拦如图4-38所示,有3种形式:小型挡拦用于煤巷掘进工作面;中型挡拦用于半煤岩巷掘进工作面;大型挡拦用于石门揭煤掘进工作面。

矸石堆和木垛挡拦如图4-39所示。

金属型钢和木支柱组成的挡拦结构如图4-40所示。

气囊挡拦结构如图4-41所示。

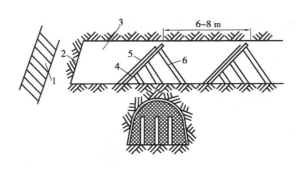

图 4-38　棚状金属挡拦

1—突出危险煤层;2—掘进工作面;3—石门;4—框架;5—金属网;6—斜撑木支柱

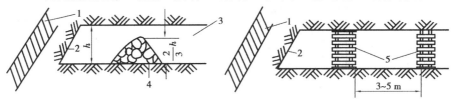

图 4-39　矸石堆和木垛挡拦

1—突出煤层;2—石门掘进工作面;3—石门;4—矸石堆;5—木垛

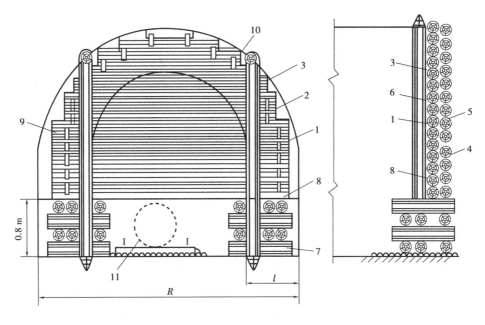

图 4-40　金属型钢和木支柱组成的挡拦结构

1,2,3,7,8—木支柱;4,5,6—工字钢;9—扒钉;10—石门轮廓线;11—通风管

三、反向风门

反向风门是防止突出时瓦斯逆流进入进风巷道而安设的通风设施,有木质反向风门和液压反向风门两种形式。木质反向风门由墙垛、门框、风门和安设在穿过墙垛铁风筒中的防逆流装置组成;液压反向风门是钢结构的,由平面支撑圆拱形钢结构风门和液压泵两部分组成。反

向风门平时是敞开的,人员进入工作面时必须把反向风门打开、顶牢;工作面爆破和无人时反向风门必须关闭。反向风门安设在掘进工作面的进风侧,以控制突出时的瓦斯能沿回风道进入回风系统。

《防治煤与瓦斯突出规定》要求,在突出煤层的石门揭煤和煤巷掘进工作面进风侧必须设置至少两道牢固可靠的反向风门,风门之间的距离不得小于 4 m。

反向风门距工作面的距离和反向风门的组数,应根据掘进工作面的通风系统和预计的突出强度确定,但反向风门距工作面回风巷不得小于 10 m,与工作面的最近距离一般不得小于 70 m,如小于 70 m 时应设置至少 3 道反向风门。

反向风门墙垛可用砖、料石或混凝土砌筑,嵌入巷道周边岩石的深度可根据岩石的性质确定,但不得小于 0.2 m,墙垛厚度不得小于 0.8 m。在煤巷构筑反向风门时,风门墙体四周必须掏槽,掏槽深度见硬帮硬底后再进入实体煤不小于 0.5 m。通过反向风门墙垛的风筒、水沟、刮板输送机道等,必须设有逆向隔断装置。

反向风门和防逆流装置如图 4-42 所示。

液压反向风门安装结构如图 4-43 所示。

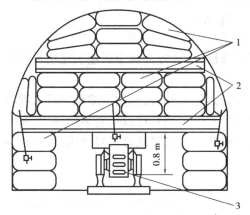

图 4-41　气囊挡拦结构
1—气囊垛;2—金属框架;3—水车

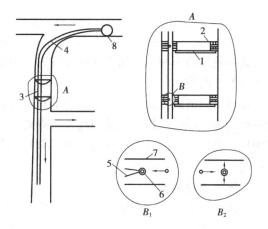

图 4-42　反向风门和防逆流装置
1—木质带铁皮风门;2—风门垛;3—铁风筒;
4—软质风筒;5—防止瓦斯逆流装置;
6—防止瓦斯逆流铁板立柱;7—定位圈;8—局部通风机;
B_1—正常通风时防止瓦斯逆流铁板位置;
B_2—突然逆风时防止瓦斯逆流铁板位置

四、自救器及压风自救装置

1. 自救器

自救器是一种轻便、体积小、便于携带,带用迅速、作用时间短的个人呼吸保护装备。当井下发生火灾和爆炸、煤和瓦斯突出等事故时,供人员佩戴免于中毒或窒息之用。

自救器分为过滤式和隔离式两类。

过滤式自救器是利用装有化学氧化剂滤毒装置将有毒空气氧化成无毒空气供佩戴者呼吸用的呼吸保护器。仅能防护一氧化碳一种气体。为确保防护性能,必须定期进行性能检验。

化学氧自救器是利用化学生氧物质产生氧气,供矿工从灾区撤退脱险用的呼吸保护器,为

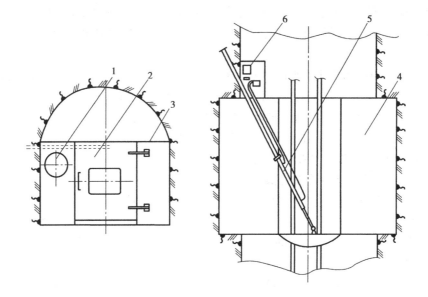

图 4-43　液压反向风门安装结构
1—铁风筒;2—反向风门;3—铰页座;4—墙垛;5—油缸;6—泵站

隔离式自救器的一种。它用于灾区环境大气中缺氧的条件下,可分为碱金属超氧化物型和氯酸盐氧烛型两类。

压缩氧隔离式自救器是为防止井下有毒有害气体对人体的侵害,利用压缩氧气供人呼吸的一种隔离式呼吸保护器。其与化学氧隔离式自救器的主要区别是可以反复多次使用,每次使用后只要更换新的吸收二氧化碳的氢氧化钙药剂和重新充装氧气既可重复使用,又可作为压风自救系统的配套装置。

2. 压风自救装置

压风自救装置是利用矿井压缩空气管路,接出分岔管,并接上防护袋、面罩或喇叭口等连接人呼吸器官的面具,将压风经减压节流、消声、过滤后供给避难矿工,保护他们免受有毒或窒息性气体侵害的器具。同贮备的隔离式自救器可形成两级自救系统,即可在压风掩护下换戴贮备的隔离式自救器,作为应急自救器的接力工具再继续撤退到安全地点。

根据《防治煤与瓦斯突出规定》的要求,突出煤层的采掘工作面应设置工作面避难所或压风自救系统。应根据具体情况设置其中之一或混合设置,但掘进距离超过 500 m 的巷道内必须设置工作面避难所。工作面避难所设在采掘工作面附近和爆破工操纵爆破的地点。应根据具体条件确定避难所的数量及其距采掘工作面的距离。工作面避难所应满足工作面最多作业人数时的避难要求,其他要求与采区避难所相同。

压风自救系统的要求如下:

(1)压风自救装置安装在掘进工作面巷道和回采工作面顺槽内的压缩空气管道上。

(2)在以下每个地点都应至少设置一组压风自救装置:距采掘工作面 25 ~ 40 m 的巷道内、起爆地点、撤离人员与警戒人员所在的位置以及回风道有人作业处等。在长距离的掘进巷道中,应根据实际情况增加设置。

(3)每组压风自救装置应可供 5 ~ 8 个人使用,平均每人的压缩空气供给量不得少于 0.1 m³/min。

ZY-J 型压风自救装置安装图如图 4-44 所示。

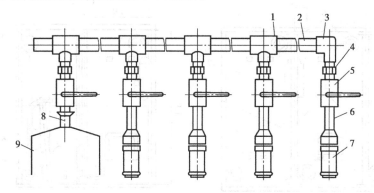

图 4-44　ZY-J 型压风自救装置安装图

1—三通;2—气管;3—弯头;4—接头;5—球阀;6—气管;7—自救器;8—防护袋;9—卡子

ZY-M 型压风自救装置结构如图 4-45 所示。

五、避难所

避难所是供矿工在遇到事故无法撤退而躲避待救的设施,可分为永久避难所和临时避难所两种。

1. 永久避难所

根据《防治煤与瓦斯突出规定》的要求,有突出煤层的采区必须设置采区避难所。避难所的位置应根据实际情况确定。永久避难所事先设在井底车场附近或采区工作地点安全出口的路线上。

避难所应符合的要求如下:

(1)避难所必须设置向外开启的隔离门,隔离门设置标准按照反向风门标准安设。室内净高不得低于 2 m,深度应满足扩散通风的要求,长度

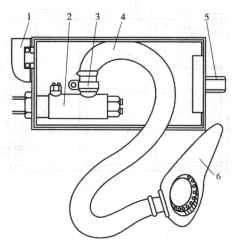

图 4-45　ZY-M 型压风自救装置结构

1—盒体;2—送风口;3—卡箍;
4—波纹软管;5—紧固螺母;6—半面罩

和宽度应根据可能同时避难的人数确定,但至少应能满足 15 人避难,且每人使用面积不得少于 0.5 m^2。避难所内支护必须保持良好,并设有与矿(井)调度室直通的电话。

(2)避难所内必须放置足量的饮用水、安设供给空气的设施,每人供风量不得少于 0.3 m^3/min。如果用压缩空气供风时,应有减压装置和带有阀门控制的呼吸嘴。

(3)避难所内应根据设计的最多避难人数配备足够数量的隔离式自救器。

2. 临时避难所

临时避难所是利用独头巷道、硐室或两道风门之间的巷道,由避灾人员临时修建的。因此,应在这些地点事先准备好所需的木板、木桩、黏土、沙子或砖等材料,还应装有带阀门的压气管。若无上述材料时,避灾人员就用衣服和身边现有的材料临时构筑,以减少有害气体的侵入。临时避难所机动灵活,修筑方便,正确地利用它,往往能发挥很好的救护作用。

为了节约时间和减少建筑避难硐室的材料消耗,可采用移动式的金属结构避难硐室,如图 4-46所示。它由门户单元、再生单元、中间单元等 3 个基本单元组成,可以有不同的组合形式。

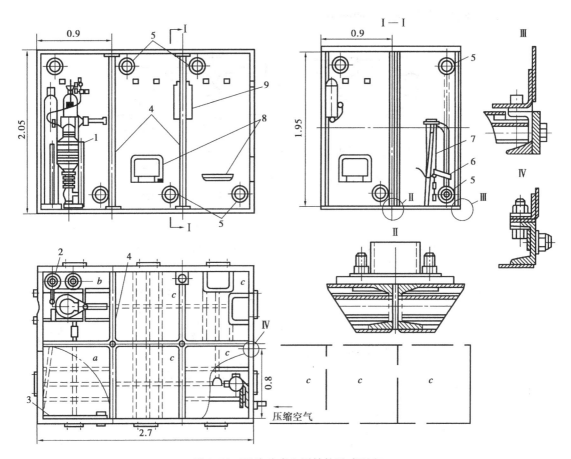

图 4-46　可移动式金属结构避难硐室

a—门户单元；b—再生单元；c—中间单元；1—再生装置；2—备用氧气瓶；3—密闭门；
4—支柱；5—供给压风窗户；6—自动阀门；7—油分离器；8—折叠座位；9—电话

六、其他措施

1. 安全距离

人员与有煤与瓦斯突出工作面保持一个安全距离，可以保证在突出时免遭喷出煤的直接危害。因此，人员距工作面的安全距离是根据抛出煤的分布规律，预防措施执行情况和有无避难硐室而确定的。

2. 机械设备远距离控制

为了保障突出时的人身安全、机组、钻机和其他装备还应采用远距离控制开关。在开采急倾斜煤层时，应在回风巷进行采煤机组的开、关，在采煤施工人影位于巷道中压风自救器附近。

七、煤与瓦斯突出避灾与自救

1. 发现煤与瓦斯突出预兆时的避灾措施

（1）矿工在采煤工作面发现有突出预兆时，要以最快的速度通知人员迅速向进风侧撤离。撤离中快速打开隔离式自救器并佩戴好，迎着新鲜风流继续外撤。如果距离新鲜风流太远时，应首先到避难所或利用压风自救系统进行自救。

192

(2)撤离时,如果退路被堵或自救器有效时间不足,立即撤到专门设置的井下避难所或压风自救装置处暂避,也可撤到设有压缩空气管道的巷道、硐室躲避,并把压气管的螺丝头卸下,形成正压通风,延长避难时间,同时设法与外界保持联系,等待救护队救援。

(3)掘进工作面发现煤和瓦斯突出的预兆时,必须向外迅速撤至防突反向风门之外后,把防突风门关好,然后继续外撤。如自救器发生故障或佩用自救器不能安全到达新鲜风流时,应在撤出途中到避难所,或利用压风自救系统进行自救,等待救护队援救。

(4)注意延期突出。有些矿井,出现了煤与瓦斯突出的某些预兆,但并不立即发生突出。延期突出容易使人产生麻痹,危害更大,对此,千万不能粗心大意,必须随时提高警惕。如一旦突然发生了煤与瓦斯延期突出,会造成多人遇险。因此,遇到煤与瓦斯突出预兆,必须立即撤出,并佩戴好自救器,决不要犹豫不决。

2.发生煤与瓦斯突出事故后的避灾措施

(1)在有煤与瓦斯突出危险的矿井,矿工要把自己的隔离式自救器带在身上,一旦发生煤与瓦斯突出事故,立即打开外壳佩戴好,迅速外撤。

(2)矿工在撤退途中,如果退路被堵,可到矿井专门设置的井下避难所暂避,也可寻找有压缩空气管路或铁风管的巷道、硐室躲避。这时要把管子的螺丝接头卸开,形成正压通风,延长避难时间,并设法与外界保持联系。

任务4.9　防治煤与瓦斯突出的措施计划的编制

为了坚决遏制瓦斯突出事故,必须进一步强化防突工作管理,做到管理规范化、程序化,有效地防止防突管理不到位、工作脱节、现场失控而发生的瓦斯突出事故,结合当前防突管理工作中存在的问题,根据《防治煤与瓦斯突出规定》的要求,煤与瓦斯突出矿井必须编制防治煤与瓦斯突出的年、季、月措施计划。

一、防治煤与瓦斯突出的年、季、月措施计划的内容

《防治煤与瓦斯突出规定》第28条要求,有突出矿井的煤矿企业和突出矿井在编制年度、季度、月度生产建设计划时,必须一同编制年度、季度、月度防突措施计划,保证抽、掘、采平衡。

防突措施计划及人力、物力、财力保障安排由技术负责人负责组织编制,煤矿企业主要负责人、突出矿井矿长负责审批,分管负责人、分管副矿长负责组织实施。

突出矿井防治煤与瓦斯突出的年、季、月措施计划的内容如下:

(1)突出条带(石门)预抽计划,包括预抽起止时间、掘进(揭煤)时间。

(2)石门揭穿突出危险煤层计划,包括地点、预抽瓦斯效果指标、揭煤时间、措施负责人。

(3)采掘工作面局部防突措施计划,包括地点、掘进开始时间、防突工程量、预抽瓦斯效果指标。

每月末矿井将次月防突计划报矿务局备案,矿务局必须编制防突工作重点计划,落实计划执行及监管专业部门。

二、新水平、新采区、新工作面前编制防突专门设计

开采有突出危险矿井的新水平、新采区、新工作面,都必须编制防突专门设计,开展区域瓦斯突出危险性划分和绘制区域瓦斯地质图,区域瓦斯地质图内容包括地质构造、瓦斯基本参数、瓦斯压力、煤层赋存条件、相邻区域瓦斯突出点位置及突出强度等。

新水平、新采区、新工作面前编制防突专门设计报矿务局总工程师审批。

突出矿井的每个突出工作面开工或投产前,矿井分管安全的副矿长或矿总工程师都必须组织人员对防突专门设计的实施情况进行验收。在验收中,发现防突专门设计规定的工程、设备和安全设施不符合规定,未竣工或不能可靠运行的不得开工或投产。

三、防突措施的编制、审批、报送、贯彻、执行、监督 6 个环节

1. 防突采掘工作面采掘前必须编制防突措施

防突措施内容包括:工作面瓦斯地质图、工作面突出危险性分析、划定突出危险区域,标定煤柱集中应力影响范围、地质构造状况及影响范围,瓦斯预抽及效果分析,局部防突措施,预测方法,安全防护措施,组织保障措施。

2. 防突措施的审批及报送

防突措施必须由矿总工程师组织生产、通风、安全等部门专业技术人员、安全副总工程师和分管生产、安全的副矿长集体会审。

对地质构造复杂,石门揭煤及其补充措施,矿井、采区及工作面瓦斯地质图、煤柱下未受保护区域开采的预处理措施及效果评价报告、煤柱下未受保护范围和直接开采突出煤层的采掘防突等措施必须报矿务局总工程师审批;直接开采强突出煤层的开采技术方案及防突措施必须报省级主管部门批准。

防突措施复审每月一次,复审后由矿总工程师签字生效,若有修改必须报矿务局备案。

凡是采掘防突工作面地质发生变化后必须停止作业、探清构造情况,重新补充有针对性防突措施,按措施审批权限规定审批后执行。所有防突措施必须报矿务局备案。

3. 贯彻和执行

经批准的防突措施,开工前由矿防突技术人员向施工队的队干、工人全面贯彻后进行考核签字,经考核合格后方可上岗作业,凡是不合格者要重新培训,合格后才能上岗。

采掘工作中,必须严格执行防突措施的规定,如因地质条件发生变化,施工队必须立即停止作业及汇报,必须重新修订及补充措施。

经批准的修改措施,须重新贯彻学习,考核合格后方可恢复作业。任何部门和个人,严禁改变已批准的防突措施。防突措施经 3 次修改后,原措施无效,必须重新编制。

4. 监督

矿务局和矿井防突专业管理、安全监察等部门,必须经常深入现场,监督检查防突措施执行情况。矿井要建立防突措施实施督察制度:安全部门对采掘工作面的措施孔、预测孔进行的不定期督查,每月不少于 2 次/面。

四、防突调度汇报制度

1. 建立矿井专业部门每日瓦斯安全排查制度

其排查内容:采掘头面防突动态,地质变化情况,瓦斯涌出异常情况。明确人员负责落实,并将每日排查情况报告矿务局。

2. 建立现场防突调度汇报制度

(1)采掘工作面每班班长,必须在交班时向矿调度室详细汇报防突现场的煤(岩)变化、瓦斯变化、支护等情况,调度室在调度流水记录簿上做好详细记录,并及时向生产、安全副矿长,总工程师和上级调度室汇报。出现异常情况必须立即停止作业,向矿调度室汇报处理。

(2)发生瓦斯突出事故,必须立即进行逐级汇报。矿调度室在接到瓦斯事故情况汇报时,必须立即向矿长,生产、安全副矿长,总工程师汇报,同时向矿务局调度室汇报;矿务局调度室接到事故报告后必须立即向局总工程师、安全副局长、生产副局长和局长汇报;矿务局调度室一般事故在 8 h 内必须向上级主管部门汇报,伤亡事故必须立即汇报。

五、其他要求

(1)凡是防突采掘工作面地质发生变化后都必须作出专门探孔设计,探孔设计按防突措施审批权限的规定审批后执行。

(2)防突工作面地质探孔只能采用钻机打孔,严禁采用风动凿岩机和风钎打探孔。

(3)石门揭煤地质探孔严格按《煤矿安全规程》和《防治煤与瓦斯突出规定》的要求进行专门设计,并在距离煤层顶(底)板法线距离 10 m 前施工地质探孔,地质探孔的个数必须能够控制石门巷道四周煤层变化情况。

无地质探孔资料,不得编制石门揭煤措施。

(4)防突采掘工作面必须进行可靠支护。

①煤巷、半煤岩巷永久支护跟拢工作面迎头,架棚支护巷道在 10 m 范围内必须支设金属扣衬加固支架,防止爆破打垮支架诱导突出。

②石门揭煤巷道永久支护必须跟拢工作面迎头,揭穿煤层后必须对煤层进行有效的支护和封闭巷道四周煤体。严禁采用无腿棚支护和架棚支护。

(5)采掘防突工作面必须制定安全保障措施,以工作面为单位实行防突项目管理,明确项目负责人及其领导下的技术实施负责人、监督检查负责人、现场控制负责人,并确定各自职责。

巩固提高

1. 名词解释:突出煤层、突出矿井、瓦斯(二氧化碳)喷出、煤(岩)与瓦斯(二氧化碳)突出、煤与瓦斯突出的机理、区域防突措施、局部防突措施、避难硐室。

2. 瓦斯喷出前常有哪些预兆?

3. 煤与瓦斯突出的危害性主要表现在哪些方面?

4. 煤与瓦斯突出的外部特征有哪些?

5. 煤与瓦斯突出有哪些基本规律?

6. 煤与瓦斯突出假说归纳起来有哪 4 个大类？

7. "四位一体"区域防突措施的具体内容是什么？

8. "四位一体"局部防突措施的具体内容是什么？

9. 保护层的保护范围如何划定？

10. 采用预抽煤层瓦斯作为区域防突措施的实质是什么？

11. 开采保护层应当注意哪些问题？

12. 简述开采保护层防治煤与瓦斯突出原理。

13. 预抽煤层瓦斯后,其防治突出效果的检验指标有哪些？

14. 常用的局部防突措施有哪些？

15. 采用震动爆破措施时应当注意哪些问题？

16. 发现煤与瓦斯突出预兆时如何进行避灾？

附　件

附件1

防治煤与瓦斯突出规定

国家安全生产监督管理总局

国家煤矿安全监察局

2009 年 5 月

第一章 总 则

第一条 为了加强煤与瓦斯突出的防治工作,有效预防煤矿突出事故,保障煤矿职工生命安全,根据《安全生产法》《矿山安全法》《国务院关于预防煤矿生产安全事故的特别规定》等法律法规,制定本规定。

第二条 煤矿企业(矿井)、有关单位的煤(岩)与瓦斯(二氧化碳)突出(以下简称突出)防治工作,适用本规定。

现行煤矿安全规程、规范、标准、规定等有关突出防治的内容与本规定不一致的,按照本规定执行。

第三条 本规定所称的突出煤层,是指在矿井范围内发生过突出的煤层和经鉴定有突出危险的煤层。

本规定所称的突出矿井,是指在矿井的开拓、生产范围内有突出煤层的矿井。

第四条 有突出矿井的煤矿企业主要负责人及突出矿井的矿长是防突工作的第一责任人。

有突出矿井的煤矿企业、突出矿井应当设置防突机构,建立健全防突管理制度及各级岗位责任制。

第五条 有突出矿井的煤矿企业、突出矿井应根据突出矿井的实际状况和条件,制定具体的区域综合防突措施和局部综合防突措施。

区域综合防突措施包括下列内容:

1. 区域突出危险性预测;

2. 区域防突措施;

3. 区域措施效果检验;

4. 区域验证。

局部综合防突措施包括下列内容:

1. 工作面突出危险性预测;

2. 工作面防突措施;

3. 工作面措施效果检验;

4. 安全防护措施。

第六条 防突工作应坚持区域防突措施先行、局部防突措施补充的原则。突出矿井采掘工作做到不掘突出头,不采突出面。未按要求采取区域综合防突措施的,严禁进行采掘活动,区域防突工作应当做到多措并举、可保必保、应抽尽抽、效果达标。

第七条 突出矿井发生突出的必须立即停产,并立即分析、查找突出的原因。在强化实施综合防突措施消除突出隐患后,方可恢复生产。

非突出矿井首次发生突出的必须立即停产,按本规定的要求建立防突机构和管理制度,编制矿井防突设计,配备安全装备,完善安全设施和安全生产系统,补充实施区域防突措施,达到本规定要求后,方可恢复生产。

第二章　一般规定

第一节　突出煤层和突出矿井鉴定

第八条　地质勘探单位应当查明矿床瓦斯地质情况。井田地质报告应当提供煤层突出危险性的基础资料。

基础资料应当包括下列内容：

1. 煤层赋存条件及其稳定性；

2. 煤的结构类型及工业分析；

3. 煤的坚固性系数、煤层围岩性质及厚度；

4. 煤层瓦斯含量、瓦斯成分和煤的瓦斯放散初速度等指标；

5. 标有瓦斯含量等值线的瓦斯地质图；

6. 地质构造类型及其特征、火成岩侵入形态及其分布、水文地质情况；

7. 勘探过程中钻孔穿过煤层时的瓦斯涌出动力现象；

8. 邻近煤矿的瓦斯情况。

第九条　新建矿井在可行性研究阶段,应当对矿井内采掘工程可能揭露的所有平均厚度在 0.3 m 以上的煤层进行突出危险性的评估。评估结果应当作为矿井立项、初步设计和指导建井期间揭煤作业的依据。

第十条　经评估有突出危险的新井,建井期间应当对开采煤层及其他可能对采掘活动造成威胁的煤层进行突出危险性鉴定。

第十一条　矿井有下列情况之一的,应当立即进行突出煤层鉴定;鉴定未完成前,应当按照突出煤层管理：

1. 煤层有瓦斯动力现象的；

2. 相邻矿井开采的同一煤层发生突出的；

3. 煤层瓦斯压力达到或超过 0.74 MPa 的。

第十二条　突出煤层和突出矿井鉴定由煤矿企业委托具有煤与瓦斯突出危险性鉴定资质的单位进行。鉴定单位应当在接受委托之日起 120 天内完成鉴定工作。鉴定单位对鉴定结果负责。

煤矿企业应当将鉴定结果报省级煤炭行业管理部门、煤矿安全监管部门、煤矿安全监察机构备案。

煤矿发生瓦斯动力现象造成生产安全事故,经事故调查认定为突出事故的,该煤层即为突出煤层,该矿井即为突出矿井。

第十三条　突出煤层鉴定应当首先根据实际发生的瓦斯动力现象进行。

当动力现象特征不明显或者没有动力现象时,应当根据实际测定的煤层最大瓦斯压力 P、软分层煤的破坏类型、煤的瓦斯放散初速度 Δp 和煤的坚固性系数 f 等指标进行。当全部指标均达到或者超过表 1 所列的临界值时即为突出煤层。

鉴定单位也可以探索突出煤层鉴定的新方法和新指标。

表1　突出煤层鉴定的单项指标临界值

煤层突出危险性	破坏类型	瓦斯放散初速度 Δp	坚固性系数 f	瓦斯压力 P/MPa
突出危险	Ⅲ,Ⅳ,Ⅴ	≥10	≤0.5	≥0.74

第二节　建设和开采基本要求

第十四条　有突出危险的新建矿井及突出矿井的新水平、新采区,必须编制防突专项设计。设计应当包括开拓方式、煤层开采顺序、采煤方法、通风系统、防突设施(设备)、区域综合防突措施和局部综合防突措施等内容。

突出矿井新水平、新采区移交生产前,必须经当地人民政府煤矿安全监管部门按管理权限组织防突专项验收;未通过验收的不得移交生产。

突出矿井必须建立满足防突工作要求的地面永久瓦斯抽采系统。

第十五条　突出矿井应当做好防突工程的计划和实施,将防突的预抽煤层瓦斯、保护层开采等工程与矿井采掘部署、工程接替等统一安排,使矿井的开拓区、抽采区、保护层开采区和突出煤层(或被保护层)开采区按比例协调配置,确保在突出煤层采掘前实施区域防突措施。

第十六条　突出矿井的巷道布置应符合下列要求和原则:

1. 运输和轨道大巷、主要风巷、采区上山和下山(盘区大巷)等主要巷道布置在岩层或非突出煤层中;

2. 减少井巷揭穿突出煤层的次数;

3. 井巷揭穿突出煤层的地点应合理避开地质构造破坏带;

4. 突出煤层的巷道应优先布置在被保护区域或其他卸压区域。

第十七条　突出矿井地质测量工作必须遵守下列规定:

1. 地质测量部门应当与防突机构、通风部门共同编制矿井瓦斯地质图,图中应标明采掘进度、被保护范围、煤层赋存条件、地质构造、突出点的位置、突出强度、瓦斯基本参数及绝对和相对瓦斯涌出量等资料,作为区域突出危险性预测和制定防突措施的依据;

2. 地质测量部门在采掘工作面距离未保护区边缘50 m前编制临近未保护区通知单,报矿技术负责人审批后交有关采掘区(队);

3. 突出煤层顶、底板岩巷掘进时,地质测量部门提前进行地质预测,掌握施工动态和围岩变化情况,及时验证提供的地质资料,并定期通报给煤矿防突机构和采掘区(队);遇有较大变化时,随时通报。

第十八条　突出矿井开采的非突出煤层和高瓦斯矿井的开采煤层,在延深达到或超过50 m或开拓新采区时,必须测定煤层瓦斯压力、瓦斯含量及其他与突出危险性相关的参数。

高瓦斯矿井各煤层和突出矿井的非突出煤层在新水平开拓工程的所有煤巷掘进过程中,应当密切观察突出预兆,并应在开拓工程首次揭穿这些煤层时执行石门和立井、斜井揭煤工作面的局部综合防突措施。

第十九条　突出煤层的采掘作业应符合以下要求:

1. 严禁采用水力采煤法、倒台阶采煤法及其他非正规采煤法;

2. 急倾斜煤层适合采用伪倾斜正台阶、掩护支架采煤法;

3. 急倾斜煤层掘进上山时,采用双上山或伪倾斜上山等掘进方式,并应加强支护;

4. 掘进工作面与煤层巷道交叉贯通前,被贯通的煤层巷道必须超过贯通位置,其超前距不得小于 5 m,并且贯通点周围 10 m 内的巷道应加强支护。在掘进工作面与被贯通巷道距离小于 60 m 的作业期间,被贯通巷道内不得安排作业,并保持正常通风,且在爆破时不得有人;

5. 采煤工作面应尽可能采用刨煤机或浅截深采煤机采煤;

6. 煤、半煤岩炮掘和炮采工作面,必须使用安全等级不低于三级的煤矿许用含水炸药(二氧化碳突出煤层除外)。

第二十条 突出煤层任何区域的任何工作面进行揭煤和采掘作业前,必须执行安全防护措施。

突出矿井的入井人员必须随身携带隔离式自救器。

第二十一条 所有突出煤层外的巷道(包括钻场等)距突出煤层的最小法向距离小于 10 m 时(地质构造破坏带小于 20 m 时),必须边探边掘,确保最小法向距离不小于 5 m。

第二十二条 同一突出煤层正在采掘的工作面应力集中范围内,不得安排其他工作面回采或者掘进。具体范围由矿技术负责人确定,但不得小于 30 m。

突出煤层的掘进工作面应当避开邻近煤层采煤工作面的应力集中范围。

在突出煤层的煤巷中安装、更换、维修或回收支架时,必须采取预防煤体垮落而引起突出的措施。

第二十三条 突出矿井的通风系统应符合下列要求:

1. 井巷揭穿突出煤层前,具有独立的、可靠的通风系统;

2. 突出矿井、有突出煤层的采区、突出煤层工作面都有独立的回风系统,采区回风巷是专用回风巷;

3. 在突出煤层中,严禁任何 2 个采掘工作面之间串联通风;

4. 煤(岩)与瓦斯突出煤层采区回风巷及总回风巷安设高低浓度甲烷传感器;

5. 突出煤层采掘工作面回风侧不得设置调节风量的设施;易自燃煤层的采煤工作面确需设置调节设施的,须经煤矿企业技术负责人批准;

6. 严禁在井下安设辅助通风机;

7. 突出煤层掘进工作面的通风方式采用压入式。

第二十四条 煤(岩)与瓦斯突出矿井严禁使用架线式电机车。

煤(岩)与瓦斯突出矿井井下进行电焊、气焊和喷灯焊接时,必须停止突出煤层的掘进、回采、钻孔、支护以及其他所有扰动突出煤层的作业。

第二十五条 清理突出的煤炭时,必须制定防煤尘、防片帮、防冒顶和防瓦斯超限、防火源的安全技术措施。

突出孔洞应当及时充填、封闭严实或者进行支护,当恢复采掘作业时,应在其附近 30 m 范围内加强支护。

第三节 防突管理及培训

第二十六条 有突出矿井的煤矿企业主要负责人、突出矿井矿长每季度、应当每月进行防突专题研究、检查、部署防突工作;保证防突科研工作投入,解决防突所需的人力、财力、物力;确保抽、掘、采平衡,确保防突工作和措施的落实。

煤矿企业、矿井技术负责人对防突工作负技术责任,组织编制、审批、检查防突工作规划、计划和措施;煤矿企业、矿井分管负责人负责落实所分管的防突工作。

煤矿企业、矿井各职能部门负责人对本职范围内的防突工作负责;区(队)、班组长对管辖内防突工作负直接责任;防突人员对所在岗位的防突工作负责。

煤矿企业、矿井的安全监察部门负责对防突工作的监督检查。

第二十七条 有突出矿井的煤矿企业、突出矿井应当设置满足防突工作需要的专业防突队伍。

突出矿井应当编制突出事故应急预案。

第二十八条 有突出矿井的煤矿企业和突出矿井在编制年度、季度、月度生产建设计划时,必须一同编制年度、季度、月度防突措施计划,保证抽、掘、采平衡。

防突措施计划及人力、物力、财力保障安排由技术负责人组织编制,煤矿企业主要负责人、突出矿井矿长负责审批,分管负责人、分管副矿长负责组织实施。

第二十九条 各项防突措施按照以下要求贯彻实施:

1. 施工防突措施的区(队)施工前,负责向本区(队)职工贯彻并严格组织实施防突措施;

2. 采掘作业时,应当严格执行防突措施的规定并有详细准确的记录;由于地质条件或者其他原因不能执行所规定的防突措施的,施工区(队)必须立即停止作业并报告矿调度室,经矿井技术负责人组织有关人员到现场调查后,由原措施编制部门提出修改或补充措施,并按原措施的审批程序重新审批后方可继续施工;其他部门或者个人不得改变已批准的防突措施;

3. 煤矿企业主要负责人、技术负责人每季度至少一次到现场检查各项防突措施的落实情况;矿长和矿技术负责人每月至少一次到现场检查各项防突措施的落实情况;

4. 煤矿企业、矿井的防突机构应当随时检查综合防突措施的实施情况,并及时将检查结果分别向煤矿企业负责人、煤矿企业技术负责人和矿长、矿井技术负责人汇报,有关负责人应当对发现的问题立即组织解决;

5. 煤矿企业、矿井进行安全检查时,必须检查综合防突措施的编制、审批和贯彻执行情况。

第三十条 突出煤层采掘工作面每班必须设专职瓦斯检查工并随时检查瓦斯;当发现有突出预兆时,瓦斯检查工有权停止作业,协助班组长立即组织人员按避灾路线撤出,并报告矿调度室。

在突出煤层中,专职爆破工必须固定在同一工作面工作。

第三十一条 防突技术资料的管理工作应当符合下列要求:

1. 每次发生突出后,矿井防突机构必须指定专人进行现场调查,认真填写突出记录卡片;提交专题调查报告,分析突出发生的原因,总结经验教训,提出对策措施;

2. 每年第一季度应当将上年度煤与瓦斯突出矿井基本情况调查表(见附录 A)、煤与瓦斯突出记录卡片(见附录 B)、矿井煤与瓦斯突出汇总表(见附录 C)连同总结资料报省级煤矿安全监管部门、驻地煤矿安全监察机构;

3. 所有有关防突工作的资料均应当存档;

4. 煤矿企业每年必须对全年的防突技术资料进行系统分析总结,提出整改措施。

第三十二条 突出矿井的管理人员和井下工作人员必须接受防突知识的培训,经考试合格后方准上岗。各类人员的培训要求为:

1. 突出矿井的井下职工必须接受防突基本知识和规章制度的培训;

2. 突出矿井的区(队)长、班组长和有关职能部门的工作人员的培训包括突出的危害及发生的规律、区域和局部综合防突措施、防突的规章制度等内容；

3. 突出矿井的防突员是特殊作业人员，每年必须接受一次煤矿三级及以上安全培训机构组织的防突知识、操作技能的专项培训；专项培训包括为防突的理论知识、突出发生的规律、区域和局部综合防突措施以及有关防突的规章制度等内容；

4. 有突出矿井的煤矿企业和突出矿井的主要负责人、技术负责人应当接受煤矿二级及以上培训机构组织的防突专项培训；专项培训包括为防突的理论知识和实践知识、突出发生的规律、区域和局部综合防突措施以及防突的规章制度等内容。

第三章　区域综合防突措施

第一节　区域综合防突措施基本程序和要求

第三十三条　突出矿井应对突出煤层进行区域突出危险性预测（简称区域预测）。经区域预测后，突出煤层划分为突出危险区和无突出危险区。

未进行区域预测的区域视为突出危险区。

区域预测分为新水平、新采区开拓前的区域预测（简称开拓前区域预测）和新采区开拓完成后的区域预测（简称开拓后区域预测）。

第三十四条　突出煤层区域预测的范围由煤矿企业根据突出矿井的开拓方式、巷道布置等情况划定。

第三十五条　新水平、新采区开拓前，当预测区域的煤层缺少或者没有井下实测瓦斯参数时，可以主要依据地质勘探资料、上水平及邻近区域的实测和生产资料等进行开拓前区域预测。

开拓前区域预测结果仅用于指导新水平、新采区的设计和新水平、新采区开拓工程的揭煤作业。

第三十六条　开拓后区域预测应当主要依据预测区域煤层瓦斯的井下实测资料，并结合地质勘探资料、上水平及邻近区域的实测和生产资料等进行。

开拓后区域预测结果用于指导工作面的设计和采掘生产作业。

第三十七条　对已确切掌握煤层突出危险区域的分布规律，并有可靠的预测资料的，区域预测工作由矿技术负责人组织实施；否则，应当委托有煤与瓦斯突出危险性鉴定资质的单位进行区域预测。

区域预测结果应当由煤矿企业技术负责人批准确认。

第三十八条　经评估有突出危险煤层的新建矿井在建井期间，以及突出煤层经开拓前区域预测为突出危险区的新水平、新采区开拓过程中的所有揭煤作业，必须采取区域综合防突措施并达到要求指标。

经开拓前区域预测为无突出危险区的煤层在进行新水平、新采区开拓、准备过程中的，所有揭煤作业应当采取局部综合防突措施。

第三十九条　经开拓后区域预测为突出危险区的煤层，必须采取区域防突措施并进行区域措施效果检验。经效果检验仍为突出危险区的，必须继续进行或者补充实施区域防突措施。

经开拓后区域预测或者经区域措施效果检验后为无突出危险区的煤层进行揭煤和采掘作业时，必须采用工作面预测的方法进行区域验证。

所有区域防突措施均由煤矿企业技术负责人批准。

第四十条 区域防突措施应当优先采用开采保护层。突出矿井首次开采某个保护层时，应当对被保护层进行区域措施效果检验及保护范围的实际考察。如果被保护层顶底板位移量大于千分之三，则检验和考察结果可适用于其他区域的同一保护层和被保护层；否则，应当对每个预计的被保护区域进行区域措施效果检验。此外，若保护层与被保护层的层间距离、岩性及保护层开采厚度等发生了较大变化时，应当再次进行效果检验和保护范围考察。

保护效果检验、保护范围考察结果报煤矿企业技术负责人批准。

第四十一条 突出危险区的煤层不具备开采保护层条件的，必须采用预抽煤层瓦斯区域防突措施并进行区域措施效果检验。

预抽煤层瓦斯区域措施效果检验结果经矿技术负责人批准。

第二节 区域突出危险性预测

第四十二条 区域预测一般根据煤层瓦斯参数结合瓦斯地质分析的方法进行，也可以采用其他经试验证实有效的方法。

根据煤层瓦斯压力或者瓦斯含量进行区域预测的临界值应由具有煤与瓦斯突出危险性鉴定资质的单位进行试验考察。在试验前和应用前应由煤矿企业技术负责人批准。

区域预测新方法的研究试验应由具有煤与瓦斯突出危险性鉴定资质的单位进行，并在试验前由煤矿企业技术负责人批准。

第四十三条 根据煤层瓦斯参数结合瓦斯地质分析的区域预测方法应当按照下列要求进行：

1. 煤层瓦斯风化带为无突出危险区域；

2. 根据已开采区域确切掌握的煤层赋存特征、地质构造条件、突出分布的规律和对预测区域煤层地质构造的探测、预测结果，采用瓦斯地质分析的方法划分出突出危险区域；当突出点及具有明显突出预兆的位置分布与地质构造有直接关系时，则根据上部区域突出点及具有明显突出预兆的位置分布与地质构造的关系确定构造线两侧突出危险区边缘到构造线的最远距离，并结合下部区域的地质构造分布划分出下部区域构造线两侧的突出危险区；否则，在同一地质单元内，突出点及具有明显突出预兆的位置以上 20 m（埋深）及以下的范围为突出危险区（见图 1）；

3. 在上述第 1,2 项划分出的无突出危险区和突出危险区以外的区域，应当根据煤层瓦斯压力 P 进行预测。如果没有或者缺少煤层瓦斯压力资料，也可根据煤层瓦斯含量 W 进行预测。预测所依据的临界值应根据试验考察确定，在确定前可暂按表 2 预测。

表 2 根据煤层瓦斯压力或瓦斯含量进行区域预测的临界值

瓦斯压力 P/MPa	瓦斯含量 W/(m³·t⁻¹)	区域类别
$P < 0.74$	$W < 8$	无突出危险区
除上述情况以外的其他情况		突出危险区

第四十四条 采用本规定第四十三条进行开拓后区域预测时，还应当符合下列要求：

1. 预测所主要依据煤层瓦斯压力、瓦斯含量等参数应为井下实测数据；

2. 测定煤层瓦斯压力、瓦斯含量等参数的测试点应当在不同地质单元内根据其范围、地质复杂程度等实际情况和条件分别布置；同一地质单元内沿煤层走向布置测试点不少于 2 个，沿

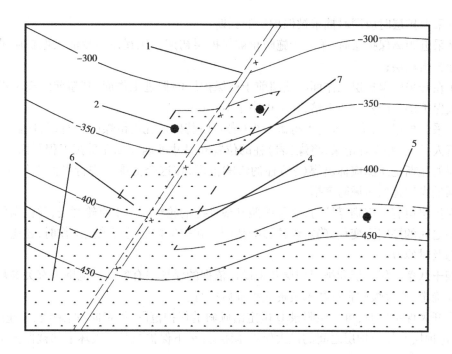

图 1　根据瓦斯地质分析划分突出危险区域示意图

1—断层;2—突出点;3—上部区域突出点在断层两侧的最远距离线;4—推测下部区域断层

两侧的突出危险区边界线;5—推测的下部区域突出危险区上边界线;6—突出危险区(阴影部分)

倾向不少于 3 个,并有测试点位于埋深最大的开拓工程部位。

第三节　区域防突措施

第四十五条　区域防突措施是指在突出煤层进行采掘前,对突出煤层较大范围采取的防突措施。区域防突措施包括开采保护层和预抽煤层瓦斯 2 类。

开采保护层分为上保护层和下保护层 2 种方式。

预抽煤层瓦斯可采用的方式有地面井预抽煤层瓦斯以及井下穿层钻孔或顺层钻孔预抽区段煤层瓦斯、穿层钻孔预抽煤巷条带煤层瓦斯、顺层钻孔或穿层钻孔预抽回采区域煤层瓦斯、穿层钻孔预抽石门(含立、斜井等)揭煤区域煤层瓦斯、顺层钻孔预抽煤巷条带煤层瓦斯等。

预抽煤层瓦斯区域防突措施应按上述所列的各类方式的优先顺序选取,或一并采用多种方式的预抽煤层瓦斯措施。

第四十六条　选择保护层必须遵守下列规定:

1. 在突出矿井开采煤层群时,如在有效保护垂距内存在厚度 0.5 m 及以上的无突出危险煤层的,除因突出煤层距离太近而威胁保护层工作面安全或可能破坏突出煤层开采条件的以外,首先开采保护层;有条件的矿井,也可将软岩层作为保护层开采;

2. 当煤层群中有几个煤层都可作为保护层时,综合比较分析,择优开采保护效果最好的煤层;

3. 当矿井中所有煤层都有突出危险时,应选择突出危险程度较小的煤层作保护层先行开采,但采掘前必须按本规定的要求采取预抽煤层瓦斯区域防突措施并进行效果检验;

4. 应优先选择上保护层,在选择开采下保护层时,不得破坏被保护层的开采条件。

第四十七条　开采保护层区域防突措施应符合下列要求:

1. 开采保护层时应同时抽采被保护层的瓦斯；

2. 开采近距离保护层时，采取措施防止被保护层初期卸压瓦斯突然涌入保护层采掘工作面或误穿突出煤层；

3. 正在开采的保护层工作面必须超前于被保护层的掘进工作面，其超前距离不得小于保护层与被保护层层间垂距的 3 倍，并不得小于 100 m；

4. 开采保护层时，采空区内不得留有煤(岩)柱；特殊情况需留煤(岩)柱时，应经煤矿企业技术负责人批准，并作好记录，将煤(岩)柱的位置和尺寸准确地标在采掘工程平面图上；每个被保护层的瓦斯地质图应标出煤(岩)柱的影响范围，在这个范围内进行采掘工作前，必须首先采取预抽煤层瓦斯区域防突措施。

当保护层留有不规则煤柱时，必须按照其最外缘的轮廓划出平直轮廓线，并根据保护层与被保护层之间的层间距变化，确定煤柱影响范围。在被保护层进行采掘工作时，还应根据采掘瓦斯动态及时修改。

第四十八条 保护层和被保护层开采设计依据的保护层有效保护范围等有关参数应根据试验考察确定，并报煤矿企业技术负责人批准后执行。

首次开采保护层时，可参照附录 D 确定沿倾斜的保护范围、沿走向(始采线、采止线)的保护范围、保护层与被保护层之间的最大保护垂距、开采下保护层时不破坏上部被保护层的最小层间距离等参数。

第四十九条 采取各种方式的预抽煤层瓦斯区域防突措施时，应符合以下要求：

1. 穿层钻孔或顺层钻孔预抽区段煤层瓦斯区域防突措施的钻孔应控制区段内的整个开采块段和两侧回采巷道及其外侧一定范围内的煤层。要求钻孔控制回采巷道外侧的范围是：倾斜、急倾斜煤层巷道上帮轮廓线外至少 20 m，下帮至少 10 m；其他巷道两侧轮廓线外至少各 15 m。以上所述钻孔控制范围均为沿层面的距离，以下同。

2. 穿层钻孔预抽煤巷条带煤层瓦斯区域防突措施的钻孔应控制整条煤层巷道及其两侧一定范围内的煤层。该范围与本条第 1 项中回采巷道外侧的要求相同。

3. 顺层钻孔或穿层钻孔预抽回采区域煤层瓦斯区域防突措施的钻孔应控制整个开采块段的煤层。

4. 穿层钻孔预抽石门(含立、斜井等)揭煤区域煤层瓦斯区域防突措施应在揭煤工作面距煤层的最小法向距离 7 m 以前实施(在构造破坏带应适当加大距离)。钻孔的最小控制范围是：石门和立井、斜井揭煤巷道轮廓线外 12 m(急倾斜煤层底部或下帮 6 m)，同时还应保证控制范围的外边缘到巷道轮廓线的最小距离不小于 5 m，且当钻孔不能一次穿透煤层全厚时，应保持煤孔最小超前距 15 m。

5. 顺层钻孔预抽煤巷条带煤层瓦斯区域防突措施的钻孔应控制的条带长度不小于 60 m，巷道两侧的控制范围与本条第 1 项中回采巷道外侧的要求相同。

6. 当煤巷掘进和采煤工作面在预抽防突效果有效的区域内作业时，工作面距未预抽或预抽防突效果无效范围的边界不得小于 20 m。

7. 厚煤层分层开采时，预抽钻孔应控制开采的分层及其上部至少 20 m、下部至少 10 m(均为法向距离，且仅限于煤层部分)。

第五十条 预抽煤层瓦斯钻孔应在整个预抽区域内均匀布置，钻孔间距应根据实际考察的煤层有效抽放半径确定。

预抽瓦斯钻孔封堵必须严密。穿层钻孔的封孔段长度不得小于 5 m,顺层钻孔的封孔段长度不得小于 8 m。

应当做好每个钻孔施工参数的记录及抽采参数的测定。钻孔孔口抽采负压不得小于 13 kPa。预抽瓦斯浓度低于 30% 时,应采取改进封孔的措施,以提高封孔质量。

第四节 区域措施效果检验

第五十一条 开采保护层的保护效果检验主要采用残余瓦斯压力、残余瓦斯含量、顶底板位移量及其他经试验证实有效的指标和方法,也可结合煤层的透气性系数变化率等辅助指标。

当采用残余瓦斯压力、残余瓦斯含量检验时,应根据实测的最大残余瓦斯压力或最大残余瓦斯含量按本规定第四十三条第 3 项的方法对预计被保护区域的保护效果进行判断。若检验结果仍为突出危险区,保护效果为无效。

第五十二条 采用预抽煤层瓦斯区域防突措施时,应以预抽区域的煤层残余瓦斯压力或残余瓦斯含量为主要指标或其他经试验证实有效的指标和方法进行措施效果检验。其中,穿层钻孔、顺层钻孔预抽煤巷条带煤层瓦斯和穿层钻孔预抽石门(含立、斜井等)揭煤区域煤层瓦斯区域防突措施采用残余瓦斯压力或残余瓦斯含量指标进行检验时,必须依据实际的直接测定值,其他方式的预抽煤层瓦斯区域防突措施可采用直接测定值或根据预抽前的瓦斯含量及抽、排瓦斯量等参数间接计算的残余瓦斯含量值。

对穿层钻孔预抽石门(含立、斜井等)揭煤区域煤层瓦斯区域防突措施也可参照本规定第七十三条的方法采用钻屑瓦斯解吸指标进行措施效果检验。

检验期间还应观察、记录在煤层中进行钻孔等作业时发生的喷孔、顶钻及其他突出预兆。

第五十三条 对预抽煤层瓦斯区域防突措施进行检验时,应根据经试验考察确定的临界值进行评判,在确定前可按如下指标进行评判:若采用残余瓦斯压力或残余瓦斯含量指标进行检验,则煤层残余瓦斯压力小于 0.74 MPa 或残余瓦斯含量小于 8 m^3/t 的预抽区域为无突出危险区,否则,即为突出危险区,预抽防突效果无效;当采用钻屑瓦斯解吸指标对穿层钻孔预抽石门(含立、斜井等)揭煤区域煤层瓦斯区域防突措施进行检验时,如果所有实测的指标值均小于表 4 的临界值则为无突出危险区,否则,即为突出危险区,预抽防突效果无效。

但若检验期间在煤层中进行钻孔等作业时发现了喷孔、顶钻及其他明显突出预兆时,发生明显突出预兆的位置周围半径 100 m 内的预抽区域判定为措施无效,所在区域煤层仍属突出危险区。

当采用煤层残余瓦斯压力或残余瓦斯含量的直接测定值进行检验时,若任何一个检验测试点的指标测定值达到或超过了有突出危险的临界值而判定为预抽防突效果无效时,则此检验测试点周围半径 100 m 内的预抽区域均判定为预抽防突效果无效,即为突出危险区。

第五十四条 对预抽煤层瓦斯区域防突措施进行检验时,均应首先分析、检查预抽区域内钻孔的分布等是否符合设计要求,不符合设计要求的,不予检验。

第五十五条 采用直接测定煤层残余瓦斯压力或残余瓦斯含量等参数进行预抽煤层瓦斯区域措施效果检验时,应符合以下要求:

1. 对穿层钻孔或顺层钻孔预抽区段煤层瓦斯区域防突措施进行检验时若区段宽度(两侧回采巷道间距加回采巷道外侧控制范围)未超过 120 m,以及对预抽回采区域煤层瓦斯区域防突措施进行检验时若采煤工作面长度未超过 120 m,则应沿采煤工作面推进方向每间隔 30～50 m 至少布置 1 个检验测试点;若预抽区段煤层瓦斯区域防突措施的区段宽度或预抽回采区域煤层瓦斯区域防突措施的采煤工作面长度大于 120 m 时,则应在采煤工作面推进方向每间隔 30～50 m,至少沿工作面方向布置 2 个检验测试点。

当预抽区段煤层瓦斯的钻孔在回采区域和煤巷条带的布置方式或参数不同时,应按照预抽回采区域煤层瓦斯区域防突措施和穿层钻孔预抽煤巷条带煤层瓦斯区域防突措施的检验要求分别进行检验。

2. 对穿层钻孔预抽煤巷条带煤层瓦斯区域防突措施进行检验时,应在煤巷条带每间隔 30～50 m 至少布置 1 个检验测试点。

3. 对穿层钻孔预抽石门(含立、斜井等)揭煤区域煤层瓦斯区域防突措施进行检验时,应至少布置 4 个检验测试点,分别位于要求预抽区域内的上部、中部和两侧,并且至少有 1 个检验测试点位于要求预抽区域内距边缘不大于 2 m 的范围。

4. 对顺层钻孔预抽煤巷条带煤层瓦斯区域防突措施进行检验时,应在煤巷条带每间隔 20～30 m 至少布置 1 个检验测试点,且每次检验不得少于 3 个检验测试点。

5. 各检验测试点应布置于所在部位钻孔密度较小、孔间距较大、预抽时间较短的位置,并尽可能远离测试点周围的各预抽钻孔或尽可能与周围预抽钻孔保持等距离,且应避开采掘巷道的排放范围和工作面的预抽超前距。在地质构造复杂区域应适当增加检验测试点。

第五十六条 采用间接计算的残余瓦斯含量进行预抽煤层瓦斯区域措施效果检验时,应符合以下要求:

1. 当预抽区域内钻孔的间距和预抽时间差别较大时,应根据孔间距和预抽时间划分评价单元分别计算检验指标;

2. 当预抽钻孔控制边缘外侧为未采动煤体时,应根据不同煤层的透气性及钻孔在不同预抽时间的影响范围等情况,在计算检验指标时应在钻孔控制范围边缘外适当扩大评价计算区域的煤层范围,但检验结果仅适用于预抽钻孔控制范围。

第五节 区域验证

第五十七条 在石门揭煤工作面对无突出危险区进行的区域验证,应当采用本规定第七十一条所列的石门揭煤工作面突出危险性预测方法进行。

在煤巷掘进工作面和采煤工作面分别采用本规定第七十四条、第七十八条所列的工作面突出危险性预测方法对无突出危险区进行的区域验证时,应当按照下列要求进行:

1. 在工作面进入该区域时,立即连续进行至少 2 次区域验证;

2. 工作面每推进 10～50 m 至少 2 次区域验证;

3. 在构造破坏带连续进行区域验证;

4. 在煤巷掘进工作面还应当至少打 1 个超前距小于 10 m 的超前钻孔或者超前物探措施,探测地质构造和观察突出预兆。

第五十八条 当区域验证无突出危险时,应当采取安全防护措施后进行采掘作业。但若为采掘工作面在该区域进行的首次区域验证时,采掘前还应保留足够的突出预测超前距。

只要有 1 次区域验证为有突出危险性或超前钻孔等发现了突出预兆,则该区域以后的采掘作业均应执行局部综合防突措施。

第四章 局部综合防突措施

第一节 局部综合防突措施基本程序和要求

第五十九条 工作面突出危险性预测(简称工作面预测)是预测工作面煤体的突出危险性,包括石门和立井、斜井揭煤工作面、煤巷掘进工作面和采煤工作面的突出危险性预测等。工作面预测应在工作面推进过程中进行。

采掘工作面经工作面预测后划分为突出危险工作面和无突出危险工作面。

未进行工作面预测的采掘工作面,应视为突出危险工作面。

第六十条 突出危险工作面必须采取工作面防突措施,并进行措施效果检验。经检验证实措施有效后,即判定为无突出危险工作面;当措施无效时,仍为突出危险工作面,必须采取补充防突措施,并再次进行措施效果检验,直到措施有效。

无突出危险工作面必须在采取安全防护措施并保留足够的突出预测超前距或防突措施超前距的条件下进行采掘作业。

煤巷掘进和采煤工作面应保留的最小预测超前距均为 2 m。

工作面应保留的最小措施超前距为:煤巷掘进工作面 5 m,采煤工作面 3 m;在地质构造破坏严重地带应适当增加超前距,但煤巷掘进工作面不小于 7 m,采煤工作面不小于 5 m。

每次工作面防突措施施工完成后,应当绘制工作面防突措施竣工图。

第六十一条 石门和立井、斜井揭穿突出煤层前,必须准确控制煤层层位,掌握煤层的赋存位置、形态。

在揭煤工作面掘进至距煤层最小法向距离 10 m 之前,应至少打两个穿透煤层全厚且进入顶(底)板不小于 0.5 m 的前探取芯钻孔,并详细记录岩芯资料。当需要测定瓦斯压力时,前探钻孔可用作测定钻孔;若二者不能共用时,则测定钻孔应布置在该区域各钻孔见煤点间距最大的位置。

在地质构造复杂、岩石破碎的区域,揭煤工作面掘进至距煤层最小法向距离 20 m 之前必须布置一定数量的前探钻孔,以保证能确切掌握煤层厚度、倾角变化、地质构造和瓦斯情况。

也可用物探等手段探测煤层的层位、赋存形态和底(顶)板岩石致密性等情况。

第六十一二条 石门和立井、斜井工作面从距突出煤层底(顶)板的最小法向距离 5 m 开始到穿过煤层进入顶(底)板 2 m(最小法向距离)的过程均属于揭煤作业。揭煤作业前应编制石门揭煤的专项防突设计,报煤矿企业技术负责人批准。

揭煤工作应当由具有相应技术能力的专业队伍施工,并按照按下列作业程序进行:

1. 探明揭煤工作面和煤层的相对位置;

2. 在与煤层保持适当距离的位置进行工作面预测(或区域验证);

3. 工作面预测(或区域验证)有突出危险时,采取工作面防突措施;

4. 实施工作面措施效果检验;

5. 掘进至远距离爆破揭穿煤层前的工作面位置,采用工作面预测或措施效果检验的方法进行最后验证;

6. 采取安全防护措施并用远距离爆破揭开或穿过煤层;

7. 在岩石巷道与煤层连接处加强支护。

第六十三条 石门和立井、斜井揭煤工作面的突出危险性预测必须在距突出煤层最小法向距离 5 m(地质构造复杂、岩石破碎的区域,应适当加大法向距离)前进行。

在经工作面预测或措施效果检验为无突出危险工作面时,可掘进至远距离爆破揭穿煤层前的工作面位置,再采用工作面预测的方法进行最后验证。若经验证仍为无突出危险工作面时,则在采取安全防护措施的条件下采用远距离爆破揭穿煤层;否则,必须采取工作面防突措施。

当工作面预测或措施效果检验为突出危险工作面时,必须采取工作面防突措施,直到经措施效果检验有效后方可掘进至远距离爆破前的工作面位置。然后,在该位置采用与措施效果检验相同的方法进行最后验证。若经验证仍为无突出危险工作面时,则在采取安全防护措施的条件下用远距离爆破揭穿煤层;否则,应采取补充措施。

第六十四条 石门和立井、斜井工作面从掘进至距突出煤层的最小法向距离 5 m 开始,必须采用物探或钻探手段边探边掘,保证工作面到煤层的最小法向距离不小于远距离爆破揭开突出煤层前要求的最小距离。

采用远距离爆破揭开突出煤层时,要求石门、斜井揭煤工作面与煤层间的最小法向距离是:急倾斜煤层 2 m,其他煤层 1.5 m。要求立井揭煤工作面与煤层间的最小法向距离是:急倾斜煤层 1.5 m,其他煤层 2 m。如果岩石松软、破碎,还应适当增加法向距离。

第六十五条 在揭煤工作面用远距离爆破揭开突出煤层后,若未能一次揭穿至煤层顶(底)板,则仍按照远距离爆破要求执行,直至完成揭煤作业全过程。

第六十六条 当石门或立井、斜井揭穿厚度小于 0.3 m 的突出煤层时,可直接用远距离爆破方式揭穿煤层。

第六十七条 突出煤层的每个煤巷掘进和采煤工作面都应编制工作面专项防突设计,报矿技术负责人批准。当实施过程中煤层赋存条件变化较大或巷道设计发生变化时,还应作出补充或修改设计。

第六十八条 在实施局部综合防突措施的煤巷掘进工作面和采煤工作面,若预测指标为无突出危险,则只有当上一循环的预测指标也是无突出危险时,方可预测为无突出危险工作面,并在采取安全防护措施、保留足够的预测超前距的条件下进行采掘作业;否则,仍要执行一次工作面防突措施和措施效果检验。

第二节 工作面突出危险性预测

第六十九条 工作面预测的新方法研究试验应由具有煤与瓦斯突出危险性鉴定资质的单位进行,在试验前应由煤矿企业技术负责人批准。

应针对各煤层发生煤与瓦斯突出的特点和条件试验确定工作面预测的敏感指标和临界值,作为判定工作面突出危险性的主要依据。试验应由具有煤与瓦斯突出危险性鉴定资质的单位进行,在试验前和应用前应由煤矿企业技术负责人批准。

第七十条 在主要采用敏感指标进行工作面预测的同时,可根据实际条件测定一些辅助指标(如瓦斯含量、工作面瓦斯涌出量动态变化、AE 声发射、电磁辐射、钻屑温度、煤体温度等),采用物探、钻探等手段探测前方地质构造,观察分析工作面揭露的地质构造、采掘作业及钻孔等发生的各种现象,实现工作面突出危险性的多元信息综合预测和判断。

工作面地质构造、采掘作业及钻孔等发生的各种现象主要有以下方面:

1. 煤层的构造破坏带,包括断层、剧烈褶曲、火成岩侵入等;

2. 煤层赋存条件急剧变化;

3. 采掘应力迭加;

4. 在工作面出现喷孔、顶钻等动力现象；

5. 工作面出现明显的突出预兆。

在突出煤层，当出现上述第 4,5 情况时，应判定为突出危险工作面；当有上述第 1,2,3 情况时，除已经实施了工作面防突措施的以外，应视为突出危险工作面并实施相关措施。

第七十一条 石门揭煤工作面的突出危险性预测应选用综合指标法、钻屑瓦斯解吸指标法或其他经试验证实有效的方法。

立井、斜井揭煤工作面的突出危险性预测按照石门揭煤工作面的各项要求和方法执行。

第七十二条 采用综合指标法预测石门揭煤工作面突出危险性时，应由工作面向煤层的适当位置至少打 3 个钻孔测定煤层瓦斯压力 P。近距离煤层群的层间距小于 5 m 或层间岩石破碎时，应测定各煤层的综合瓦斯压力。

测压钻孔在每米煤孔采一个煤样测定煤的坚固性系数 f，把每个钻孔中坚固性系数最小的煤样混合后测定煤的瓦斯放散初速度 Δp，则此值及所有钻孔中测定的最小坚固性系数 f 值作为软分层煤的瓦斯放散初速度和坚固性系数参数值。综合指标 D,K 的计算公式为

$$D = \left(\frac{0.007\,5H}{f} - 3 \right) \times (P - 0.74) \tag{1}$$

$$K = \frac{\Delta p}{f} \tag{2}$$

式中 D——工作面突出危险性的综合指标；

         K——工作面突出危险性的综合指标；

         H——煤层埋藏深度，m；

         P——煤层瓦斯压力，取各个测压钻孔实测瓦斯压力的最大值，MPa；

         Δp——软分层煤的瓦斯放散初速度；

         f——软分层煤的坚固性系数。

各煤层石门揭煤工作面突出预测综合指标 D,K 的临界值应根据试验考察确定，在确定前可暂按表 3 所列的临界值进行预测。

当测定的综合指标 D,K 都小于临界值，或者指标 K 小于临界值且式（1）中两括号内的计算值都为负值时，若未发现其他异常情况，该工作面即为无突出危险工作面；否则，判定为突出危险工作面。

表 3   石门揭煤工作面突出危险性预测综合指标 D,K 参考临界值

综合指标 D	综合指标 K	
	无烟煤	其他煤种
0.25	20	15

第七十三条 采用钻屑瓦斯解吸指标法预测石门揭煤工作面突出危险性时，由工作面向煤层的适当位置至少打 3 个钻孔，在钻孔钻进到煤层时每钻进 1 m 采集一次孔口排出的粒径 1～3 mm 的煤钻屑，测定其瓦斯解吸指标 K_1 或 Δh_2 值。测定时，应考虑不同钻进工艺条件下的排渣速度。

各煤层石门揭煤工作面钻屑瓦斯解吸指标的临界值应根据试验考察确定，在确定前可暂按表 4 中所列的指标临界值预测突出危险性。

表4　钻屑瓦斯解吸指标法预测石门揭煤工作面突出危险性的参考临界值

煤　样	Δh_2 指标临界值/Pa	K_1 指标临界值/$[\text{mL}\cdot(\text{g}\cdot\text{min}^{\frac{1}{2}})^{-1}]$
干煤样	200	0.5
湿煤样	160	0.4

如果所有实测的指标值均小于临界值,并且未发现其他异常情况,则该工作面为无突出危险工作面;否则,为突出危险工作面。

第七十四条　可采用下列方法预测煤巷掘进工作面的突出危险性:

1. 钻屑指标法;

2. 复合指标法;

3. R 值指标法;

4. 其他经试验证实有效的方法。

第七十五条　采用钻屑指标法预测煤巷掘进工作面突出危险性时,在近水平、缓倾斜煤层工作面应向前方煤体至少施工3个,在倾斜或急倾斜煤层至少施工2个直径42 mm、孔深8～10 m的钻孔,测定钻屑瓦斯解吸指标和钻屑量。

钻孔应尽可能布置在软分层中,一个钻孔位于巷道工作面中部,并平行于掘进方向,其他钻孔的终孔点应位于巷道两侧轮廓线外2～4 m处。

钻孔每钻进1 m测定该1 m段的全部钻屑量 S,每钻进2 m至少测定一次钻屑瓦斯解吸指标 K_1 或 Δh_2 值。

各煤层采用钻屑指标法预测煤巷掘进工作面突出危险性的指标临界值应根据试验考察确定,在确定前可暂按表5的临界值确定工作面的突出危险性。

表5　钻屑指标法预测煤巷掘进工作面突出危险性的参考临界值

钻屑瓦斯解吸指标 Δh_2 /Pa	钻屑瓦斯解吸指标 K_1 /$[\text{mL}\cdot(\text{g}\cdot\text{min}^{\frac{1}{2}})^{-1}]$	钻屑量 S	
		kg/m	L/m
200	0.5	6	5.4

如果实测得到的 S,K_1 或 Δh_2 的所有测定值均小于临界值,并且未发现其他异常情况,则该工作面预测为无突出危险工作面;否则,为突出危险工作面。

第七十六条　采用复合指标法预测煤巷掘进工作面突出危险性时,在近水平、缓倾斜煤层工作面应向前方煤体至少施工3个,在倾斜或急倾斜煤层至少施工2个直径42 mm、孔深8～10 m的钻孔,测定钻孔瓦斯涌出初速度和钻屑量指标。

钻孔应尽量布置在软分层中,一个钻孔位于巷道工作面中部,并平行于掘进方向,其他钻孔开孔口靠近巷道两帮0.5 m处,终孔点应位于巷道两侧轮廓线外2～4 m处。

钻孔每钻进1 m测定该1 m段的全部钻屑量 S,并在暂停钻进后2 min内测定钻孔瓦斯涌出初速度 q。测定钻孔瓦斯涌出初速度时,测量室的长度不小于0.5 m。

各煤层采用复合指标法预测煤巷掘进工作面突出危险性的指标临界值应根据试验考察确定,在确定前可暂按表6的临界值进行预测。

如果实测得到的指标 q,S 的所有测定值均小于临界值,并且未发现其他异常情况,则该工作面预测为无突出危险工作面;否则,为突出危险工作面。

表6　复合指标法预测煤巷掘进工作面突出危险性的参考临界值

钻孔瓦斯涌出初速度 q /(L · min^{-1})	钻屑量 S	
	kg/m	L/m
5.0	6.0	5.4

第七十七条　采用 R 值指标法预测煤巷掘进工作面突出危险性时,在近水平、缓倾斜煤层工作面应向前方煤体至少施工 3 个,在倾斜或急倾斜煤层至少施工 2 个直径 42 mm、孔深 8~10 m 的钻孔,测定钻孔瓦斯涌出初速度和钻屑量指标。

钻孔应尽可能布置在软分层中,一个钻孔位于巷道工作面中部,并平行于掘进方向,其他钻孔的终孔点应位于巷道两侧轮廓线外 2~4 m 处。

钻孔每钻进 1 m 收集并测定该 1 m 段的全部钻屑量 S,并在暂停钻进后 2 min 内测定钻孔瓦斯涌出初速度 q。测定钻孔瓦斯涌出初速度时,测量室的长度为 1.0 m。

根据每个钻孔的最大钻屑量 S_{max} 和最大钻孔瓦斯涌出初速度 q_{max},按式(3)计算各孔的 R 值:

$$R = (S_{max} - 1.8)(q_{max} - 4) \tag{3}$$

式中　S_{max}——每个钻孔沿孔长的最大钻屑量,L/m;

　　　q_{max}——每个钻孔的最大钻孔瓦斯涌出初速度,L/min。

判定各煤层煤巷掘进工作面突出危险性的临界值应根据试验考察确定,在确定前可暂按以下指标进行预测:

当所有钻孔 R 值小于 6 且未发现其他异常情况时,该工作面预测为无突出危险工作面;否则,判定为突出危险工作面。

第七十八条　对采煤工作面的突出危险性预测,可参照本规定第七十四条所列的煤巷掘进工作面预测方法进行。但应沿采煤工作面每隔 10~15 m 布置一个预测钻孔,深度 5~10 m,除此之外的各项操作等均与煤巷掘进工作面突出危险性预测相同。

判定采煤工作面突出危险性的各指标临界值应根据试验考察确定,在确定前可参照煤巷掘进工作面突出危险性预测的临界值。

第三节　工作面防突措施

第七十九条　工作面防突措施是针对经工作面预测尚有突出危险的局部煤层实施的防突措施。其有效作用范围一般仅限于当前工作面周围的较小区域。

第八十条　石门和立井、斜井揭穿突出煤层的专项防突设计至少应包括下列主要内容:

1. 石门和立井、斜井揭煤区域煤层、瓦斯、地质构造及巷道布置的基本情况;

2. 建立安全可靠的独立通风系统及加强控制通风风流设施的措施;

3. 控制突出煤层层位、准确确定安全岩柱厚度的措施,测定煤层瓦斯压力的钻孔等工程布置、实施方案;

4. 揭煤工作面突出危险性预测及防突措施效果检验的方法、指标,预测及检验钻孔布置等;

5. 工作面防突措施;

6. 安全防护措施及组织管理措施;

7. 加强过煤层段巷道的支护及其他措施。

第八十一条 石门揭煤工作面的防突措施包括预抽瓦斯、排放钻孔、水力冲孔、金属骨架、煤体固化或其他经试验证明有效的措施。立井揭煤工作面则可以选用其中除水力冲孔外的各项措施。金属骨架、煤体固化措施,应在采用了其他防突措施并检验有效后方可在揭开煤层前实施。斜井揭煤工作面的防突措施应参考石门揭煤工作面防突措施进行。

对所实施的防突措施都必须进行实际考察,得出符合本矿井实际条件的有关参数。

根据工作面岩层情况,实施工作面防突措施时要求揭煤工作面与突出煤层间的最小法向距离为:预抽瓦斯、排放钻孔及水力冲孔均为 5 m,金属骨架、煤体固化措施为 2 m。当井巷断面较大、岩石破碎程度较高时,还应适当加大距离。

第八十二条 在石门和立井揭煤工作面采用预抽瓦斯、排放钻孔防突措施时,钻孔直径一般为 75~120 mm。石门揭煤工作面钻孔的控制范围是:石门的两侧和上部轮廓线外至少 5 m,下部至少 3 m。立井揭煤工作面钻孔控制范围是:近水平、缓倾斜、倾斜煤层为井筒四周轮廓线外至少 5 m;急倾斜煤层沿走向两侧及沿倾斜上部轮廓线外至少 5 m,下部轮廓线外至少 3 m。钻孔的孔底间距应根据实际考察情况确定。

揭煤工作面施工的钻孔应尽可能穿透煤层全厚。当不能一次打穿煤层全厚时,可采取分段施工,但第一次实施的钻孔穿煤长度不得小于 15 m,且进入煤层掘进时,必须至少留有 5 m 的超前距离(掘进到煤层顶或底板时不在此限)。

预抽瓦斯和排放钻孔在揭穿煤层之前应保持自然排放或抽采状态。

第八十三条 水力冲孔措施一般适用于打钻时具有自喷(喷煤、喷瓦斯)现象的煤层。石门揭煤工作面采用水力冲孔防突措施时,钻孔应至少控制自揭煤巷道至轮廓线外 3~5 m 的煤层,冲孔顺序为先冲对角孔后冲边上孔,最后冲中间孔。水压视煤层的软硬程度而定。石门全断面冲出的总煤量(t)数值不得小于煤层厚度(m)乘以 20。若有钻孔冲出的煤量较少时,应在该孔周围补孔。

第八十四条 石门和立井揭煤工作面金属骨架措施一般在石门上部和两侧或立井周边外 0.5~1.0 m 范围内布置骨架孔。骨架钻孔应穿过煤层并进入煤层顶(底)板至少 0.5 m,当钻孔不能一次施工至煤层顶板时,则进入煤层的深度不应小于 15 m。钻孔间距一般不大于 0.3 m,对于松软煤层要架两排金属骨架,钻孔间距应小于 0.2 m。骨架材料可选用 8 kg/m 的钢轨、型钢或直径不小于 50 mm 钢管,其伸出孔外端用金属框架支撑或砌入碹内。插入骨架材料后,应向孔内灌注水泥砂浆等不燃性固化材料。

揭开煤层后,严禁拆除金属骨架。

第八十五条 石门和立井揭煤工作面煤体固化措施适用于松软煤层,用以增加工作面周围煤体的强度。向煤体注入固化材料的钻孔应施工至煤层顶板 0.5 m 以上,一般钻孔间距不大于 0.5 m,钻孔位于巷道轮廓线外 0.5~2.0 m 的范围内,根据需要也可在巷道轮廓线外布置多排环状钻孔。当钻孔不能一次施工至煤层顶板时,则进入煤层的深度不应小于 10 m。

各钻孔应在孔口封堵牢固后方可向孔内注入固化材料。可根据注入压力升高的情况或注入量决定是否停止注入。

固化操作时,所有人员不得正对孔口。

在巷道四周环状固化钻孔外侧的煤体中,预抽或排放瓦斯钻孔自固化作业到完成揭煤前应保持抽采或自然排放状态,否则,应打一定数量的排放瓦斯钻孔。从固化完成到揭煤结束的时间超过5天时,必须重新进行工作面突出危险性预测或措施效果检验。

第八十六条　煤巷掘进和采煤工作面的专项防突设计应至少包括以下内容:

1. 煤层、瓦斯、地质构造及邻近区域巷道布置的基本情况;

2. 建立安全可靠的独立通风系统及加强控制通风风流设施的措施;

3. 工作面突出危险性预测及防突措施效果检验的方法、指标以及预测、效果检验钻孔布置等;

4. 防突措施的选取及施工设计;

5. 安全防护措施;

6. 组织管理措施。

矿井各煤层采用的煤巷掘进和采煤工作面各种局部防突措施的效果和参数等都要经实际考察确定。

第八十七条　有突出危险的煤巷掘进工作面应优先选用预抽瓦斯、超前排放钻孔防突措施。如果采用松动爆破、水力冲孔、水力疏松或其他工作面防突措施时,必须经试验考察确认防突效果有效后方可使用。前探支架措施应配合其他措施一起使用。

但下山掘进时不得选用水力冲孔、水力疏松措施;倾角8°以上的上山掘进工作面不得选用松动爆破、水力冲孔、水力疏松措施。

第八十八条　煤巷掘进工作面在地质构造破坏带或煤层赋存条件急剧变化处不能按原措施设计要求实施时,必须打钻孔查明煤层赋存条件,然后采用直径为42~75 mm的钻孔进行排放。

若突出煤层煤巷掘进工作面前方遇到落差超过煤层厚度的断层,应按石门揭煤的措施执行。

第八十九条　煤巷掘进工作面采用预抽瓦斯或超前排放钻孔作为工作面防突措施时,应符合下列要求:

1. 巷道两侧轮廓线外钻孔的最小控制范围:近水平、缓倾斜煤层5 m,倾斜、急倾斜煤层上帮7 m、下帮3 m;当煤层厚度大于巷道高度时,在垂直煤层方向上的巷道上部煤层控制范围不小于7 m,巷道下部煤层控制范围不小于3 m;

2. 钻孔在控制范围内应均匀布置,在煤层的软分层中可适当增加钻孔数。预抽钻孔或超前排放钻孔的孔数、孔底间距等应根据钻孔的有效抽放或排放半径确定;

3. 钻孔直径应根据煤层赋存条件、地质构造和瓦斯情况确定,一般为75~120 mm,地质条件变化剧烈地带也可采用直径42~75 mm的钻孔。若钻孔直径超过120 mm时,必须采用专门的钻进设备和制定专门的施工安全措施;

4. 煤层赋存状态发生变化时,应及时探明情况,再重新确定超前钻孔的参数;

5. 钻孔施工前应加强工作面支护,打好迎面支架,背好工作面煤壁。

第九十条　煤巷掘进工作面采用松动爆破防突措施时,应符合下列要求:

1. 松动爆破钻孔的孔径一般为42 mm,孔深不得小于8 m;松动爆破应至少控制到巷道轮廓线外3 m的范围;孔数应根据松动爆破的有效影响半径确定;松动爆破的有效影响半径应通过实测确定;

2. 松动爆破孔的装药长度为孔长减去 5.5~6 m;

3. 松动爆破按远距离爆破的要求执行。

第九十一条 煤巷掘进工作面水力冲孔措施应符合下列要求:

1. 在厚度不超过 4 m 的突出煤层,按扇形布置至少 5 个孔,在地质构造破坏带或煤层较厚时,应适当增加孔数。孔底间距控制在 3 m 左右,孔深通常为 20~25 m,冲孔钻孔超前掘进工作面的距离不得小于 5 m。冲孔孔道应沿软分层前进。

2. 冲孔前,掘进工作面必须架设迎面支架,并用木板和立柱背紧背牢,对冲孔地点的巷道支架必须检查和加固。冲孔后或暂停冲孔时,都必须退出钻杆,并应将导管内的煤冲洗出来,以防止煤、水、瓦斯突然喷出伤人。

第九十二条 煤巷掘进工作面水力疏松措施应符合下列要求:

1. 沿工作面间隔一定距离打浅孔,钻孔与工作面推进方向一致,然后利用封孔器封孔,向钻孔内注入高压水。注水参数应根据煤层性质合理选择。如未实测确定,可参考如下参数:钻孔间距 4.0 m,孔径 42~50 mm,孔长 6.0~10 m,封孔 2~4 m,注水压力 13~15 MPa,注水时以煤壁已出水或注水压力下降 30% 后方可停止注水。

2. 水力疏松后的允许推进度,一般不宜超过封孔深度,其孔间距不超过注水有效半径的2 倍。

3. 单孔注水时间不应低于 9 min。若提前漏水,则应在邻近钻孔 2.0 m 左右处补打注水钻孔。

第九十三条 前探支架可用于松软煤层的平巷工作面。一般是向工作面前方打钻孔,孔内插入钢管或钢轨,其长度可按两次掘进循环的长度再加 0.5 m,每掘进一次打一排钻孔,形成两排钻孔交替前进,钻孔间距为 0.2~0.3 m。

第九十四条 采煤工作面可采用的工作面防突措施有超前排放钻孔、预抽瓦斯、松动爆破、注水湿润煤体或其他经试验证实有效的防突措施。

第九十五条 采煤工作面采用超前排放钻孔和预抽瓦斯作为工作面防突措施时,钻孔直径一般为 75~120 mm,钻孔在控制范围内应均匀布置,在煤层的软分层中可适当增加钻孔数;超前排放钻孔和预抽钻孔的孔数、孔底间距等应根据钻孔的有效排放或抽放半径确定。

第九十六条 采煤工作面的松动爆破防突措施适用于煤质较硬、围岩稳定性较好的煤层。松动爆破孔间距根据实际情况确定,一般 2~3 m。孔深不小于 5 m,炮泥封孔长度不得小于1 m。应适当控制装药量,以免孔口煤壁垮塌。

松动爆破时应按远距离爆破的要求执行。

第九十七条 采煤工作面浅孔注水湿润煤体措施可用于煤质较硬的突出煤层。注水孔间距根据实际情况确定,孔深不小于 4 m,向煤体注水压力不得低于 8 MPa。当发现水出煤壁或相邻注水钻孔中流出时,即可停止注水。

第四节 工作面措施效果检验

第九十八条 在实施钻孔法防突措施效果检验时,分布在工作面各部位的检验钻孔应布置于所在部位防突措施钻孔密度相对较小、孔间距相对较大的位置,并远离周围的各防突措施钻孔或尽可能与周围各防突措施钻孔保持等距离。在地质构造复杂地带应根据情况适当增加检验钻孔。

工作面防突措施效果检验必须包括以下两部分内容:

1. 检查所实施的工作面防突措施是否达到了设计要求和满足有关的规章、标准等,并了解、收集工作面及实施措施的相关情况、突出预兆等(包括喷孔、卡钻等),作为措施效果检验报告的内容之一,用于综合分析、判断;

2. 各检验指标的测定情况及主要数据。

第九十九条　对石门和其他揭煤工作面进行防突措施效果检验时,应选择本规定第七十条所列的钻屑瓦斯解吸指标法或其他经试验证实有效的方法,但所有用钻孔方式检验的方法中检验孔数均不得少于 5 个,分别位于石门的上部、中部、下部和两侧。

如检验结果的各项指标都在该煤层突出危险临界值以下,且未发现其他异常情况,则措施有效;反之,判定为措施无效。

第一百条　煤巷掘进工作面执行防突措施后,应选择本规定第七十四条所列的方法进行措施效果检验。

检验孔深度应小于或等于防突措施钻孔。

如果煤巷掘进工作面措施效果检验指标均小于指标临界值,且未发现其他异常情况,则措施有效;否则,判定为措施无效。

当检验结果措施有效时,若检验孔与防突措施钻孔向巷道掘进方向的投影长度(简称投影孔深)相等,则可在留足防突措施超前距并采取安全防护措施的条件下掘进。当检验孔的投影孔深小于防突措施钻孔时,则应在留足所需的防突措施超前距并同时保留有至少 2 m 检验孔投影孔深超前距的条件下,采取安全防护措施后实施掘进作业。

第一百零一条　对采煤工作面防突措施效果的检验应参照采煤工作面突出危险性预测的方法和指标实施。但应沿采煤工作面每隔 10～15 m 布置一个检验钻孔,深度应小于或等于防突措施钻孔。

如果采煤工作面检验指标均小于指标临界值,且未发现其他异常情况,则措施有效;否则,判定为措施无效。

当检验结果措施有效时,若检验孔与防突措施钻孔深度相等,则可在留足防突措施超前距并采取安全防护措施的条件下回采。当检验孔的深度小于防突措施钻孔时,则应在留足所需的防突措施超前距并同时保留有 2 m 检验孔超前距的条件下,采取安全防护措施后实施回采作业。

第五节　安全防护措施

第一百零二条　有突出煤层的采区必须设置采区避难所。避难所的位置应根据实际情况确定。避难所应符合下列要求:

1. 避难所必须设置向外开启的隔离门,隔离门设置标准按照反向风门标准安设。室内净高不得低于 2 m,深度应满足扩散通风的要求,长度和宽度应根据可能同时避难的人数确定,但至少应能满足 15 人避难,且每人使用面积不得少于 0.5 m²。避难所内支护必须保持良好,并设有与矿(井)调度室直通的电话。

2. 避难所内必须放置足量的饮用水、安设供给空气的设施,每人供风量不得少于 0.3 m³/min。如果用压缩空气供风时,应有减压装置和带有阀门控制的呼吸嘴。

3. 避难所内应根据设计的最多避难人数配备足够数量的隔离式自救器。

第一百零三条　在突出煤层的石门揭煤和煤巷掘进工作面进风侧必须设置至少 2 道牢固可靠的反向风门,风门之间的距离不得小于 4 m。

反向风门距工作面的距离和反向风门的组数,应根据掘进工作面的通风系统和预计的突出强度确定,但反向风门距工作面回风巷不得小于10 m,与工作面的最近距离一般不得小于70 m,如小于70 m时应设置至少3道反向风门。

反向风门墙垛可用砖、料石或混凝土砌筑,嵌入巷道周边岩石的深度可根据岩石的性质确定,但不得小于0.2 m,墙垛厚度不得小于0.8 m。在煤巷构筑反向风门时,风门墙体四周必须掏槽,掏槽深度见硬帮硬底后再进入实体煤不小于0.5 m。通过反向风门墙垛的风筒、水沟、溜子道等,必须设有逆向隔断装置。

人员进入工作面时必须把反向风门打开、顶牢;工作面爆破和无人时反向风门必须关闭。

第一百零四条 为降低放炮诱发突出的强度,可根据情况在炮掘工作面安设挡栏。挡栏可用金属、矸石或木垛等构成。金属挡栏一般是由槽钢排列成的方格框架,框架中槽钢的间隔为0.4 m,槽钢彼此用卡环固定,使用时在迎工作面的框架上再铺上金属网,然后用木支柱将框架撑成45°的斜面。一组挡拦通常由两架组成,间距为6~8 m。可根据预计的突出强度在设计中确定挡栏距工作面的距离。

第一百零五条 井巷揭穿突出煤层和突出煤层的炮掘、炮采工作面都必须采取远距离爆破安全防护措施。

石门揭煤采用远距离爆破时,必须制定包括爆破地点、避灾路线及停电、撤人和警戒范围等的专项措施。

在矿井尚未构成全风压通风的建井初期,在石门揭穿有突出危险煤层的全部作业过程中,与此石门有关的其他工作面都必须停止工作。在实施揭穿突出煤层的远距离爆破时,井下全部人员必须撤至地面,井下全部断电,立井口附近地面20 m范围内或斜井口前方50 m、两侧20 m范围内严禁有任何火源。

煤巷掘进工作面采用远距离爆破时,爆破地点必须设在进风侧反向风门之外的全风压通风的新鲜风流中或避难所内,放炮地点距工作面的距离由矿技术负责人根据具体情况确定,但不得小于300 m;采煤工作面放炮地点到工作面的距离由矿技术负责人根据具体情况确定,但不得小于100 m。

远距离爆破时,回风系统必须停电、撤人。放炮后进入工作面检查的时间由矿技术负责人根据情况确定,但不得少于30 min。

第一百零六条 突出煤层的采掘工作面应设置工作面避难所或压风自救系统。应根据具体情况设置其中之一或混合设置,但掘进距离超过500 m的巷道内必须设置工作面避难所。

工作面避难所设在采掘工作面附近和爆破工操纵放炮的地点。应根据具体条件确定避难所的数量及其距采掘工作面的距离。工作面避难所应满足工作面最多作业人数时的避难要求,其他要求与采区避难所相同。

压风自救系统的要求是:

1. 压风自救装置安装在掘进工作面巷道和采煤工作面回采巷道内的压缩空气管道上;

2. 在以下每个地点都至少设置一组压风自救装置:距采掘工作面25~40 m的巷道内、爆破地点、撤离人员与警戒人员所在的位置以及回风道有人作业处等;在长距离的掘进巷道中,应根据实际情况增加设置;

3. 每组压风自救装置应可供5~8个人使用,平均每人的压缩空气供给量不得少于0.1 m³/min。

第五章　防治岩石与二氧化碳(瓦斯)突出措施

第一百零七条　在矿井范围内发生过突出的岩层即为岩石与二氧化碳(瓦斯)突出岩层,简称突出岩层。

在开拓、生产范围内有突出岩层的矿井即为岩石与二氧化碳(瓦斯)突出矿井,简称岩石突出矿井。

煤矿企业应对岩石突出矿井、突出岩层分别参照本规定对于突出矿井、突出煤层管理的各项要求,专门制定满足安全生产需要的管理措施,报省级煤炭行业管理部门审批,并报省级煤矿安全监察机构备案。

第一百零八条　在突出岩层内掘进巷道或揭穿该岩层时,必须采取工作面突出危险性预测、工作面防治岩石突出措施、工作面防突措施效果检验、安全防护措施的"四位一体"局部综合防突措施。

当预测有突出危险时,必须采取防治岩石突出措施。只有经措施效果检验证实措施有效后,方可在采取安全防护措施的情况下进行掘进作业。

岩石与二氧化碳(瓦斯)突出危险性预测可采用岩芯法或突出预兆法。措施效果检验应采用岩芯法。

安全防护措施应按照防治煤与瓦斯突出的安全防护措施实施。

第一百零九条　采用岩芯法预测工作面岩石与二氧化碳(瓦斯)突出危险性时,在工作面前方岩体内打直径 50 ~ 70 mm、长度不小于 10 m 的钻孔,取出全部岩芯,并从孔深 2 m 处起记录岩芯中的圆片数。

工作面突出危险性的判定方法为:

1. 当取出的岩芯中大部分长度在 150 mm 以上,且有裂缝围绕,个别为小圆柱体或圆片时,预测为一般突出危险地带;

2. 取出的 1 m 长的岩芯内,部分岩芯出现 20 ~ 30 个圆片,其余岩芯为长 50 ~ 100 mm 的圆柱体并有环状裂隙时,预测为中等突出危险地带;

3. 当 1 m 长的岩芯内具有 20 ~ 40 个凸凹状圆片时,预测为严重突出危险地带;

4. 岩芯中没有圆片和岩芯表面上没有环状裂缝时,预测为无突出危险地带。

第一百一十条　采用突出预兆法预测工作面岩石与二氧化碳(瓦斯)突出危险性时,具有下列情况之一者为岩石与二氧化碳(瓦斯)突出危险工作面:

1. 岩石呈薄片状或松软碎屑状;

2. 工作面爆破后,进尺超过炮眼深度;

3. 有明显的火成岩侵入或工作面二氧化碳(瓦斯)涌出量明显增大。

第一百一十一条　在岩石与二氧化碳(瓦斯)突出危险的岩层中掘进巷道时,可采取钻眼爆破工程参数优化、超前钻孔、松动爆破、开卸压槽及在工作面附近设置挡栏等防治岩石与二氧化碳(瓦斯)突出措施:

1. 在一般或中等程度突出危险地带,可采用浅孔爆破措施或远距离多段放炮法,以减少对岩体的震动强度、降低突出频率和强度。远距离多段放炮法的做法是,先在工作面打 6 个掏槽眼、6 个辅助眼,呈椭圆形布置,使爆破后形成椭圆形超前孔洞,然后爆破周边炮眼,其炮眼距超前孔洞周边应大于 0.6 m,孔洞超前距不小于 2 m。

2. 在严重突出危险地带,可采用超前钻孔和松动爆破措施。超前钻孔直径不小于 75 mm,孔数应根据巷道断面大小、突出危险岩层赋存及单个排放钻孔有效作用半径考察确定,但不得少于 3 个,孔深应大于 40 m,钻孔超前工作面的安全距离不得小于 5 m。

深孔松动爆破孔径 60 ~ 75 mm,孔长 15 ~ 25 m,封孔深度不小于 5 m,孔数 4 ~ 5 个,其中爆破孔 1 ~ 2 个,其他孔不装药,以提高松动效果。

第六章　法律责任

第一百一十二条　煤矿企业违反本规定第七条规定的,责令停止施工或停产整顿,处 150 万元以上 200 万元以下罚款,对煤矿企业负责人处 10 万元以上 15 万元以下罚款。

第一百一十三条　煤矿企业违反本规定第十条、第十一条、第十八条规定的,责令停止施工或停产整顿,处 100 万元以上 150 万元以下罚款,提出限期改正的要求;对煤矿企业负责人处 9 万元以上 12 万元以下罚款。逾期仍未改正的,提请地方人民政府予以关闭。

第一百一十四条　煤矿企业违反本规定第十四条第一和第二款、第十五条、第十七条、第二十七条第二款、第二十八条、第二十九条规定的,责令限期改正,处 5 万元以上 10 万元以下罚款;逾期未改正的,责令停止施工或停产整顿。

第一百一十五条　煤矿企业违反本规定第十六条、第十九条、第二十一条、第二十二条第一和第二款规定的,责令限期改正,处 50 万元以上 100 万元以下罚款;逾期未改正的,责令停止施工或停产整顿。

第一百一十六条　煤矿企业违反本规定第十四条第三款、第二十四条第一款规定,仍然进行生产的,责令停产整顿,处 150 万元以上 200 万元以下罚款;对煤矿企业负责人处 10 万元以上 15 万元以下罚款。

第一百一十七条　煤矿企业违反本规定第二十二条第三款、第二十四条第二款、第二十五条规定的,责令限期改正,处 3 万元以上 5 万元以下罚款;逾期未改正的,责令停止施工或停产整顿。

第一百一十八条　煤矿企业违反本规定第二十三条规定,仍然进行生产的,责令停产整顿,处 50 万元以上 100 万元以下罚款;对煤矿企业负责人处 5 万元以上 10 万元以下罚款。

第一百一十九条　煤矿企业违反本规定第二十六条、第二十七条第一款、第三十二条规定的,责令限期改正,处 3 万元以上 5 万元以下罚款;逾期未改正的,暂扣安全生产许可证。

第一百二十条　煤矿企业违反本规定第三十条规定的,责令限期改正,处 2 万元以下罚款;逾期未改正的,责令停止施工或停产整顿。

第一百二十一条　煤矿企业未按本规定要求落实区域和局部综合防突措施,或防突措施不达标,仍然组织生产的,责令停产整顿,处 100 万元以上 200 万元以下罚款,提出限期改正的要求,逾期仍不改正的,提请地方人民政府予以关闭。

第一百二十二条　评估或鉴定机构弄虚作假,提供虚假评估或鉴定结论的,由鉴定机构资质管理部门取消鉴定资质;由于提供虚假鉴定结论造成生产安全事故的,对相关责任人员依法给予处分或者移交司法机关追究刑事责任。

第七章　附　则

第一百二十三条　本规定自 2009 年 8 月 1 日起施行,原煤炭工业部 1995 年颁布的《防治煤与瓦斯突出细则》同时废止。

附录 A 　煤与瓦斯突出矿井基本情况调查表

_____省_____市(县)　企业名称_____　_____矿_____井　填表日期_____年_____月_____日

矿井设计能力/t		首次突出	时间					
矿井实际生产能力/t			地点及标高/m					
			距地表垂深/m					
开拓方式								
矿井可采煤层层数		突出次数		各类坑道中突出次数				
矿井可采煤层储量/t			总计	石门	平巷	上山	下山	回采 / 其他
突出煤层可采储量/t								
突出煤层及围岩特征	名称	突出最大强度	煤(岩)量/t					
	厚度/m		突出瓦斯量/m³					
	倾角/(°)	千吨以上突出次数						
	煤质	其中	石门		采取何种防突措施及其效果			
	顶板岩性		平巷					
	底板岩性		上山					
保护层	类型		下山					
	煤层名称		回采					
	厚度/m		其他					
	距危险层最大距离/m	目前正在进行的防治突出的研究课题		主攻方向				
瓦斯压力	最高压力/MPa			进展情况				
	测压地点距地表垂深/m			人员及参加单位				
煤层瓦斯含量/(m³·t⁻¹)		备 注						
矿井瓦斯涌出量/(m³·min⁻¹)								
有无抽采系统及抽采方式								

煤矿企业负责人：　　　煤矿企业技术负责人：　　　防突机构负责人：　　　填表人：

附录B 煤与瓦斯突出记录卡片

编号_____ _____省（区、市） 企业名称_____ _____矿_____井

突出日期			年 月 日 时		地点		孔洞形状轴线与水平面之夹角	
标高		巷道类型		突出类型		距地表垂深/m	喷出煤量和岩石量	
突出地点通风系统示意图（注距离尺寸）			突出处煤层剖面图（注比例尺）煤层顶底板岩层柱状图				煤喷出距离和堆积坡度	
煤层特征	名称		倾角/(°)	邻近层开采情况	上部		喷出煤的粒度和分选情况	
	厚度/m		硬度		下部			
地质构造的叙述（断层、褶曲、厚度、倾角及其变化）							突出地点附近围岩和煤层破碎情况	
							动力效应	
支护形式			棚间距离/m				突出前瓦斯压力和突出后瓦斯涌出情况	
控顶距离/m			有效风量/(m³·min⁻¹)					
正常瓦斯浓度/%			绝对瓦斯量/(m³·min⁻¹)				其他	
突出前作业和使用工具							突出孔洞及煤堆积情况（注比例尺）	
突出前所采取的措施（附图）							现场见证人（姓名、职务）	
							伤亡情况	
突出预兆							主要经验教训	
突出前及突出当时发生过程的描述					填表人	矿防突机构负责人	矿技术负责人	矿长

附录 C 矿井煤与瓦斯突出汇总表

煤矿_____   填表日期____年____月____日

项目	内容
编号	
时间	
地点	
巷道类型	
标高 /m	
煤层 层别	
煤层 厚度 /m	
煤层 角度 /(°)	
地质构造	
邻近层开采情况 已采但遗留煤柱	
邻近层开采情况 未采	
突出前作业及工具	
预防措施	
预兆 煤体内声响	
预兆 煤体硬度变化	
预兆 煤光泽变化	
预兆 煤层层理变化	
预兆 掉渣及煤面外移	
预兆 支架压力增加	
预兆 瓦斯忽大忽小	
预兆 打钻夹钻喷煤	
突出情况 抛出煤量 /t	
突出情况 抛出距离 /m	
突出情况 堆积坡度 /(°)	
突出情况 有无分选	

煤矿企业负责人：　　煤矿企业技术负责人：　　防突机构负责人：　　填表人：

附录 D 保护层保护范围的确定

D.1 沿倾斜方向的保护范围

保护层工作面沿倾斜方向的保护范围应根据卸压角 δ 划定,如图 D.1 所示。在没有本矿井实测的卸压角时,可参考表 D.1 的数据。

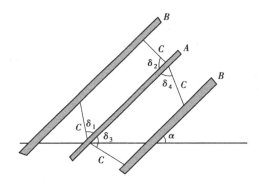

图 D.1 保护层工作面沿倾斜方向的保护范围
A—保护层;B—被保护层;C—保护范围边界线

表 D.1 保护层沿倾斜方向的卸压角

煤层倾角 α/(°)	卸压角 δ/(°)			
	δ_1	δ_2	δ_3	δ_4
0	80	80	75	75
10	77	83	75	75
20	73	87	75	75
30	69	90	77	70
40	65	90	80	70
50	70	90	80	70
60	72	90	80	70
70	72	90	80	72
80	73	90	78	75
90	75	80	75	80

D.2 沿走向方向的保护范围

若保护层采煤工作面停采时间超过 3 个月,且卸压比较充分,则该保护层采煤工作面对被保护层沿走向的保护范围对应于始采线、采止线及所留煤柱边缘位置的边界线可按卸压角 δ_5 =56°~60°划定,如图 D.2 所示。

D.3 最大保护垂距

保护层与被保护层之间的最大保护垂距可参照表(D.2)选取或用式(D.1)、式(D.2)计算确定:

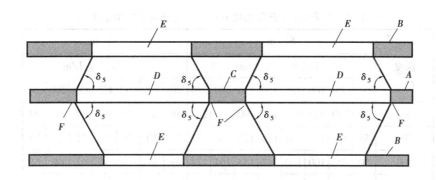

图 D.2　保护层工作面始采线、采止线和煤柱的影响范围

A—保护层；B—被保护层；C—煤柱；D—采空区；

E—保护范围；F—始采线、采止线

表 D.2　保护层与被保护层之间的最大保护垂距

煤层类别	最大保护垂距/m	
	上保护层	下保护层
急倾斜煤层	<60	<80
缓倾斜和倾斜煤层	<50	<100

下保护层的最大保护垂距：

$$S_{下} = S'_{下}\beta_1\beta_2 \tag{D.1}$$

上保护层的最大保护垂距：

$$S_{上} = S'_{上}\beta_1\beta_2 \tag{D.2}$$

式中　$S'_{下}$,$S'_{上}$——下保护层和上保护层的理
论最大保护垂距，m；它与
工作面长度 L 和开采深度
H 有关，可参照表 D.3 取
值；当 $L>0.3H$ 时，取 $L=0.3H$，但 L 不得大于
250 m；

β_1——保护层开采的影响系数；当
$M\leqslant M_0$ 时，$\beta_1 = M/M_0$；当 $M>M_0$ 时，$\beta_1 = 1$；

M——保护层的开采厚度，m；

M_0——保护层的最小有效厚度，m；
M_0 可参照图 D.3 确定；

β_2——层间硬岩（砂岩、石灰岩）含量
系数，以 η 表示在层间岩石中

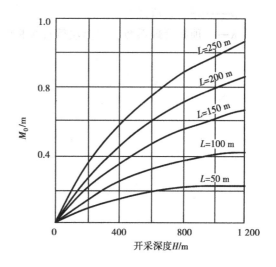

图 D.3　保护层工作面始采线、
采止线和煤柱的影响范围

所占的百分比；当 $\eta\geqslant50\%$ 时，$\beta_2 = 1-0.4\eta/100$；当 $\eta<50\%$ 时，$\beta_2 = 1$。

表 D.3 $S'_上$ 和 $S'_下$ 与开采深度 H 和工作面长度 L 之间的关系

开采深度 H/m	$S'_下/m$								$S'_上/m$						
	工作面长度 L/m								工作面长度 L/m						
	50	75	100	125	150	175	200	250	50	75	100	125	150	200	250
300	70	100	125	148	172	190	205	220	56	67	76	83	87	90	92
400	58	85	112	134	155	170	182	194	40	50	58	66	71	74	76
500	50	75	100	120	142	154	164	174	29	39	49	56	62	66	68
600	45	67	90	109	126	138	146	155	24	34	43	50	55	59	61
800	33	54	73	90	103	117	127	135	21	29	36	41	45	49	50
1 000	27	41	57	71	88	100	114	122	18	25	32	36	41	44	45
1 200	24	37	50	63	80	92	104	113	16	23	30	32	37	40	41

D.4 开采下保护层的最小层间距

开采下保护层时,不破坏上部被保护层的最小层间距离可参用式(D.3)或式(D.4)确定:

当 $\alpha < 60°$ 时:

$$H = KM \cos \alpha \tag{D.3}$$

当 $\alpha \geq 60°$ 时:

$$H = KM \sin \left(\frac{\alpha}{2} \right) \tag{D.4}$$

式中 H——允许采用的最小层间距,m;

M——保护层的开采厚度,m;

α——煤层倾角,(°);

K——顶板管理系数。冒落法管理顶板时,K 取 10;充填法管理顶板时,K 取 6。

附录E 防治煤与瓦斯突出基本流程参考示意图

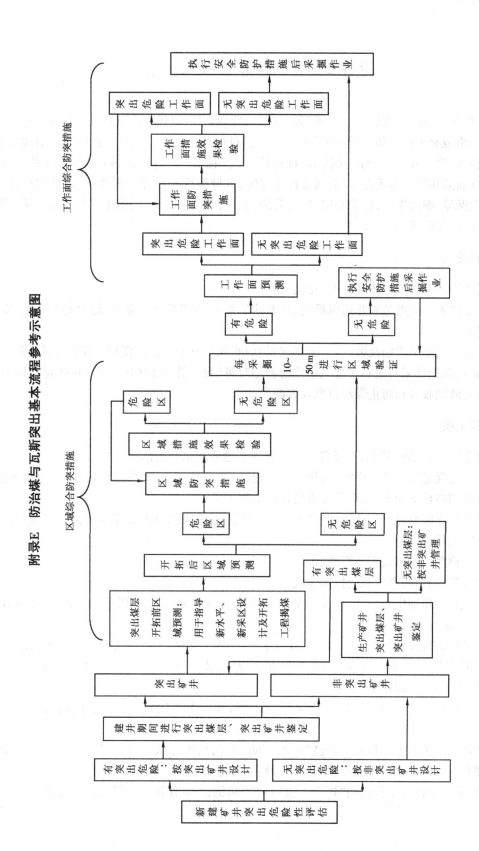

附件2　瓦斯治理经验五十条

瓦斯综合治理的基本思想是贯彻"先抽后采、监测监控、以风定产"的瓦斯治理工作方针，树立"瓦斯事故是可以预防和避免的"意识，实施"可保尽保、应抽尽抽"的瓦斯综合治理战略，坚持"高投入、高素质、严管理、强技术、重责任"，变"抽放"为"抽采"，以完善通风系统为前提，以瓦斯抽采和防突为重点，以监测监控为保障，区域治理与局部治理并重，以抽定产，以风定产，地质保障，掘进先行，技术突破，装备升级，管理创新，落实责任，实现煤与瓦斯共采，建设安全、高效、环保矿区。

一、高投入

1. 瓦斯治理专项资金按吨煤15元提取。

2. 资金投入的重点是矿井通风系统、瓦斯抽采系统、矿井防灭火系统、综合防尘系统、安全监控系统等。

3. 坚持瓦斯抽采激励政策（每立方米奖励0.06元），开采保护层激励政策（吨煤补贴工资基金10元），瓦斯抽采巷道和主要风道维修补贴政策（每米补贴2 000元和3 000元），地测系统创优争先激励政策和防止煤炭自燃发火激励政策。

二、高素质

1. 健全"一通三防"机构，有条件的成立瓦斯和地质相结合的部门。

2. 配齐配强通风副总工程师、地测副总工程师和"一通三防"工程技术人员。"一通三防"人员最低达到技校毕业水平，数量要满足瓦斯治理需求。

3. 矿井建立防突、抽采、通风、监测监控专业队伍，石门揭煤工作由防突专业队伍或石门揭煤专业化队伍承担。

4. 瓦斯检测工与爆破工不得兼职。

5. 加强职业教育，办好职业技术学院。

6. 建立安全培训中心，安监局设置安全培训处，矿井建立三级、四级安教室，区队建立五级安教室，并配足师资力量。

7. 全员培训教育实行"五个一"（一日一专题、一周一案例、一月一考核、一月一评比、一月一奖惩）和"三同时"（工人干部同时参加培训、同时考试、同时接受奖惩），做到班前培训全员学，夜校培训重点学，脱产培训系统学。

8. "三大员"（安监员、瓦检员、防突员）安全管理准军事化，享受一线待遇，实行考核淘汰制。

9. 生产及主要辅助单位职工未经"一通三防"专门培训考试合格不得担任班、队长；特殊工种必须有两年以上采掘工作经验，并经培训合格，持证上岗。

10. 企业安全检查工作做到"四个一流"（一流队伍，一流作风，一流管理，一流素质）。

三、严管理

1. 每年制定关于瓦斯综合治理工作的决定。

2. 坚持瓦斯治理"一矿一策"和"一面一策"制度。

3. 坚持瓦斯浓度按0.8%断电管理制度。

4. 实行企业矿井通风和瓦斯日报两级审阅制、公司调度每日瓦斯牌板制、现场瓦斯异常情况实时监控制。

5. 每周剖析一个矿的"一通三防"和防突工作情况。

6. 坚持月度"一通三防"例会、防突办公会和矿长月度"一通三防"述职制度。

7. 实行"一通三防"重大隐患排查制度、"一通三防"督查和防突督导制度。

8. 严格调度和监控中心值班制度，发现井下瓦斯超限必须在5 min内向值班领导汇报，值班领导必须及时做出处理意见。

9. 树立瓦斯超限就是事故的理念，坚持瓦斯超限谈话制和分级追查处理制(瓦斯浓度低于3.0%由矿总工程师或安监处长负责追查处理，3.0%及其以上由矿长组织追查处理)。

10. 瓦斯治理，地质、掘进工作先行。

11. 瓦斯治理工程做到"两同时、一超前"(瓦斯治理工程与采煤工作面同时设计、超前施工、同时投入使用)。

12. 严格干部跟班下井制度，保证各采掘面每班有区、队长以上干部跟班。

13. 石门揭煤和所有采煤工作面投产前，须经现场验收，"一通三防"具有一票否决权。

14. 实施过地质构造、瓦斯异常带"五位一体"现场管理措施(即地质人员加强地质预测预报，及时提供预测资料；打钻人员在钻进过程中发现异常时立即停机，并及时汇报；掘进施工人员发现地质、矿压、瓦斯异常时，立即停头；监控人员保证瓦斯超限时，立即切断掘进巷道及其回风系统内电源；瓦检员发现瓦斯异常时，立即撤出人员)。

四、强技术

1. 优化通风系统，确保通风系统稳定、可靠。

2. 开采布局和巷道布置合理，有突出危险采掘工作面的回风严禁直接经过其他采掘工作面唯一的安全出口。

3. 通风设施可靠，永久风门联锁，主要风门安装开关传感器。

4. 采用大功率对旋局部通风机和大直径风筒。

5. 优选瓦斯抽采装备，实现抽采系统能力最大化，做到"大流量、多抽泵，大管径、多回路"。地面泵实际抽采流量不小于100 m³/min，井下移动泵实际抽采流量达到40～60 m³/min，管路直径超过200 mm。应选择钻进能力大、钻孔直径不小于150 mm的钻机。

6. 强制性开采保护层，做到可保尽保，并抽采瓦斯，降低瓦斯压力。

7. 在突出煤层顶底板掘进的巷道，特别是距突出煤层法距小于20 m的掘进巷道，必须采取措施严格控制突出煤层层位和地质构造，巷道掘进至少每隔100 m要施工地质探测钻孔控制层位，防止瓦斯异常涌出或误穿突出煤层。

8. 顶、底板穿层钻孔掩护强突出煤层掘进。

9. 以突出煤层瓦斯地质图为基图编制防突预测图，全面反映掘进工程范围内的煤层赋存、地质构造、瓦斯、巷道布置、防突措施、安全防护设施等有关信息。

10. 防止突出煤层采掘工作面相互之间应力集中的针对性措施定量化。开采突出煤层采掘工作面设计应避免造成应力集中。一个或相邻的两个采区中,在同一区段的突出煤层中进行采掘作业时,相向(背向)回采和相向(背向)采掘的两个工作面的间距均不得小于100 m。相向掘进的两个工作面间距不得小于60 m,并且在小于60 m以前实施钻孔一次打透,只允许向一个方向掘进。突出煤层双巷同向掘进的两个工作面间的错茬距离必须保持50 m以上,一个工作面爆破时,另一工作面必须停电、撤人。突出煤层掘进工作面不得进入本煤层或临近煤层采煤工作面的采动应力集中区,不得在应力集中区和地质构造复杂区贯通。

11. 提前预警非突出煤层转化为突出煤层。非突出煤层揭煤和煤巷掘进如出现吸钻、夹钻、喷孔、瓦斯涌出异常等情况时,必须按《防治煤与瓦斯突出规定》要求收集相关资料,若全部指标达到或超过其临界值,应进行突出危险性鉴定。

12. 掘进工作面采用先抽后掘、边抽边掘技术。有突出危险掘进工作面和瓦斯绝对涌出量大于3 m³/min,炮后瓦斯经常超限,有瓦斯异常涌出现象,或预测突出指标超限的掘进工作面,以及石门揭穿突出煤层工作面,必须实施巷帮钻场深孔连续抽采措施,并确保掘进迎头钻孔每平方米不得少于2个。

13. 采煤工作面采用综合抽采技术。凡瓦斯绝对涌出量大于5 m³/min,或者用通风方法解决瓦斯问题不合理的采煤工作面,必须采用以高抽巷或顶板走向钻孔为主、以穿层和顺层孔、上隅角采空区抽采、地面钻井等为辅的综合治理瓦斯措施。

14. 采煤工作面根据瓦斯涌出量分级选择瓦斯抽采方法。瓦斯涌出量在10 m³/min以下的,采用上隅角埋管或局部顶板走向钻孔抽采方法;瓦斯涌出量在20 m³/min以下的,采用以顶板走向钻孔为主,辅以埋管抽采技术;瓦斯涌出量在20～50 m³/min的,应使用高抽巷,辅以埋管抽采技术;瓦斯涌出量在50 m³/min以上的,应使用高抽巷、回风巷穿层孔、上隅角埋管(或外错、内错尾排)、尾抽、地面钻井、工作面浅孔抽采等综合抽采技术。

15. 在以下场所增设传感器:

(1)采煤工作面上隅角瓦斯传感器,其位置距巷帮和老空区侧充填带均不大于800 mm,距顶板不大于300 mm。

(2)突出煤层掘进工作面、石门揭煤以及瓦斯绝对涌出量大于3 m³/min的掘进工作面回风第一交汇点处。

(3)长距离巷道掘进,每500～1 000 m巷道增设一个传感器。

(4)采动卸压带、地质构造带、采掘面过老巷、老空区、钻场等处增设瓦斯传感器由矿总工程师根据实际情况确定。

16. 采用高位钻孔注浆措施处理高温区域。

17. 矿井供电设备实现无油化,并做到实时监测监控。

18. 保证井下局部通风的连续供电。局部通风机高低压供电实现双电源;采区变电所电源从地面变电所或井下中央变电所直供,且做到至少两个电源;采区变电所分段运行;每一局部通风机都设有备用局部通风机,并做到主备局部通风机自动切换;主备局部通风机供电来自不同的电源。

19. 井下局部通风机供电线路、设备实行强制性停电检修,局部通风机视同地面主扇进行管理。

五、重责任

1. 落实企业瓦斯治理的主体责任,建立健全各级干部"一通三防"责任制,制度牌板上墙。

2. 坚持定期对各矿党、政、技、安监、机电负责人和通风、地质副总工程师等安全责任考评制度。

3. 凡瞒报"一通三防"非人身事故、虚报瓦斯抽采量、钻孔施工弄虚作假、瞒报瓦斯超限的,给予矿分管领导行政记大过直至撤职处分。

4. 矿井发生"一通三防"死亡事故实行安全责任追究。发生一起死亡 1 人事故,给予分管矿领导、分管副总工程师行政记过处分;发生一起死亡 2 人事故,给予矿长行政记过处分,党委书记党纪处分,分管矿领导、分管副总工程师免职处理;发生一起死亡 3 人及以上事故,给予矿长、党委书记、安监处长免职处理,或降职、撤职处分,分管矿领导、分管副总工程师撤职处分。

附件3　国有煤矿瓦斯治理规定(国家煤矿安全监察局)

第一条　为贯彻落实先抽后采、监测监控、以风定产的瓦斯治理方针,控制国有煤矿特大瓦斯事故的发生,根据《安全生产法》《煤矿安全监察条例》等法律、行政法规,制定本规定。

第二条　国有煤矿(包括国有煤矿企业及其所属矿井,以下统称煤矿)必须设立瓦斯治理机构和配备专业技术人员,建立瓦斯治理责任制和管理制度,落实治理资金。

煤矿主要负责人是瓦斯治理的第一责任人;煤矿总工程师对瓦斯治理负技术责任,负责组织制定治理瓦斯方案和安全技术措施,负责资金的安排使用。

煤矿分管安全工作的行政副职对瓦斯治理工作负监督检查责任;其他行政副职负责分管领域内瓦斯治理方案、措施的落实。

煤矿值班负责人对当天的安全生产工作负全面责任,必须掌握当班下井人数,发现瓦斯隐患必须立即采取措施处理。

高瓦斯矿井和煤与瓦斯突出矿井的负责人应当每半年向当地煤矿安全监管机构和煤矿安全监察机构报告一次瓦斯治理情况。

第三条　煤矿必须建立矿井瓦斯等级鉴定制度。矿井每年必须按规定进行瓦斯等级鉴定。

煤矿井下出现瓦斯动力现象,必须在 24 h 内报告当地煤炭主管部门和煤矿安全监察机构,并及时申请具有国家规定资质的鉴定机构进行鉴定,不得隐瞒不报。

对已经发生瓦斯动力现象但未明确瓦斯等级的矿井,自本规定公布之日起 60 日内应完成瓦斯等级鉴定工作,申请鉴定期间按照突出矿井管理。

第四条　煤矿严禁瓦斯超限作业。发现瓦斯超限作业的,应当追查处理。

采掘工作面及其他作业地点风流中瓦斯浓度达到 1.0% 时,必须停止使用电钻;瓦斯浓度达到 1.5% 时,必须停止工作,切断电源,撤出人员,进行处理。

爆破地点附近 20 m 以内风流中瓦斯浓度达到 1.0% 时,严禁爆破;爆破作业必须执行"一炮三检"和"三人联锁"爆破制度。

第五条　煤矿必须落实瓦斯抽采的规定。

《煤矿安全规程》规定应当建立瓦斯抽采系统的矿井,必须进行瓦斯抽采,建立地面永久抽采瓦斯系统或者井下临时抽采瓦斯系统,并实行先抽后采。

突出矿井必须首先开采保护层,不具备开采保护层条件的,必须对突出煤层进行预抽,并确保预抽时间和效果。

第六条 煤矿必须建立运行可靠的监测监控系统。

高瓦斯和突出矿井以及有高瓦斯区域的低瓦斯矿井,必须装备运行可靠的矿井安全监控系统,系统和传感器的安装、使用、维修,必须符合《煤矿安全规程》规定的要求;监控系统中心站值班应当设在矿调度室内,必须配备经安全培训合格的专职人员 24 h 值班。值班人员发现井下瓦斯超限报警时,必须立即处理;发现井下大面积瓦斯超限时,必须立即停电撤人。

第七条 煤矿必须每年核定矿井通风能力,保证以风定产,严禁超通风能力组织生产。

经核定的矿井通风能力应当报省级煤炭主管部门审核后,报省级煤矿安全监察机构备案。

煤矿井下出现风速超限、瓦斯超限、不合理串联通风的,等同超通风能力生产;超通风能力生产的矿井、采区、工作面,必须立即减少产量,重新调整生产布局及通风系统,把产量降到核定通风能力范围内。

高瓦斯、突出矿井应当严格按照《煤矿安全规程》的规定布置采掘工作面,防止不合理集中生产和突击生产。

第八条 煤矿必须建立和落实瓦斯检查制度,采取防突措施。

煤矿井下所有作业地点和容易积聚瓦斯的地点,必须定人、定时进行瓦斯巡回检查,要制定瓦斯检查计划,并采取防止瓦斯检查员空班漏检的措施。

高瓦斯矿井、煤与瓦斯突出矿井、有高瓦斯区域的低瓦斯矿井的采掘工作面,必须有专职瓦斯检查员跟班检查瓦斯。瓦斯检查员发现瓦斯超限时,有权决定立即停止作业,撤出人员。

煤与瓦斯突出矿井必须采取突出危险性预测、防治突出措施、防治突出措施的效果检验和安全防护措施"四位一体"的综合防突措施,并加强瓦斯地质预测。

突出矿井的新水平、新采区、石门揭穿突出煤层必须编制防治突出的设计,并经技术负责人审批。

突出矿井严禁使用架线式电机车,已经使用的,必须限期 1 年内完成整改;整改期间,必须采取安全措施。

第九条 煤矿必须有完善的独立通风系统,生产水平和采区必须实行分区通风。

高瓦斯、突出矿井,每个采区必须设置至少一条专用回风巷;主要进、回风巷之间的联络巷必须砌筑永久性风墙,需要使用的,必须安设两道联锁的正向风门和两道反向风门。采区进、回风巷必须贯穿整个采区,严禁一段为进风巷、一段为回风巷。

局部通风机必须由指定人员管理,保证正常运转。严禁使用 3 台以上局部通风机同时向一个掘进工作面供风。使用两台局部通风机向同一地点供风的,必须同时实现风电闭锁。

第十条 煤矿必须加强对放顶煤工作面的管理。突出煤层的突出危险区、突出威胁区,严禁采用放顶煤开采法。

放顶煤开采必须制定防火、防尘、防瓦斯、顶板控制等安全技术措施,并根据煤层地质特征编制放顶煤开采设计;大块煤(矸)卡住放煤口时,严禁爆破处理。有瓦斯或者煤尘爆炸危险时,严禁挑顶煤爆破作业。

采用放顶煤采煤法开采容易自燃和自燃的煤层时,必须编制防止采空区自然发火的设计,建立火灾监测系统、配置一氧化碳浓度传感器,并采取有效的综合预防自然发火的措施。井下发现自然发火,必须将所有可能受火灾威胁区域中的人员撤离,采取措施进行处理。隐患未彻底消除,严禁恢复生产。

本规定自 2005 年 1 月 6 日起施行。

附件4　国有煤矿瓦斯治理安全监察规定(国家爆破安全监察局)

第一条　为监督国有煤矿落实先抽后采、监测监控、以风定产的瓦斯治理方针,控制特大瓦斯事故的发生,根据《安全生产法》《煤矿安全监察条例》等法律、行政法规和《国务院办公厅关于完善煤矿安全监察体制的意见》的有关规定,制定本规定。

第二条　煤矿安全监察机构应当将国有煤矿瓦斯治理作为安全监察工作的重点,在地方煤矿安全监管机构日常性安全监督检查的基础上,对下列矿井实施重点监察:

1. 煤与瓦斯突出矿井;

2. 高瓦斯矿井;

3. 有瓦斯动力现象的矿井;

4. 有高瓦斯区域的低瓦斯矿井;

5. 开采容易自燃和自燃煤层的矿井;

6. 采用放顶煤开采法开采的矿井。

重点监察下列内容:

1. 瓦斯治理责任制;

2. 安全投入;

3. 瓦斯治理机构设立和人员配备;

4. 防治瓦斯的管理制度和安全技术措施;

5. 瓦斯抽放系统;

6. 通风系统;

7. 安全监控系统及电气防爆性能;

8. "四位一体"综合防突措施;

9. 综合防治煤层自燃的措施;

10. 矿井事故应急救援预案。

第三条　对重点矿井实施重点监察的过程中,发现有下列情形之一的,应当责令立即停止作业或者责令限期改正;拒不停止作业或者拒不改正或者逾期未改正的,责令停产整顿:

1. 瓦斯治理责任制不落实的;

2. 安全投入不到位的;

3. 没有设立瓦斯治理机构或者专业人员配备不足的;

4. 有关防治瓦斯的管理制度、安全技术措施不落实的;

5. 领导干部安全生产值班和跟班下井、监控系统中心站值班人员不到位的。

发现有下列情形之一的,应当责令停产整顿;对拒不执行停产整顿指令的,依法向有关部门提出对其主要负责人进行行政处分的建议,并向上级煤矿安全监察机构报告:

1. 瓦斯超限生产的;

2. 应抽未抽或者先抽后采措施落实不到位的；

3. 未按规定装备安全监控系统或者监控系统功能不齐全、运行不正常的；

4. 通风系统不完善、通风设施质量不高、抗灾能力低的；

5. 高瓦斯、突出矿井的采区没有专用回风巷的；

6. 高瓦斯、突出矿井采区没有实行分区通风，存在串联风、循环风、风流短路的；

7. 发生过瓦斯动力现象未经有资质的中介机构进行瓦斯等级鉴定、未按照突出矿井管理的；

8. 突出矿井没有采取"四位一体"综合防突措施或者措施落实不到位的；

9. 煤矿安全监察机构确认存在其他重大事故隐患的。

有以上两款情形的，煤矿安全监察机构应当立即向被监察煤矿的上级主管部门和有关地方人民政府通报，并跟踪落实情况。

第四条 煤矿安全监察机构应当严格按照国有煤矿核定通风能力，对煤矿通风系统、计划产量和实际生产情况实施专项监察。发现超通风能力生产的，应当立即下达监察指令，并及时通报其上级主管部门和有关地方人民政府；对拒不执行监察指令的，依法向有关部门提出对其主要负责人进行行政处分的建议，并向上级煤矿安全监察机构报告。

第五条 煤矿安全监察机构应当根据辖区内重点监察矿井的分布情况和数量，制定定期监察计划，其中以下 3 类矿井定期监察的次数不得低于下列规定：

1. 有高瓦斯区域的低瓦斯矿井，每年监察不少于 1 次；

2. 高瓦斯矿井，每年监察不少于 2 次；

3. 煤与瓦斯突出矿井，每年监察不少于 4 次。

第六条 煤矿安全监察机构应当检查指导地方煤矿安全监管工作，及时提出改善煤矿安全管理的意见和建议。

煤矿安全监察机构应当与地方煤矿安全监管机构建立协调机制，根据辖区实际情况听取国有煤矿安全生产情况的报告。

区域性煤矿安全监察机构每半年至少听取一次国有煤矿企业有关负责人（总工程师或者分管安全的副总经理、副局长）关于瓦斯治理情况的报告；省级煤矿安全监察机构每半年至少听取一次国有煤矿企业主要负责人关于安全生产情况的报告。

第七条 煤矿安全监察机构应当建立煤矿安全公告制度，在政府网站和当地媒体上定期公布重点监察的矿井名单、存在的事故隐患及整改情况，接受社会监督。

第八条 煤矿安全监察机构实行举报奖励制度，设立并公布举报电话、电子信箱，接受有关瓦斯超限生产、违法生产、违章指挥等情况的举报，并调查核实。举报情况属实的，给予举报人物质奖励。

第九条 煤矿安全监察机构在组织调查处理重、特大瓦斯事故时，对发生重大瓦斯事故负有直接管理责任的国有煤矿企业，应当向有关部门提出对其矿级主要负责人进行行政处分的建议；对发生特大瓦斯事故负有直接管理责任的国有煤矿企业，应当向有关部门提出对其局级主要负责人进行行政处分的建议；对严重失职、渎职涉嫌犯罪的人员，应当建议追究刑事责任。

国有煤矿违反本规定和《国有煤矿瓦斯治理规定》的，由煤矿安全监察机构依照有关法律、行政法规的规定实施行政处罚。

第十条 煤矿安全监察机构应当制定监察执法计划，确定监察责任区和责任人，建立安全监察执法责任追究制度。对在煤矿安全监察执法中成绩显著的人员给予表彰、奖励；对在履行职责中滥用职权、玩忽职守的人员按照有关规定给予行政处分。

本规定自 2005 年 1 月 6 日起施行。

附件 5　瓦斯治理示范矿井建设基本要求

一、采掘部署合理

1. 优化生产布局。矿井、采区和工作面设计要依据瓦斯地质资料详细分析和预测矿井瓦斯灾害情况,充分考虑瓦斯治理的需要,优化巷道布置,简化生产系统,明确开采顺序,合理确定工作面参数,实现安全高效、合理集中生产。

2. 合理组织生产。按照煤炭生产许可证载明的能力编制生产计划和组织生产,高瓦斯和煤与瓦斯突出矿井各采区的同一煤层只能有一个采煤工作面进行生产,严禁超能力、超定员组织生产,坚持正规循环作业,工作面进度要与支护、通风等工序相协调,保证各辅助环节及时跟进到位。

3. 坚持正规开采。矿井要加强生产准备,保持水平、采区和采掘工作面的正常接替与衔接。采煤工作面必须保持至少两个安全出口,形成全风压通风系统,煤与瓦斯突出矿井、高瓦斯矿井和低瓦斯矿井高瓦斯区域的采煤工作面,不得采用前进式采煤方法;按规定淘汰落后和非正规采煤方法、工艺。

二、通风可靠

4. 矿井有完整的独立通风系统。改变全矿井通风系统时,编制通风设计及安全措施,并履行报批手续。巷道贯通前,按《煤矿安全规程》规定,制定安全措施。采掘部署合理。

5. 矿井生产水平和采区实行分区通风。通风系统中没有不符合《煤矿安全规程》规定的串联通风、扩散通风、采空区通风和采煤工作面利用局部通风机通风现象。

6. 矿井、采区通风能力满足生产要求。每年安排采掘作业计划时核定矿井生产和通风能力,按月、季、年度对矿井及采区进行通风能力核定,按实际供风量核定矿井产量,无超通风能力生产现象。

7. 应设置专用回风巷的采区按《煤矿安全规程》规定设置了专用回风巷;采区进、回风巷贯穿整个采区,没有一段为进风巷、一段为回风巷的现象。

8. 矿井内各地点风速符合《煤矿安全规程》规定。矿井有效风量率不低于 87%。回风巷道失修率不高于 7%;严重失修率不高于 3%;主要进风巷道实际断面不小于设计断面的 2/3。

9. 局部通风机安装、"三专两闭锁"和"双风机、双电源"、最低风速等符合《煤矿安全规程》规定,并实现运行风机和备用风机自动切换,双风机能力必须匹配。

10. 按规定设置和管理风门、风筒、密闭等通风设施及构筑物。设备保持完好,并及时淘汰落后的设备。

三、抽采达标(应进行瓦斯抽采的矿井)

11. 坚持先抽后采、不抽不采,抽采不达标不进行采掘活动。将瓦斯抽采计划纳入矿井年度生产计划,实现统一下达、统一管理、统一考核。矿井、采区和采煤工作面生产能力与计划开采煤层的瓦斯抽采能力、达标煤量等相匹配。

12. 按《煤矿安全规程》第 145 条规定建立地面永久抽采瓦斯系统或井下临时抽采瓦斯系统。突出矿井在编制年度、季度、月份生产建设计划的同时,必须编制防治突出措施计划。

13. 突出矿井开采突出煤层时,必须采取突出危险性预测、防治突出措施、防治突出措施效果检验、安全防护措施等综合防治突出措施;坚持采取开采保护层或预抽煤层瓦斯等区域性防治突出措施为前提,不掘突出头,不掘突出面;在突出矿井开采煤层群时,优先选择开采保护层防治突出措施。

14. 钻场、钻孔、管路、瓦斯巷等瓦斯抽采工程按设计和计划进行施工。

15. 瓦斯抽采效果达到《煤矿瓦斯抽采基本指标》的要求。

四、监控有效

16. 按照《煤矿安全监控系统及检测仪器使用管理规范》的要求布置、安装煤矿安全监控系统。

17. 监控设备传感器的种类、数量、安装位置、信号电缆和电源电缆的敷设等符合规定。

18. 监测设备的报警点、断电点、断电范围、复电点和信号传输符合规定。

19. 下井人员按《煤矿安全规程》规定佩戴便携式瓦斯监测仪器。

20. 安全监控设备必须定期进行调试、校正,每月至少 1 次。瓦斯传感器、便携式瓦斯检测报警仪等采用载体催化元件的瓦斯检测设备,每 10 天必须使用校准气样和空气样调校 1 次。每 10 天必须对瓦斯超限断电功能进行测试 1 次。

21. 矿井安全监控系统设备性能完好,工作正常。中心站必须实时监控全部采掘工作面瓦斯浓度变化及被控设备的通、断电状态。

22. 具有相应的安全监测监控系统技术管理能力或与区域性煤矿安全监控系统技术服务机构签订服务协议。

五、管理到位

23. 建立健全以矿井主要负责人为安全生产第一责任人的瓦斯治理责任体系、以总工程师(技术负责人)为核心的瓦斯治理技术管理体系和防突安全生产责任制。

24. 健全瓦斯治理和防突工作机构。设专职通风、地测副总工程师;设立通风、防突、抽采、安全监控等机构,配足专业技术人员和工作人员。

25. 建立健全瓦斯治理管理制度。如通风、瓦斯、防突、监测监控系统、安全培训、安全投入、安全仪器仪表、设备管理、隐患排查整改、安全会议和瓦斯治理目标考核责任制等管理制度。

26. 矿井每年编制通风,防治瓦斯、防治粉尘、防灭火安全措施计划,并贯彻执行。

27. 矿井各种图纸报表准确,数据齐全,上报及时。

28. 强化安全培训工作,提高瓦斯治理水平;特种作业人员经培训合格,取得操作资格证书。

六、实现安全生产目标

29. 完成年度瓦斯抽采量和抽采率指标。

30. 杜绝重特大瓦斯事故,瓦斯事故起数、伤亡人数控制在上级下达的安全生产控制指标以内。

<h2 style="text-align:center">瓦斯治理工作体系示范矿井建设标准及考核评分表</h2>

矿井名称：　　　　　　　考核得分：

项　目	小项及标准	标准分	评分办法	得分
一、采掘部署合理	1. 生产布局优化，矿井、采区和工作面设计符合瓦斯地质情况和瓦斯治理需要，生产系统简化，开采顺序合理 2. 合理组织生产，按照核定能力编制生产计划和组织生产，采掘工作面数量符合要求，无"三超"现象 3. 坚持正规开采，矿井生产水平、采区、工作面接替正常，回采面采用壁式等正规的采煤法，高瓦斯区域的工作面实行后退式开采，符合条件的采掘头面均采用金属支护	15	1. 系统布置不合理扣5分 2. 无生产计划扣2分，有"三超"现象扣5分 3. 采掘接替失调扣3分；未采用壁式开采、后退式开采、金属支护各扣5分	
二、通风可靠	1. 矿井有完整独立的通风系统，矿井通风系统调整时，有通风设计和安全措施，并按规定审查同意 2. 矿井生产水平和采区实行分区通风，无不合规定的串联通风、循环风、无风和微风作业现象 3. 矿井、采区通风能力满足要求，矿井有风量分配计划，并根据生产需要调配各用风地点风量 4. 应设置专用回风巷的矿井和采区按规定设置了专用回风巷，采区进、回风巷贯穿整个采区 5. 矿井内各地点风速符合《规程》规定，有效风量率不低于87%，主要进风巷道实际断面不小于设计断面的2/3 6. 局部通风机安装合理，"三专两闭锁"和"双风机、双电源"、最低风速等符合《规程》规定，实现运行风机和备用风机自动切换 7. 通风实施设备完好，按规定设置和管理风门、风筒、密闭等通风实施及构筑物，及时淘汰落后设备 8. 主要通风机按规定检验合格，并实行检验合格挂牌	20	每一小项未达到扣5分，扣完为止	

续表

项 目	小项及标准	标准分	评分办法	得分
三、抽采达标	1. 编制年度瓦斯抽采计划,并与采掘部署同时编制、同时下达、同时管理 2. 坚持先抽后采、不抽不采,抽采不达标不进行采掘活动,将抽采计划纳入生产计划进行管理、考核,矿井生产能力与计划开采煤层的瓦斯抽采能力、达标煤量等相匹配 3. 应抽采矿井按规定建立地面固定瓦斯抽采系统或井下临时瓦斯抽采系统,编制有矿井防治突出措施计划 4. 开采突出煤层时,"四位一体"的综合防突措施到位,坚持开采保护层或预抽煤层瓦斯等区域防突措施 5. 钻场、钻孔、管路、瓦斯巷等瓦斯抽采工程按设计和计划进行施工 6. 瓦斯抽采率达到《煤矿瓦斯抽采基本指标》的规定。有煤层瓦斯含量达标措施和计划	20	每一小项未达到扣5分,扣完为止	
四、监控有效	1. 矿井按照相关要求布置安装煤矿安全监控系统,并实现区域联网 2. 监控设备传感器的种类、数量、安装位置、信号电缆和电源电缆的敷设等符合规定,井下传感器实行维护责任挂牌制度 3. 监测设备的报警点、断电点、断电范围、复电点和信号传输符合规定 4. 下井人员按规定佩戴便携式瓦检仪 5. 安全监控设备每月至少调校1次,采用载体催化元件的瓦斯监测仪器,每10天调校1次,瓦斯断电功能每10天测试1次 6. 安全监控系统设备性能完好,工作正常。中心站能实时监控井下各个工作点瓦斯浓度及设备的通、断电状态等情况 7. 具有相应的安全监测监控系统技术管理能力或与区域性安全监控系统技术服务机构签订服务协议	15	第一项未达到扣15分,其余每一小项未达到扣3分,扣完为止	

续表

项　目	小项及标准	标准分	评分办法	得分
五、管理到位	1. 建立健全以矿长为安全生产第一责任人的瓦斯治理责任体系,以技术负责人为核心的瓦斯治理技术管理体系和防突安全生产责任制 2. 瓦斯治理和防突机构健全,设有通风、防突、抽采、安全监控等机构,按规定配足配齐专业技术人员和工作人员 3. 瓦斯管理制度健全,有通风、瓦斯、防突、监测监控系统、安全培训、安全投入、设备管理、隐患排查整改、安全会议和瓦斯治理目标考核等管理制度 4. 矿井每年编制有通风、防治瓦斯、防尘、防灭火安全措施计划,并贯彻执行 5. 矿井各种图纸报表准确,数据齐全,填绘及时 6. 安全培训到位,瓦斯治理的特种作业人员经培训合格,取得证书	15	每一小项未达到扣3分,扣完为止	
六、实现安全生产目标	1. 矿井达到一级质量标准化矿井 2. 完成年度瓦斯抽采量和抽采率指标 3. 杜绝较大以上瓦斯事故,瓦斯事故起数、伤亡人数控制在上级下达的控制指标内	15	1. 未达到一级标准化矿井扣5分 2. 未完成抽采量、抽采率扣3分 3. 发生较大以上瓦斯事故扣15分,超死亡指标一人扣5分,扣完为止	

检查人：　　　　　　　　　　　　　　　　　时间：　　年　　月　　日

注:考核得分80分以上为合格。

附件 6   防治煤与瓦斯突出的措施计划的编制

为了坚决遏制瓦斯突出事故,必须进一步强化防突工作管理,做到管理规范化、程序化,有效地防止防突管理不到位、工作脱节、现场失控而发生的瓦斯突出事故,结合当前防突管理工作中存在的问题,特做如下规定:

第一条   矿井在编制年、季、月生产计划的同时,必须编制防治煤与瓦斯突出的年、季、月措施计划,其内容包括:

①突出条带(石门)预抽计划,包括预抽起止时间、掘进(揭煤)时间。

②石门揭穿突出危险煤层计划,包括地点、预抽瓦斯效果指标、揭煤时间、措施负责人。

③采掘工作面局部防突措施计划,包括地点、掘进开始时间、防突工程量、预抽瓦斯效果指标。

每月末矿井将次月防突计划报矿业公司备案,矿业公司必须编制防突工作重点计划,落实计划执行及监管专业部门。

第二条   开采有突出危险矿井的新水平、新采区、新工作面,都必须编制防突专门设计,开展区域瓦斯突出危险性划分和绘制区域瓦斯地质图,区域瓦斯地质图内容包括地质构造、瓦斯基本参数、瓦斯压力、煤层赋存条件、相邻区域瓦斯突出点位置及突出强度等。

专门设计报矿业公司总工程师审批。

第三条   突出矿井的每个突出工作面开工或投产前,矿井分管安全的副矿长都必须组织人员对防突专门设计的实施情况进行验收。在验收中,发现防突专门设计规定的工程、设备和安全设施不符合规定,未竣工或不能可靠运行的不得开工或投产。

第四条   防突措施的编制、审批、报送、贯彻、执行、监督 6 个环节,必须遵守下列规定:

①防突采掘工作面采掘前必须编制防突措施

防突措施内容包括:工作面瓦斯地质图、工作面突出危险性分析、划定突出危险区域,标定煤柱(采动)集中应力影响范围、地质构造状况及影响范围,瓦斯预抽及效果分析,局部防突措施,预测(检验)方法,安全防护措施,组织保障措施。

②防突措施的审批及报送

防突措施必须由矿井总工程师组织生产、通风、安全等部门专业人员和分管生产、安全的副矿长集体会审。

措施审批权限,在认真执行《煤矿安全规程》199 条规定的前提下,对地质构造复杂,石门揭煤及其补充措施,矿井、采区及工作面瓦斯地质图,煤柱下未受保护区域开采的预处理措施及效果评价报告,煤柱下未受保护范围和直接开采突出煤层的采掘防突等措施必须报矿业公司总工程师审批;直接开采强突出煤层的开采技术方案及防突措施必须报集团公司批准。

防突措施复审每月 1 次,复审后由矿井总工程师签字生效,若有修改必须报矿业公司备案。

凡是采掘防突工作面地质发生变化后必须停止作业,探清构造情况,重新补充有针对性防突措施,按措施审批权限规定审批后执行。

所有防突措施必须报矿业公司备案,对地质构造复杂、石门揭突出煤层防突措施还必须报集团公司备案。

③贯彻和执行

经批准的防突措施,开工前由矿井防突技术人员向施工队的队干、工人全面贯彻后进行考核签字,经考核合格后方可上岗作业,凡是不合格者要重新培训,合格后才能上岗。

采掘工作中,必须严格执行防突措施的规定,如因地质条件发生变化,施工队必须立即停止作业及汇报,必须重新修订及补充措施。

经批准的修改措施,须重新贯彻学习,考核合格后方可恢复作业。

任何部门和个人,严禁改变已批准的防突措施。

防突措施经3次修改后,原措施无效,必须重新编制。

④监督

矿业公司和矿井防突专业管理、安全监察等部门,必须经常深入现场,监督检查防突措施执行情况。

矿井要建立防突措施实施督察制度;安全部门对采掘工作面的措施孔、预测(检验)孔进行的不定期督查,每月不少于2次/头(面)。

第五条　汇报

1. 建立公司专业部门每日瓦斯安全排查制度,排查内容:采掘头面防突动态,地质变化情况,瓦斯涌出异常情况。公司明确人员负责落实,并将每日排查情况报告集团公司。

2. 建立现场防突调度汇报制度。

①采掘工作面每班班(组)长,必须在交班时向矿调度室详细汇报防突现场的煤(岩)变化、瓦斯变化、支护等情况,调度室在调度流水记录簿上做好详细记录,并及时向生产、安全副矿长,总工程师和上级调度室汇报。出现异常情况必须立即停止作业,向矿调度室汇报处理。

②发生瓦斯突出事故,必须立即进行逐级汇报。矿调度室在接到瓦斯事故情况汇报时,必须立即向矿长,生产、安全副矿长,总工程师汇报,同时向矿业公司调度室汇报;矿业公司调度室接到矿调度室汇报后必须立即向矿业公司分管生产、安全的副总经理,总工程师和总经理汇报;公司调度室在8 h内必须向集团公司调度室汇报,伤亡事故必须立即汇报。

第六条　其他

1. 凡是防突采掘工作面地质发生变化后都必须做出专门探孔设计,探孔设计按防突措施审批权限的规定审批后执行。

2. 防突工作面地质探孔只能采用钻机打孔,严禁采用风动凿岩机和风钎打探孔。

3. 石门揭煤地质探孔严格按《煤矿安全规程》和《防突细则》的要求进行专门设计,并在距离煤层顶(底)板法线距离10 m前施工地质探孔,地质探孔的个数必须能够控制石门巷道四周煤层变化情况。

无地质探孔资料,不得编制石门揭煤措施。

4. 防突采掘工作面支护可靠。

①煤巷、半煤岩巷永久支护跟拢工作面迎头,架棚支护巷道在10 m范围内必须支设金属"扣衬"加固支架,防止放炮打垮支架诱导突出。

②石门揭煤巷道永久支护必须跟拢工作面迎头,揭穿煤层后必须对煤层进行有效的支护和封闭巷道四周煤体。严禁采用无腿棚支护和架棚支护。

5. 采掘防突工作面必须制定安全保障措施,以头(面)为单位实行防突项目管理,明确项目负责人及其领导下的技术实施负责人、监督检查负责人、现场控制负责人,并确定各自职责。

参考文献

[1] 国家安全生产监督管理局,国家煤矿安全监察局.煤矿安全规程[M].北京:煤炭工业出版社,2009.

[2] 国家安全生产监督管理局,国家煤矿安全监察局.防治煤与瓦斯突出规定[M].北京:煤炭工业出版社,2009.

[3] 陈雄,蒋明庆,唐安祥.矿井灾害防治技术[M].重庆:重庆大学出版社,2009.

[4] 中国煤炭建设协会.煤炭工业小型矿井设计规范[S].北京:中国规划出版社,2007.

[5] 中国科学院预测科学研究中心.2008中国经济预测与展望[M].北京:科学出版社,2007.

[6] 李锦生,谢明荣,李存芳.现代煤矿企业管理[M].徐州:中国矿业大学出版社,2007.

[7] 王树玉.煤矿五大灾害事故分析和防治对策[M].徐州:中国矿业大学出版社,2006.

[8] 中国煤炭建设协会.煤炭工业矿井设计规范[S].北京:中国规划出版社,2005.

[9] 于不凡.煤矿瓦斯灾害防治及利用技术手册[M].北京:煤炭工业出版社,2005.

[10] 成家钰.煤矿作业规程编制指南[M].北京:煤炭工业出版社,2005.

[11] 窦永山,窦庆峰.《煤矿安全规程》读本[M].北京:煤炭工业出版社,2005.

[12] 中国经济景气监测中心.中国产业地图——能源2004—2005[M].北京:社会科学文献出版社,2005.

[13] 靳建伟.吕智海.煤矿安全[M].北京:煤炭工业出版社,2005.

[14] 孙继平.煤矿防治瓦斯事故[M].北京:煤炭工业出版社,2005.

[15] 重庆市煤炭学会.重庆地区煤与瓦斯突出防治技术[M].北京:煤炭工业出版社,2005.

[16] 国家煤矿安全监察局,中国煤炭工业协会.煤矿安全质量标准化标准及考核评级办法[M].北京:煤炭工业出版社,2004.

[17] 中国工程爆破协会.爆破安全规程[S].北京:中国标准出版社,2003.

[18] 许升阳,王宗禹,杜乐清.煤矿安全及高产高效技术论文集[G].徐州:中国矿业大学出版社,2002.

[19] 黄福昌,倪新华.煤矿工人技术操作规程[M].北京:煤炭工业出版社,2002.

[20] 胡公才.煤矿安全规程问答[M].北京:煤炭工业出版社,2002.

[21] 王显政.煤矿安全新技术[M].北京:煤炭工业出版社,2002.

[22] 张铁岗.矿井瓦斯综合治理技术[M].北京:煤炭工业出版社,2001.

［23］何学秋.安全工程学［M］.徐州:中国矿业大学出版社,2000.

［24］张国枢.通风安全学［M］.徐州:中国矿业大学出版社,2000.

［25］中国煤炭志编纂委员会.中国煤炭志［M］.北京:煤炭工业出版社,1999.

［26］包剑影,苏燧,李贵贤.阳泉煤矿瓦斯治理技术［M］.北京:煤炭工业出版社,1996.

［27］魏同,张先尘.煤矿总工程师工作指南［M］.北京:煤炭工业出版社,1988.

［28］邓力群,马洪,武衡.当代中国的煤炭工业［M］.北京:中国社会科学出版社,1988.